特种作业人员安全技术培训考核统编教材

电梯维修与操作

（第二版）

国家《特种作业人员安全技术培训大纲及考核标准》起草小组专家修订

中国劳动社会保障出版社

图书在版编目(CIP)数据

电梯维修与操作/冯国庆主编．—2版．—北京：中国劳动社会保障出版社，2004

特种作业人员安全技术培训考核统编教材

ISBN 978-7-5045-4761-3

Ⅰ．电… Ⅱ．冯… Ⅲ．①电梯-维修-技术培训-教材 ②电梯-运行-技术培训-教材 Ⅳ．TH211.07

中国版本图书馆CIP数据核字（2004）第108614号

中国劳动社会保障出版社出版发行

（北京市惠新东街1号　邮政编码：100029）

出 版 人：张梦欣

*

三河市华骏印务包装有限公司印刷装订　新华书店经销

850毫米×1168毫米　32开本　12.625印张　326千字

2005年5月第2版　2023年4月第25次印刷

定价：26.00元

营销中心电话：400－606－6496

出版社网址：http://www.class.com.cn

编委会

内容提要

本书根据国家安全生产监督管理局于2002年10月颁布的《特种作业人员安全技术培训大纲及考核标准》编写，并做了适当增补，本书是电梯司机和电梯维修工上岗培训教材。经第二版修订后，全书共分两部分。第一部分是电梯作业人员安全技术培训内容，共分十一章，主要内容有电梯的基础知识，电梯的相关知识，电梯的电气和控制系统，微型计算机基础知识，液压电梯，自动扶梯，电梯的安装调试与检验，电梯维修保养，电梯安全操作技术，电梯常用检测仪器、仪表、量具、工具的使用技术，电梯作业人员职业道德。第二部分是电梯作业人员安全技术考核复习题及试卷实例。

本书修订后，更注重了科学性和实用性。本书不仅是电梯司机、电梯安装维修工培训、备考的必读教材，还可供从事电梯作业的有关技术人员和管理人员学习参考。

前言

我国《劳动法》规定："从事特种作业的劳动者必须经过专门培训并取得特种作业资格。"我国《安全生产法》还规定："生产经营单位的特种作业人员必须按照国家有关规定经专门的安全作业培训，取得特种作业操作资格证书，方可上岗操作。"

为了进一步落实《劳动法》《安全生产法》的上述规定，配合国家安全生产监督管理局依法做好特种作业人员的培训考核工作，中国劳动社会保障出版社根据国家安全生产监督管理局颁布的《安全培训管理办法》《关于特种作业人员安全技术培训考核工作的意见》《特种作业人员培训考核管理办法》，组织《特种作业人员安全技术培训大纲及考核标准：通用部分》起草小组的有关专家，对由原劳动部组织的我国第一套《特种作业人员培训考核统编教材》及《特种作业人员复审教材》，进行全面的修订。

修订后的《特种作业人员安全技术培训考核统编教材》（第二版）共计以下 9 种：（1）电工；（2）焊工；（3）起重机司机；（4）起重指挥司索工；（5）电梯维修与操作；（6）企业内机动车辆驾驶员；（7）登高架设工；（8）制冷空调设备维修与操作；（9）压力容器操作工。修订后的《特种作业人员安全技术复审教材》（第二版）共计以下 9 种：（1）电工作业；（2）金属焊割作业；（3）起重作业；（4）起重指挥司索作业；（5）电梯作业；（6）企业内机动车辆驾驶；（7）登高架设作业；（8）制冷与空调作业；（9）压力容器操作。第二版统编教材具有以下几方面特点：

一、突出科学性、规范性。本版统编教材是根据国家安全生产监督管理局统一制定的特种作业人员培训大纲和考核标准，由该培训大纲和考核标准起草小组的有关专家对全国第一套《特种作业人员培训考核统编教材》及《特种作业人员复审教材》进行全面修订的最新成果。因此，本版统编教材具有突出的科学性、规范性。

二、突出适用性、针对性。专家在修订编写过程中，根据国家安全生产监督管理局关于教材建设要在安全生产培训工作指导委员会的统一指导和协调下，本着“少而精”“实用、管用”的原则，对第一版统编教材进行全面修订。因此，本版统编教材具有突出的适用性、针对性。

三、突出实用性、可操作性。根据国家安全生产监督管理局关于“努力做好培训机构、培训大纲、考核标准、考试题库建设，构建安全培训的标准化体系”的要求，以及“统一规划，归口管理，分级实施，教考分离”的原则，有关专家在修订中，为以上 9 种培训教材和 9 种复审教材分别配套编写了复习题库和答案，并提供了相应的考核试卷样式。因此，本版统编教材又具有突出的实用性、可操作性。

总之，本版统编教材反映了国家安全生产监督管理局关于全国特种作业人员培训考核的最新要求，是全国各有关行业、各类企业准备从事特种作业的劳动者，为提高有关特种作业的知识与技能，提高自身安全素质，取得特种作业人员 IC 卡操作证的最佳培训考核与复审教材。

目录

第一部分　电梯作业人员安全技术培训内容

第二部分　电梯作业人员安全技术考核复习题及试卷实例

第一部分　电梯作业人员安全技术培训内容

第一章

电梯的基础知识

电梯是多层建筑的垂直运输设备，它有一个轿厢和一个对重，用钢丝绳连接，经电动机驱动的曳引轮带动，沿垂直的导轨上下运动。电梯安装在仓库、车站、码头、医院、办公大楼、宾馆、饭店及居民住宅楼等。

第一节　电梯的分类

电梯可以从不同的角度进行分类。

一、按用途分类

1. 乘客电梯

是为运送乘客而设计的电梯。适用于高层公寓以及办公楼、宾馆、饭店、旅馆等。要求安全舒适、装饰美观。

2. 载货电梯

主要为运送货物而设计的通常有人操纵的电梯。适用于工厂、商店、仓库等。要求结构牢固，安全性好，速度一般在 1 m/s 以下。

3. 客货（两用）电梯

主要用于运送乘客，但也可运送货物的电梯。它与乘客电梯的区别在于轿厢内部装饰结构不同，通常也称此类电梯为服务梯。适用于宾馆、饭店、旅馆等。

4. 住宅电梯

为住宅楼使用而设计的电梯。一般采用集选或下集选控制方式。

5. 杂物电梯

供图书馆、办公楼、饭店等运送图书、文件、食品等物品，但不允许人员进入的电梯。此种电梯结构简单，操纵按钮在厅门外侧，无乘人必备的安全装置。

6. 船用电梯

安装在船舶上为乘客和船员或其他人员使用的电梯。船用电梯速度应小于或等于 1 m/s，能在摇晃的船舶中正常运行。

7. 汽车用电梯

用于垂直运输各种车辆。这种电梯的轿厢面积较大，构造牢固，梯速不大于 1 m/s。有的无轿厢顶。

8. 观光电梯

是一种供乘客观光用的、轿厢壁透明的电梯。一般安装在高大建筑物的外壁。

9. 病床电梯

是为医院运送病床而设计的电梯，其特点是轿厢窄而深，常要求前后贯通开门。

10. 其他电梯

除以上常见电梯外，还有冷库电梯、液压电梯、防爆电梯、自动扶梯、自动人行道、建筑工程电梯、矿井电梯等专用电梯。

二、按拖动方式分类

1. 交流电梯

此种电梯的曳引电动机是交流电动机。当电动机是单速时，称为交流单速电梯，梯速一般不大于 0.5 m/s；当电动机具有调压调速装置时，则称为交流调速电梯，梯速一般不大于 1.75 m/s。

当电动机具有调压调频装置时，则为交流调压调频电梯，梯速一般不大于 6 m/s。

2. 直流电梯

此种电梯的曳引电动机是直流电动机。当曳引机带有减速器时，称直流有齿轮电梯。梯速不大于 2 m/s 时，称直流快速电梯。当曳引机无减速器，由直流电动机直接带动曳引轮时，称直流无齿轮电梯。梯速一般大于 2 m/s，称直流高速电梯。

3. 液压电梯

靠液体压力驱动的电梯。分为柱塞直顶式和柱塞侧置式。柱塞直顶式电梯的油缸柱塞直接支撑轿厢底部使轿厢升降。柱塞侧置式电梯的油缸柱塞设置在轿厢侧面，直顶轿厢或借助曳引绳，通过滑轮组与轿厢连接使轿厢升降。

4. 齿轮齿条式电梯

此种电梯齿条固定在构架上，电动机及齿轮传动机构装在轿厢上，靠齿轮在齿条上的爬行来驱动轿厢，一般为建筑工程用电梯。

三、按电梯速度分类

1. 甲类电梯

速度在 2 m/s 以上的电梯，称为高速电梯。当速度超过 3 m/s 时，习惯上称为超高速电梯。

2. 乙类电梯

速度大于 1 m/s 而小于 2 m/s 的电梯，称为快速电梯。

3. 丙类电梯

速度为 1 m/s 及以下的电梯，称为低速电梯。

四、按控制方式分类

1. 手柄开关控制，自动门电梯

司机用手柄开关操纵电梯的启动、上、下和停层。在停靠站地坎上下 0.5～1 m 之内的平层区域，司机只需将手柄开关回到零位，电梯就会换速慢速自动平层，自动开门。

2. 手柄开关控制，手动门电梯

此种电梯区别于上种电梯的地方是必须由司机手动将门关闭或打开。

3. 按钮控制，自动门电梯

此种电梯是一种具有简单自动控制方式的电梯，具有自动平层、自动开门功能。

4. 按钮控制，手动门电梯

此种电梯的门，在电梯到达停站后，需要有人将其打开，然后装卸货物或人员出入。人力手动将门关闭后，操纵按钮，电梯才可以运行。

5. 信号控制电梯

是一种自动控制程度较高的有司机电梯。具有自动平层、自动开门、轿内指令、厅外召唤登记、自动停层、顺向截停和自动定向等功能。

6. 集选控制电梯

此种电梯是在信号控制电梯基础上发展起来的高度自动控制电梯。与信号控制电梯的主要区别在于实现无司机操纵，具有自动掌握停站时间、自动应召服务、自动换向应答厅外反方向召唤等功能。

集选控制电梯一般都设“有/无司机”操纵转换开关。实行有司机操纵时，即为信号控制电梯。

7. 并联控制电梯

2~3 台电梯的厅外召唤信号并联共用，电梯本身具有集选功能。

在无召唤信号时，一台电梯停在基站，称基梯；另一台电梯停在预选定位置（一般为中间楼层)，称自由梯。当基梯离开基站时，自由梯自动启动前往基站替补。在站外的其他楼层有召唤信号时，自由梯则前往应答，并在运行中应答所有与其运行方向相同的召唤信号。在自由梯运行时，出现与其运行方向相反的召唤信号时，基梯自动启动前往应答。先完成任务的电梯返回基站充当基梯。

8. 梯群控制电梯

多台电梯集中排列，共用厅外召唤按钮，按规定程序和客流量的变化由电脑集中调度和控制电梯。

9. 微机控制电梯

此种电梯采用微处理器记忆指令、召唤信号，并按指定程序控制电梯运行。从而代替了许多继电器，减少了故障，提高了运行效率。

除以上常见电梯控制方式外，还有下集选控制电梯、梯群智能控制电梯等。

五、按有无减速装置分类

1. 无齿轮电梯

曳引轮由电动机直接连接，曳引机由电动机、曳引轮和制动轮组成，用于高速电梯。

2. 有齿轮电梯

曳引机通过齿轮减速器与电动机连接，曳引机由电动机、曳引轮、减速器和制动轮组成，用于低速和快速电梯。

六、按操作方式分类

可分为无司机电梯、有司机电梯、有/无司机两用电梯等。

七、按驱动方式分类

有液压式、曳引式、螺旋式、齿轮齿条式等。齿轮齿条式驱动装置装在轿厢上，其伸出的齿轮，在特定的与建筑物固定相连的特殊立柱上的齿条上运动，常用在人货两用户外电梯。

第二节　电梯的型号

一、电梯型号

电梯型号，即采用一组字母和数字，以简单明了的方式，将电梯基本规格的主要内容表示出来。我国部颁标准 JJ45—86 中规定了电梯型号的编制方法。

电梯型号编制方法：

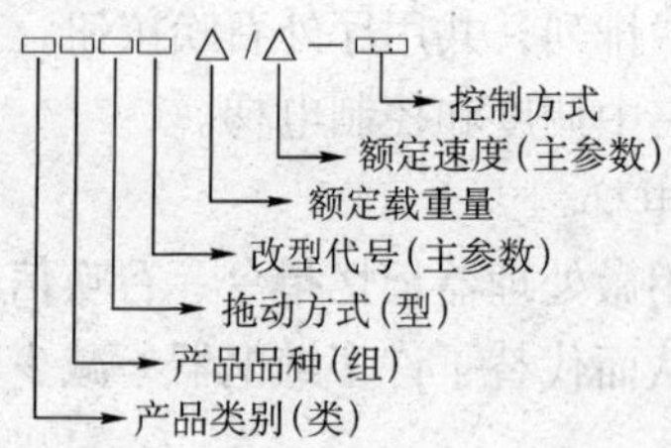

类别代号见表1—1。

表1—1　类别代号

产品类别	代表汉字	拼音	采用代号
电梯/液压电梯	梯	TI	T

产品品种代号见表1—2。

表1—2　品种代号

产品品种	代表汉字	拼音	采用代号
乘客电梯	客	KE	K
载货电梯	货	HUO	H
客货两用电梯	两	LIANG	L
病床电梯	病	BING	B
住宅电梯	住	ZHU	Z
杂物电梯	物	WU	W
船用电梯	船	CHUAN	C
观光电梯	观	GUAN	G
汽车用电梯	汽	QI	Q

拖动方式代号见表1—3。

表1—3　拖动方式代号

拖动方式	代表汉字	拼音	采用代号
交流	交	JIAO	J
直流	直	ZHI	Z
液压	液	YE	Y

额定载重量和额定速度是电梯的两个主要参数，均用阿拉伯数字表示，额定载重量的单位是 kg，额定速度的单位是 m/s。

控制方式代号，用具有代表意义的大写印刷体汉语拼音字母表示（见表 1—4）。

表 1—4　　　　　　　　控制方式代号

控制方式	代表汉字	采用代号
手柄开关控制，自动门	手、自	SZ
手柄开关控制，手动门	手、手	SS
按钮控制，自动门	按、自	AZ
按钮控制，手动门	按、手	AS
信号控制	信号	XH
集选控制	集选	JX
并联控制	并联	BL
梯群控制	群控	QK
集选、微机控制	集、选、微	JXW

二、产品型号举例

TKJ1000/1.6—JX

型号含义：交流客梯，T 表示电梯，K 表示客梯，J 表示交流，JX 表示集选控制方式，额定载重量 1 000 kg，额定速度 1.6 m/s。

TKZ1000/2.5—JX

型号含义：直流客用电梯，额定载重量 1 000 kg，额定速度 2.5 m/s，集选控制方式。

THY1000/0.63—AZ

型号含义：液压货用电梯，额定载重量 1 000 kg，额定速度 0.63 m/s，按钮控制，自动门。

近几年来，随着我国改革开放的不断发展，大量国外电梯进入我国，各国对电梯型号均有不同的表示方法。

例如，“日立”电梯的型号，表示方法为：

YP—15—CO90

型号含义：交流调速乘客电梯，额定载重 15 人，中分式电梯门，额定速度 90 m/min。

第三节　电梯的主要参数及常用术语

一、电梯的主要参数

电梯的主要参数表明某种电梯特性的量或形式。电梯的参数主要包括：

（1）电梯的额定载重量。

（2）载客人数。

（3）额定运行速度。

（4）轿厢尺寸。

（5）门的形式。

（6）运行方式。

（7）停靠站数量。

（8）总的提升高度。

（9）电梯的层站高度。

（10）电梯的装饰（包括门套、厅门、轿壁的材质、颜色、轿内天花板样式等）。设备包括灯具、电扇、到站钟、电话信号板的样式和材质，光电保护等。

（11）电梯的呼叫方式、召唤按钮在厅门的左侧还是右侧、电梯位置指示灯的位置、呼叫截梯方法等。

二、电梯的常用术语

（1）供电系统：为电梯提供电源的装置。

（2）曳引电动机：即电梯的动力源。交流电梯用交流电动机，直流电梯用直流电动机。

（3）操纵装置：对电梯的运行实行操纵的装置，轿厢内的按钮操纵盘或手柄开关箱及厅外的呼叫按钮。

（4）位置显示装置：即轿厢内和厅门的指示灯，以灯光数字显示电梯所在的楼层，以箭头显示电梯的运行方向。

（5）选层器：一种机械或电气驱动的装置。用于执行或控制下述全部或部分功能：确定运行方向、加速、减速、平层、停止、取消呼梯信号、门操作、位置显示和层门指示灯控制。

（6）限速器：装在机房内。当电梯的运行速度超过额定速度一定值时，其动作能导致安全钳起作用的安全装置。能产生机械动作，切断控制电路。

（7）安全钳装置：限速器动作时，使轿厢或对重停止运行保持静止状态，并能夹紧在导轨上的一种机械安全装置。

（8）缓冲器：位于行程端部，用来吸收轿厢动能的一种弹性缓冲安全装置。有弹簧式和液压式之分。

（9）对重：由曳引钢丝绳经曳引轮与轿厢相连接，在运行过程中起平衡作用的装置。

（10）层站：各楼层用于出入轿厢的地点。

（11）基站：轿厢无指令运行时停靠的层站，一般位于大厅或底层端站乘客最多的地方。

（12）顶层端站：最高的轿厢停靠站。

（13）底层端站：最低的轿厢停靠站。

（14）地坎：轿厢或层门入口处出入轿厢的带槽金属踏板。

（15）平层：在平层区域内，使轿厢地坎与层门地坎达到同一平面的运动。

（16）平层准确度：轿厢到站停靠后，轿厢地坎上平面与层门地坎上平面之间垂直方向的偏差值。

（17）额定载重量：指设计规定的电梯载重量，是制造厂保证电梯正常运行的允许载重量，是用户选用电梯的主要依据，它是电梯的主要参数。

（18）额定速度：是指设计规定的电梯运行速度，也是制造厂家保证电梯正常运行的速度。它和额定载重量一样是用户选用的主要依据，也是电梯的主要参数。

第四节　电梯的结构

一、机房设备

机房是机器间，是电梯曳引机和电气控制柜的所在地。一般情况下，机房的位置都设置在井道的顶部，在特殊情况下，也可将机房设置在井道底部、旁侧或任何一层井道的旁侧，但这种情况是不多见的。

（一）曳引机

曳引机系统是装在机房的主要传动设备，是驱动电梯运动的主机，它由电动机、制动器、减速器（无齿轮电梯无减速器）、曳引轮等部件组成。作为靠曳引绳与曳引轮的摩擦来实现轿厢运行的驱动机器，曳引机可分为无齿轮曳引机（一般用于速度大于 2 m/s 的电梯）和有齿轮曳引机（一般用于速度小于 2 m/s 的电梯）。曳引机系统，是使电梯轿厢升降的起重机械，如图 1—1 所示。

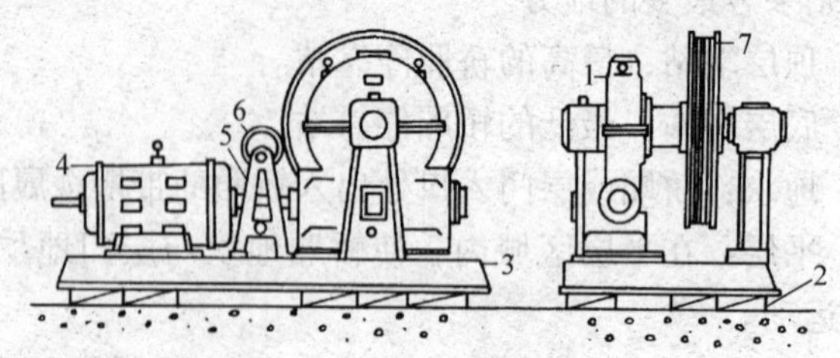

图 1—1　曳引机结构图

1—蜗轮蜗杆减速机　2—减震垫（橡皮砖）　3—机座　4—电动机
5—制动器（直流抱闸）　6—制动电磁铁　7—主绳轮（曳引轮）

1. 减速器

有齿轮曳引机的减速器具有降低电动机输出转速，提高输出力矩的作用。

曳引机按照曳引轮的支撑方式，在结构上有单支撑式与双支撑式之分。单支撑式又称悬臂式，曳引轮安装在主轴的伸出端，结构简单轻巧，适用于载重量较小的电梯，一般用在额定载重量不大于 1 t 的电梯上。

双支撑式曳引机的主轴两端都有支撑，能承受较大的载重量。

有齿轮曳引机的减速器一般都采用蜗杆传动，这种传动方式具有传动比大、运行平稳、噪声小、体积小的优点。在减速器中，蜗杆可以置于蜗轮的上面，也可以在下面。置于上面的称蜗杆上置式结构。这种结构的电动机多采用端置式，安装维修方便，但润滑较差。

蜗杆置于蜗轮下面时，称蜗杆下置式结构。电动机多为底置式，这种结构蜗杆可浸在减速器内的润滑油中，可得到充分润滑。但蜗杆的伸出端要有良好的密封，防止箱体内润滑油渗漏。

常用的曳引轮绳槽有三种：半圆形驰、V 形槽和凹形槽，如图 1—2 所示。

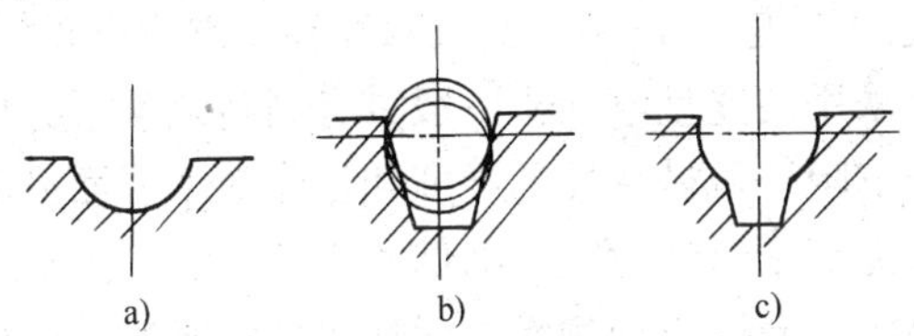

图 1—2　曳引轮绳槽

a）半圆形槽　b）V 形槽　c）凹形槽

2. 电动机

电动机是拖动电梯的主要动力设备，它的作用是将电能转换为机械能，带动其输出轴上所装的曳引轮旋转，然后由曳引轮上所绕的曳引钢丝绳，将曳引轮的旋转运动转变为钢丝绳的直线移动，使轿厢沿着轨道上下运动。因采用的电动机有交流电动机和直流电动机，所以，电梯有交流电梯和直流电梯之分。

根据电梯的使用条件及工程要求，曳引电动机一般应有如下的技术性能：

（1）电动机为短时重复工作制，要求其额定容量能承受繁重而频繁的启动和正、反方向的运转。

（2）具有较高的启动力矩，能满足轿厢在满载时启动加速的动力矩要求。启动应无滞迟感。

（3）无过大的启动电流，以免影响电网电压的稳定。

（4）具有发电制动特性，能由电动机本身的性质来限制电梯的满载下行或空载上行时的速度，从而达到安全运行的目的。

（5）具有较好的机械特性，不因电梯载重量的变化而引起电梯运行速度的过大变化。

（6）对于调速电梯，电动机还应有良好的调速性能，以保证过渡过程的品质和停梯准确度。

（7）运转平稳，噪声小，工作可靠，无需精细维护和调整。

电梯常用的交流电动机有单速笼型感应电动机、双速双绕组笼型感应电动机、双速单绕组感应电动机。目前国产电梯常采用YTD型（老型号是JTD型）交流双速异步感应电动机。

电梯上采用的笼型电动机一般具有高转差率（0.1～0.2）和较高的转子电阻，机械特性的硬度和工作效率方面虽不及笼型电动机，但却提高了启动力矩，降低了启动电流。由于启动电流的降低，使每小时允许启动的次数增加，电动机温升也相应有所下降。为了控制电动机发热，在笼型转子的设计上采用电阻系数低的导体和电阻系数高的短路环，使转子中的热量直接散发到空气中去。为了降低噪声，电动机常采用滑动轴承。

3. 电磁制动器

电梯使用的制动器，安装在电动机轴与蜗杆的连接处。当电动机停止时，制动器电磁铁线圈无电流通过，两块铁心之间无吸引力，制动闸瓦在制动弹簧的压力下抱紧制动轮使电梯停止。当电梯启动，电动机通电时，电磁铁线圈同时接通电源使铁心吸合，带动制动臂克服弹簧力使闸瓦张开，电梯得以运行。其构造如图1—3所示。

（1）电磁制动器的结构：制动器是由制动体、线圈、铁心等零件组成的。制动器的类型常见的四种如图 1—3 至图 1—6 所示。

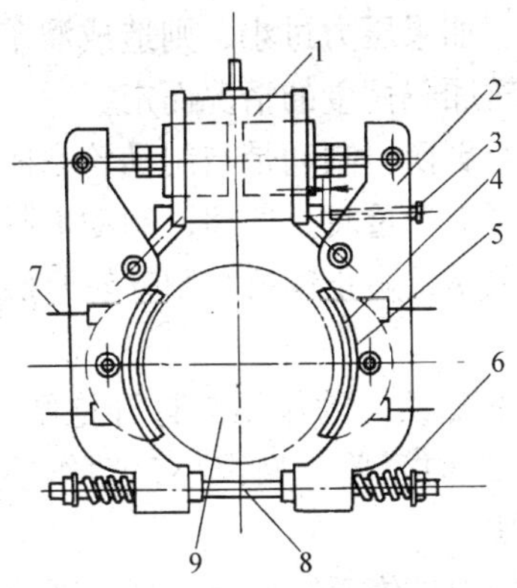

图 1—3　电磁制动器 A

1—电磁铁　2—制动臂
3—松闸量限位螺钉　4—制动带
5—制动瓦　6—压缩弹簧
7—限位螺钉　8—轴　9—制动轮

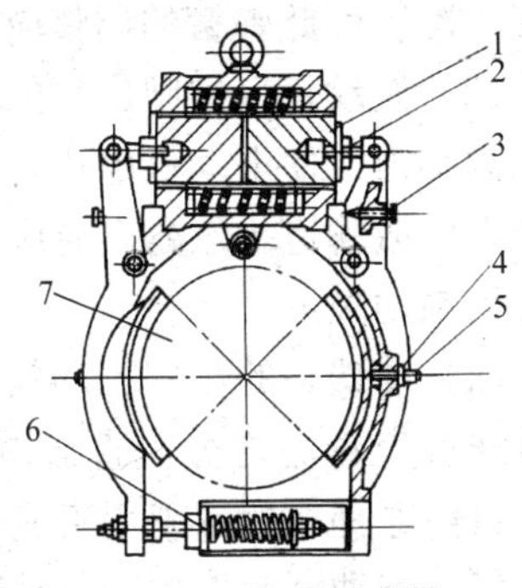

图 1—4　电磁制动器 B

1—铁心　2—锁紧螺母　3—限位螺钉
4—连接螺栓　5—碟形弹簧　6—制动弹簧
7—制动轮

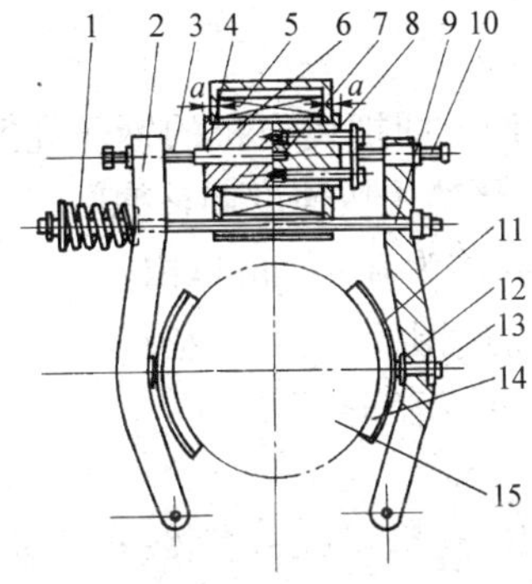

图 1—5　电磁制动器 C

1—制动弹簧　2—制动臂
3、10—调节螺栓　4、8—顶杆
5—线圈　6—左铁心　7—右铁心
9—拉杆　11—闸瓦　12—球面头
13—连接螺栓　14—制动带　15—制动轮

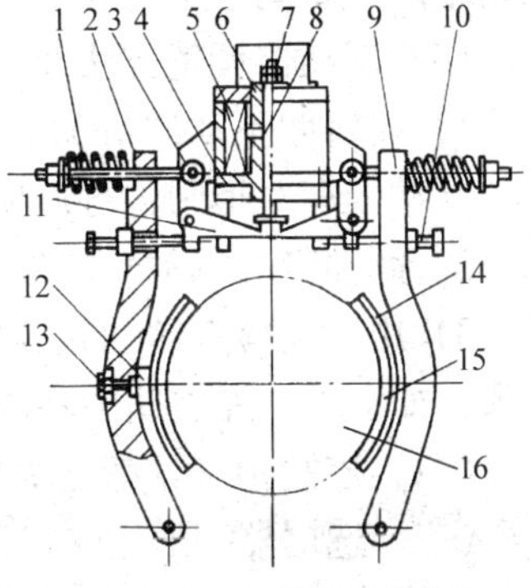

图 1—6　电磁制动器 D

1—制动弹簧　2—拉杆　3—销钉
4—电磁铁座　5—线圈　6—动铁心
7—弹簧　8—顶杆　9—制动臂
10—顶杆螺栓　11—转臂　12—球面头
13—连接螺杆　14—闸瓦　15—制动带
16—制动轮

(2) 压力弹簧的作用：主要是在电梯停止时进行机械制动。弹簧压力调整的大小直接影响电梯的舒适感，如果压力过大，则制动猛，造成轿厢振动，舒适感差。如果压力过小，则造成溜车平层不准。因此弹簧的调整应根据轿厢载荷量的情况而定。

(3) 制动带（抱闸皮）的作用及更换：制动带与制动轮摩擦产生制动力，使电动机停止转动。磨损严重时，即超过制动带厚度的 1/4 或铆钉头欲露出时应及时更换，防止铆钉与制动轮摩擦打滑而制动失灵。

(4) 动铁心的作用：动铁心（电磁铁）的作用是打开抱闸。电磁铁有交直流之分。直流电磁铁结构简单，噪声小，动作平稳，目前电梯一般都采用直流电磁铁。

(5) 制动臂及作用：制动臂的作用是传递制动力，带动制动带。当铁心断电时，制动臂带动制动带，紧密地贴合在制动轮的工作面上。制动轮与制动带的接触面积应大于制动带面积的 80%，两侧制动带应同时离开和抱紧制动轮。打开时其制动轮与制动带之间距离应均匀。

(6) 制动器调整方法及要求

1) 在轿厢不动的情况下进行粗调，即把曳引机的钢丝绳摘掉，开动慢车对抱闸进行逐项调整。严禁用快速度调整抱闸。

2) 制动带与制动轮的外圆表面间隙为 0.7 mm 以内。

3) 用塞尺检查制动轮与制动带的间隙，上下、左右间隙应一致，如上下、左右间隙不均匀时，可调整螺钉。

(二) 控制柜（见第三章）

(三) 选层器

选层器设在机房中，常用钢带与电梯轿厢连接，是模拟电梯运行状态的机械——电气装置，起到指示轿厢位置、选层定向、消号、发出减速信号等作用。有些电梯已将上述模拟量以数字脉冲代替，用微处理机进行信号分析处理，大大降低了故障率，提高了运行舒适感和平层准确度。

机械选层器由一组盘面、钢架和传动机构组成。盘面由几组定触点和动触点组成，动触点固定在动滑板上（也称拖板）。拖板由链条和变速链轮带动，链轮又由钢带轮连接，钢带轮的钢带从机房的孔洞中伸入井道与轿厢连接，如图 1—7 所示。

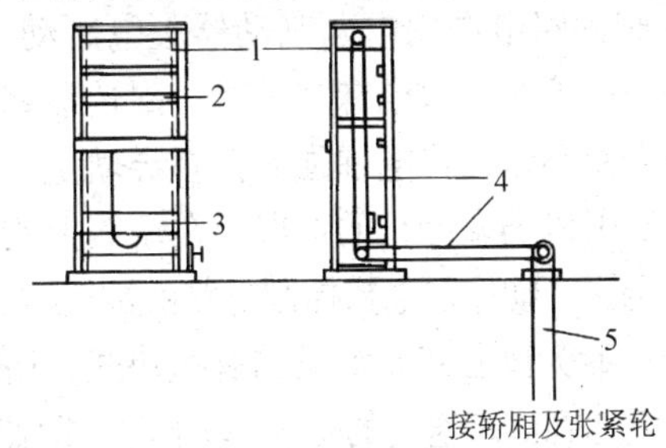

图 1—7　选层器

1—选层器　2—定滑板　3—动滑板　4—传动链条　5—钢带

轿厢上下移动时带动钢带运动，以此把轿厢的运动模拟到选层器的动滑块板上，完成电气接点的接通和断开（起到电气开关的作用）。选层器上各滑块接点用软电线连接引下，一部分送入控制柜中，并通过软电缆与轿厢操纵盘连接，另一部分送入井道，与各层厅门指示灯、按钮等连接。乘客选层时，按层站按钮，机房选层继电器便动作，为预选层站停车作准备。待轿厢运行到预选的层站时，选层器滑动接点也运行到预选层站接点处，这时通过继电器的动作使电梯到站停车，达到选层的目的。选层器除了为电梯选定层站外，还能实现轿厢运行指示、上下行单层换速、上下行多层换速、反向截车停止、上下行方向定向、轿厢内信号消号、上下行厅外呼叫信号记忆及消除等功能。

（四）限速器

限速器是在电梯运行速度超过允许速度时，发出电信号并产生机械动作，切断控制电路迫使安全钳动作的装置。

限速器通过钢丝绳与安装在轿厢两侧的安全钳拉杆相连。电梯的运行速度通过钢丝绳反映到限速器的转速上。为了保证限速器的速度反应准确，在井道底坑设有限速绳张紧轮及坠铁（砣），使限速钢丝绳与限速器绳轮间有足够的摩擦力。

电梯运行时，钢丝绳将电梯的垂直运动转化为限速器的旋转运动。当限速器的旋转速度超过极限值时，限速器就首先使超速开关动作切断电梯控制回路电源使电磁制动器失电制动。如制动失效，电梯运行继续加速，这时如果电梯在下行，限速器就能卡住限速器钢丝绳，迫使安全钳动作，将电梯强制停在导轨上。为了防止出现电梯已被制停、曳引机仍未停止的情况，在轿厢上梁设有安全钳动作开关，只要安全钳一动作，电梯控制电路就被切断。

电梯限速器一般为离心式。常见的有抛块式、抛球式、凸轮式三种。当轿厢速度达到额定速度的115%以上时，限速器应该动作。

抛块式又称甩块式，可分刚性夹持式和弹性夹持式，如图1—8和图1—9所示，一般用于梯速≤1 m/s的电梯上。

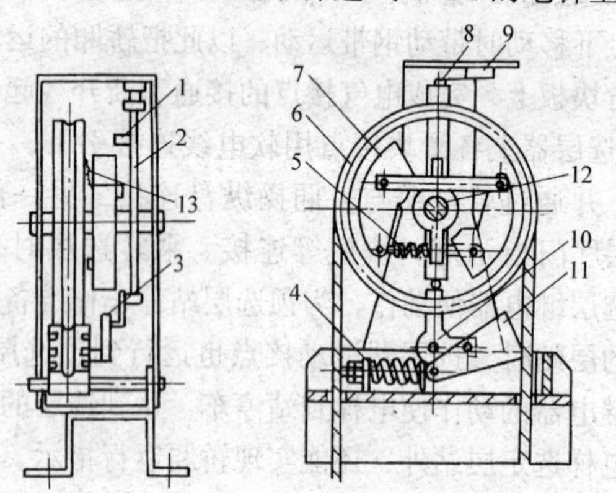

图1—8　刚性夹持式抛块限速器

1—打板碰块　2—导电座打板　3、4—绳钳压簧　5—抛块弹簧　6—绳轮　7—抛块　8—触头　9—电开关　10—绳钳拉钩　11—绳钳　12—心轴　13—拉簧

抛球式也称甩球式，速度容量大，反应灵敏，一般用在快速和高速电梯上，如图1—10所示。

凸轮式限速器的结构如图1—11所示。

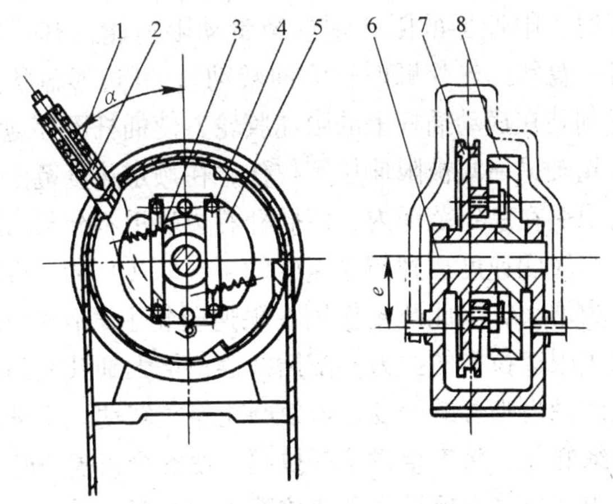

图 1—9　弹性夹持式抛块限速器

1—绳钳弹簧　2—夹绳钳　3—压缩弹簧　4—连接板
5—抛块　6—心轴　7—绳轮　8—棘齿罩

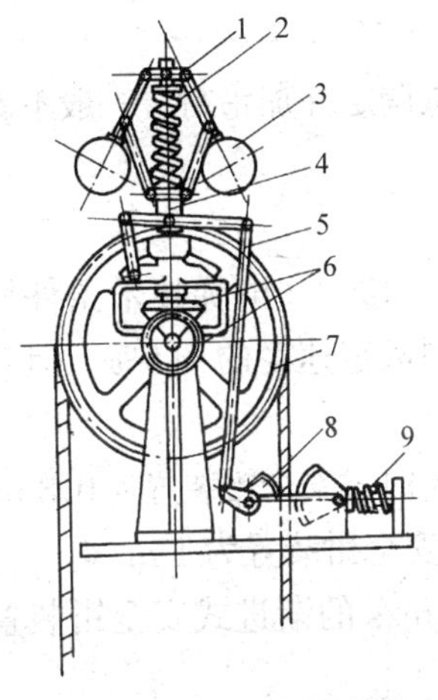

图 1—10　抛球式限速器

1—转轴　2—转轴弹簧　3—抛球
4—活动簧　5—杠杆　6—伞齿轮
7—绳轮　8—钳块　9—绳钳弹簧

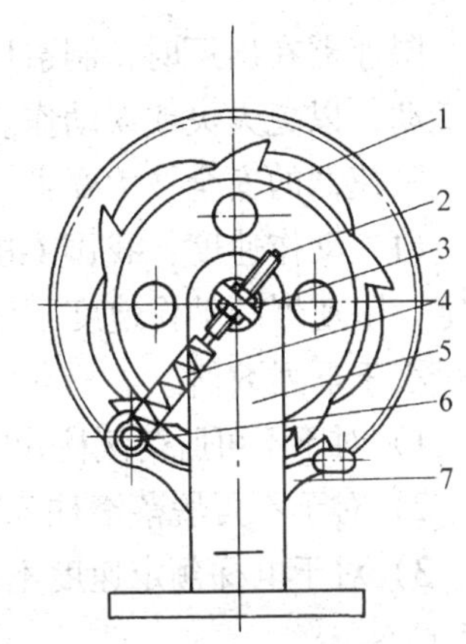

图 1—11　凸轮式限速器

1—限速器凸轮　2—限速拉簧调节螺钉
3—限速凸轮轴　4—限速器拉簧
5—限速器机架　6—限速器胶轮
7—摆动插杆

这种限速器适用于轿厢额定速度为 0.5～1 m/s 的低速电梯。

轿厢下行时，限速器的限速钢丝绳带动限速轮（其形状为五边形，内有一盘状凸轮作顺时针方向转动），五边形盘状凸轮的轮廓线处碰到装在摆动插杆上的限速胶轮，使插杆不停地摆动。由于限速胶轮轴另一端被限速拉簧拉住，在额定速度范围内，插杆的摆动角限制在一定范围内，使插杆右边棘爪不会与凸轮上的棘齿啮合。当轿厢速度达到额定速度的115%以上时，凸轮转速加快，离心力增大，因此凸轮作用在限速胶轮上的作用力也增大，从而克服了限速拉簧的拉力，使插杆摆角增大到其左侧棘爪与凸轮内圈上的棘齿啮合的程度，迫使凸轮停止转动。于是限速轮将限速钢丝绳轧住，将安全钳拉杆拉起，使安全钳楔块轧住导轨。

调节限速拉簧的螺母位置使拉簧长度改变，或者更换不同拉力的拉簧可以使限速器适应不同速度的需要。当限速器动作后，只要将轿厢上行，使限速轮反向转动，插杆上的棘爪就与棘齿脱开复位。

限速器在出厂时，制造厂已测试调定并加铅封，一般不能随意变动，以免失灵或误动作。

限速器的安全技术要求：

（1）动作速度：我国 GB 10058—1997《电梯技术条件》中规定，限速器的动作速度不低于轿厢额定速度的115%，但是也不得小于下列数值。

1）对于不可脱落滚柱式以外的瞬时式安全钳装置为0.8 m/s。

2）对于不可脱落滚柱式瞬时式安全钳装置为1 m/s。

3）对于电梯额定速度不超过1 m/s的渐进式安全钳装置为1.5 m/s。

4）对于电梯额定速度超过1 m/s的渐进式安全钳装置为$1.25v+\frac{0.25}{v}$（m/s）。

《电梯技术条件》还规定对重限速器的动作速度应大于轿厢限速器的动作速度，但不应超过10%。

限速器的动作速度是指夹持钢丝绳时的电梯速度。

(2) 限速器钢丝绳：钢丝绳的作用是传递运动并在被夹持时提起安全钳，因此必须要有足够的强度和耐磨性。

我国规定钢丝绳的直径不小于 7 mm，静载安全系数不小于 5。实际应用中一般为直径 8 mm 以上的外粗式纤维芯钢丝绳。为了保证绳索的使用寿命，限速绳轮直径应在绳索直径的 30 倍以上。

(3) 张紧装置：限速绳应由张紧轮张紧，张紧轮（或其配重）应有导向装置。张紧装置的作用是使绳与绳轮之间具有足够的压紧力，使绳轮能准确反映电梯的运行速度。

(4) 超速开关（装在限速器上）：限速器一般都设有超速开关，它的动作（第一动作）速度一般比夹绳动作（第二动作）速度超前 5%～10%。第二动作是否出现，取决于第一动作。当超速开关动作后，电梯已被制动，或者没有完全制动，但速度已减慢，则第二动作不应出现。只有当电梯继续加速时，第二动作才会出现，这种情况应该较少，从而减小了安全钳动作的几率，有利于电梯的安全使用和保护导轨。

(5) 断绳开关：为了防止限速器钢丝绳断裂或过度伸长以致使张紧装置落到地面而失去应有的作用，一般在张紧装置上都设有断绳开关，只要装置下跌，断绳开关就起作用，使电梯控制电路被切断。

为了补偿钢丝绳的伸长，并使张紧装置发挥作用，装置底部离井道底坑应有合适的高度，使装置能上下浮动。

随着电梯技术的不断进步，限速器的新产品、新结构也先后产生。如河北东方机械厂生产的 XS7 型限速器，适应的速度范围较宽，可从 1.0 m/s 到 5.0 m/s，如图 1—12a 和图 1—12b 所示。

为了满足电梯上下双方向限速保护的要求，此类的限速器也相继生产出来并投入使用，如河北东方机械厂生产的 XS6 型双向限速器，如图 1—13a 所示，以及德国微特集团生产的 LK 型双向限速器，如图 1—13b 所示。

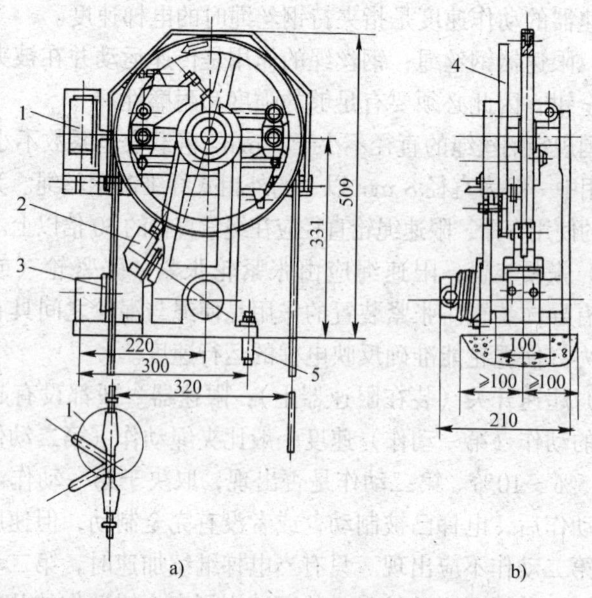

图 1—12　XS7 型限速器

1—瞬动开关　2—活动夹绳块　3—固定夹绳块　4—制动轮　5—4－M8×110 膨胀螺栓

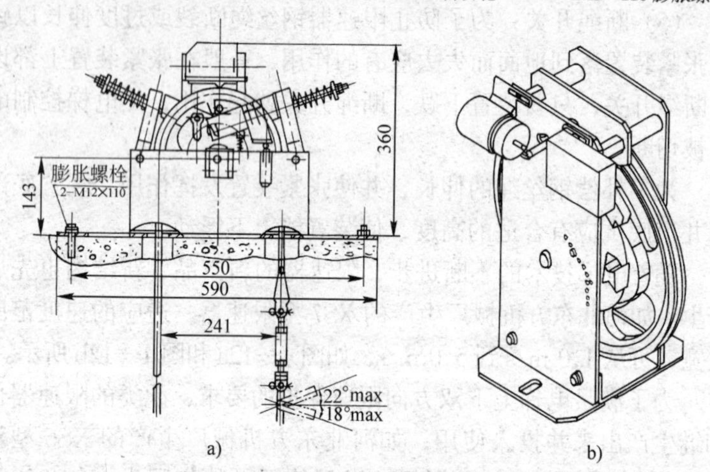

图 1—13　双向限速器

a）XS6 型　b）LK 型

二、井道内设备

（一）轿厢系统

1. 轿厢

轿厢是由轿厢架、轿壁、轿底、轿门和轿顶组成的。一般电梯的轿厢内部净高度在 2 m 以上，杂物电梯可根据情况配置轿厢。有的轿厢在轿底或轿顶设有超载装置，轿厢是电梯中装载乘客或货物的金属结构件，它靠轿厢架上的上下四个导靴，沿着导轨作垂直升降运动。

（1）轿厢架：由底梁、上梁和立柱几部分组成，如图 1—14。底梁、上梁多采用槽钢制成，立柱多用角钢制成，是承重、提升轿厢的主要部件。

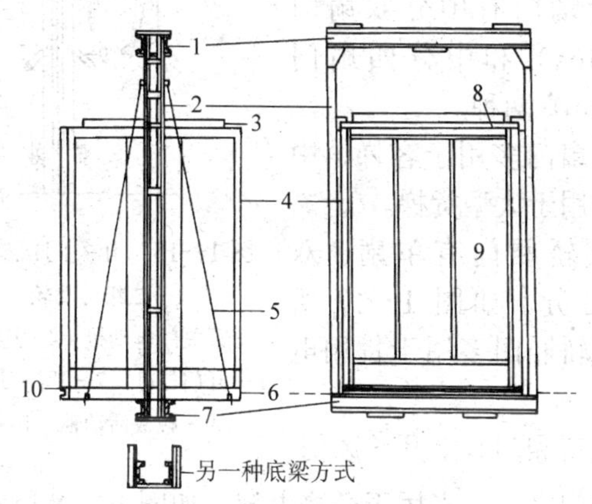

图 1—14 电梯轿厢和轿厢架

1—上梁 2—立柱 3—轿顶 4—围扇 5—拉条 6—轿底 7—底梁 8—轿厢架 9—轿厢 10—轿门底坎

（2）轿厢体：是电梯的工作容体，具有与载重量和服务对象相适应的空间。由轿底、轿壁、轿顶和轿门组成。

（3）轿厢底：是轿厢的地面结构，直接用于支撑轿厢内的所有载荷。轿底大都是由钢材构成的框架定位于轿架下的横梁上，框架上铺有钢板。为了装饰，钢板上可直接敷设各种具有防火性能的材料。

(4) 轿厢壁：一般用 1.5 mm 厚的钢板制作，要求具有足够的强度。从轿厢任何部位垂直向外，在 5 cm^2 圆形或方形面积上，施加均布的大小为 300 N 的外力，其弹性变形不大于 1.5 mm。

(5) 轿厢门：轿厢门一般是封闭式的，可分为中分式、双折式、左开门或右开门等多种形式。一般轿厢只有一个轿门，但也有一些电梯根据设计需要是贯通门或左右侧两边开门。

在装有动力机械开关门的电梯上，开门机总是直接拖动轿厢门，如图 1—15 所示。

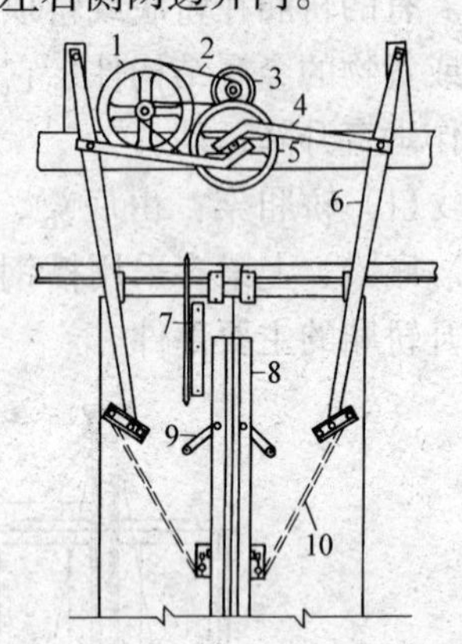

图 1—15　开关门机构及安全触板

1—二级传动轮　2—V 带　3—开关门电动机　4—连杆　5—驱动轮　6—开门杠杆　7—开门刀　8—安全触板　9—触板活动轴　10—触板拉链

轿厢门按运动方向不同有多种不同形式。

水平滑动门有中分双扇门（见图 1—16a）和中分四扇门（见图 1—16b）两种。

中分双扇门多用于客梯，中分四扇门多用于大型货梯。

旁开式轿厢门有单扇、双扇、三扇之分，如图 1—17 所示。旁开式轿厢门多用于货用电梯。

闸门式轿厢门有上开单扇门和上开双扇门之分，多用于杂物电梯，如图 1—18 所示。

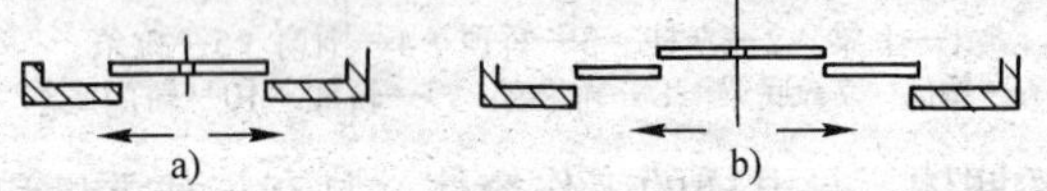

图 1—16　中分式门

a) 中分双扇式　b) 中分四扇式

(6) 轿厢内的操纵盘（箱）：轿厢内轿门左侧或右侧设有操纵盘。操纵盘上主要装有选层开关、停层开关、电源开关、楼层指示、应急开关等。

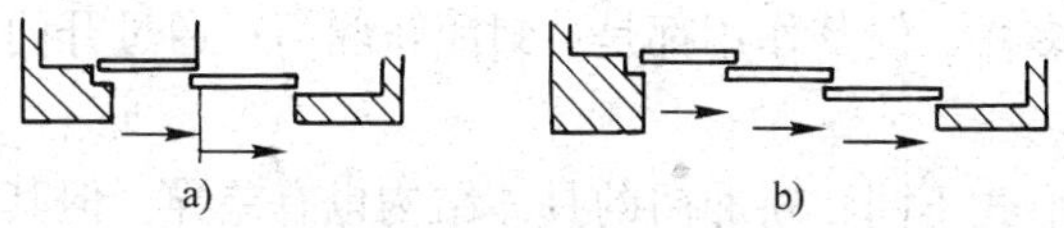

图 1—17　旁开式轿厢门

a）旁开双扇式　b）旁开三扇式

1）电源开关：用于控制操纵电源的开关，当控制开关失灵或电气线路故障时，可用电源开关关断电源，使轿厢停止运行。

2）应急装置：急停按钮（平时禁止使用，应装在操作盒内），当发生特殊情况需要电梯立即停车时，按应急装置按钮，电梯能立即停止运行。

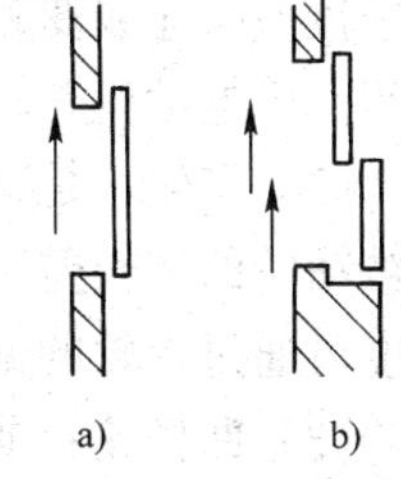

图 1—18　闸门式轿厢门

a）上开单扇闸门式门

b）上开双扇闸门式门

3）轿厢位置指示及方位：是显示电梯运行方向及其位置的装置。

4）内选装置：通过操纵箱内楼层的选择将乘客送到应到的层站。

在操纵盘处可装有通信设备、电梯规格标牌、警铃等装置。

（7）轿顶：轿顶应保证足够的承重量，轿顶可设置安全窗，尺寸不应小于 0.35 m×0.5 m，应有手动锁紧装置。轿顶打开后，电梯的电气安全联锁装置应动作，断开电梯控制回路，以确保安全。轿顶还有应急开关、检修优先开关、电源插座等，以供检修人员在轿顶工作使用，轿顶还应设置防护栏。

2. 轿、厅门

门系统含轿厢门和厅门。是电梯设备重要的部件，也是故障多发区域。门系统的正确调整与保养，保证其运行的稳定和可靠，对于电梯正常运行和确保安全都有重要的作用。

轿厢门有自动门和手动门。自动门为绝大多数，占主导地位。从开门方式上分有中分式和侧开式，其中中分式居多。尽管形式多种多样，但其作用都是：封闭轿厢门；通过开门刀带动厅门的开闭。

由于形式不同，轿厢门的具体结构也有差异，但其主要结构是相同的。

(1) 门电动机：是开关门的动力装置。有直流和交流之分。通过机械减速或变频调速装置，用曲柄和杠杆原理，驱动门扇的开闭。门电动机开、关门速度可通过电气部分调整。

(2) 带轮：是减速装置。用 V 带与带轮的摩擦力及主动轮与被动轮的周长差别来达到减速和传递旋转力矩的目的。带张紧程度可通过带轮的偏心轴来调整。

(3) 曲柄轮：曲柄轮接受带传递的旋转力矩，利用在直径位置上的曲柄销轴，通过连杆把旋转运动变成直线运动，曲柄销轴有固定和可调两种。可调曲柄销轴能通过改变曲柄销轴位置半径的大小，改变门扇的开闭程度。

曲柄轮上装有凸轮装置，与曲柄轮同步转动。凸轮在转动过程中接通或断开相应的开关，控制门速及开、关门的终止。

曲柄销轴在关门和开门时均应在死点位置。但实际上关门状态时应到死点位置稍过 3 mm 的位置，以保证门扇关闭的严密。

(4) 连杆、摇杆：利用杠杆原理驱动门扇的开闭。连杆有固定和可调两种。可调的可通过调整螺钉调整门扇的开闭程度，对于中心式的还可调整门缝的位置。

中分门式的连杆和摇杆左右对称各一套。侧开门因轿厢门是往一侧开（或关），所以只有一套连杆和摇杆。

(5) 门扇：是最终实现开、关门的部件。每扇门扇上方装有两个吊门轮，吊门轮挂在门导轨上。门扇下方装有两块门导靴，导靴在地坎导靴槽中滑动。吊门轮与门导靴控制门扇只能沿水平方向横向移动。在轿厢门扇上装有开门刀，开门刀较其他部件突出。轿厢在平层位置时，开门刀被厅门门轮夹持，以此来带动厅门的开闭。轿厢在运行时，开门刀从每层厅门的两个门轮之间穿过，如果调整不当就会发出响声，严重时可造成停车甚至撞坏门轮。因此开门刀垂直度的调整、开门刀位置的调整及厅门钩子锁的调整是一项很重要的工作。可分为单刀式和双刀式两种。

每侧轿厢门各装一副开门刀，每副开门刀由两条门刀组成，其外侧宽度随门的开关而改变。门在打开状态时，开门刀宽度变大，其侧面紧贴厅门门轮。门在关闭状态时，开门刀宽度变小，其两侧均与厅门门轮留有间隙。

开门刀与厅门门轮的具体位置要求，因电梯型号不同而有区别，应按随机文件规定数据调整。门扇上还装有安全触板、关门力限制器、光电保护等安全保护装置。

(6）厅门：电梯的每一层停站都设有厅门，电梯到站时在轿厢门的拖动下，轿厢门、厅门同时打开，供乘客出入。电梯离站后，厅门被封闭，严禁在厅门外用手扒开。

厅门由门套、门框架、门导轨、地坎、门扇、钩子锁等组成。

厅门的导轨、地坎、门扇与轿厢门相同。

厅门的调整最重要的是钩子锁的调整。钩子锁有多种形式，但作用相同。

(7）门锁：有两种形式：一种是机械门锁，它的作用是当电梯轿厢不在某一楼层停靠时，这一楼层的层门（厅门）应被机械门锁锁闭而不能打开。另一种是电联锁，其作用是当电梯的层门打开时，电联锁的触点就断开，于是就切断了电梯的控制回路，电梯就无法运行。只有在轿门层门都关好使电联锁触点接通后，才使电梯控制回路接通，这时电梯才能运行。

机械门锁与电联锁设计组成一体的钩子锁称为厅门钩子锁。

在运行过程中为了安全，电梯的各层厅门必须关闭，而在厅门外不能用手将门扒开。目前我国采用由机械钩子锁和电气开关组合一体的电门锁，普遍用于自动化程度较高的电梯上，它是由自动开关门机构带动轿门刀的联动装置把厅门打开或关闭的。

自重力向下锁紧式（下钩式）门锁，是国标中规定使用的门锁，其结构如图 1—19 所示。图 1—19a 中所示的门锁包括 A、B 两个组件，A 件装在层门门架上，A 件上导电座上装有一对静触点 7，B 件装在层门内上侧，它随层门的开闭运动而运动。图中所示门锁状态为闭合状态，即层门关闭时的状态。这时与锁臂 4 相连的锁钩 2 与定位挡块 3 相锁合。

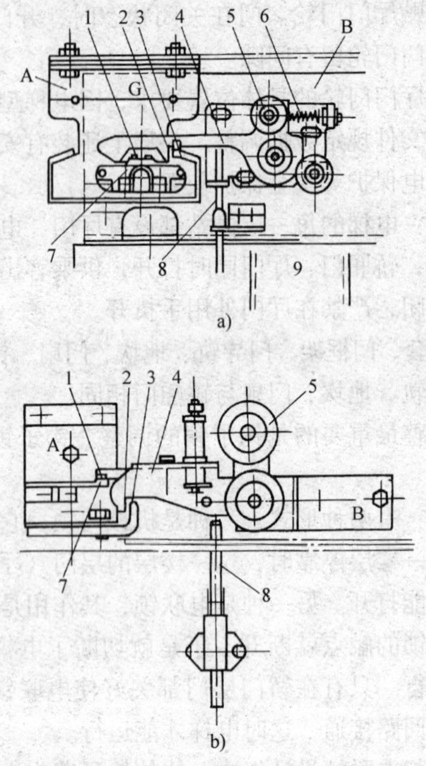

图 1—19　自重力向下锁紧式（下钩式）门锁

1—动触点　2—锁钩　3—定位挡块　4—锁臂

5—锁臂轮　6—弹簧　7—静触点　8—撑杆　9—门刀

(8) 轿厢门的安全装置：防止人或物被门扇夹住的安全装置。常用的防夹安全装置有安全触板、光电式、电子式等类型。

1) 安全触板：设置在轿门上，采用机械结构。当轿门关门过程中人或货物触及安全触板时，轿门立刻返回开启位置。

2）光电装置：安装在轿门上，光线水平方向通过门口，当人或物遮住光线时，门就不能关闭或重新开启。

3）电子装置：是电容量检测设备，它安装在轿门上，当人位于感应区域时，电容量发生变化，使门不能关闭或重新开启。

（二）导轨装置

导轨装置由导轨架、导轨和导靴组成，它的作用是限制轿厢和对重的自由度，使轿厢或对重只能沿着导轨作升降运动。

1. 导轨架

导轨架是支撑导轨的组件，用扁钢或角钢制成，用预埋铁或胀管螺栓固定在井道壁上，每根导轨至少设两个导轨支架，其间隔应小于 2.5 m。

2. 导轨

导轨是为电梯轿厢和对重提供导向的构件，在井道中确定轿厢和对重的相互位置。如图 1—20 所示。导轨的材料是 Q235 钢，一般为 T 形导轨。电梯采用 T75—1，T90，T125 等型号的导轨。

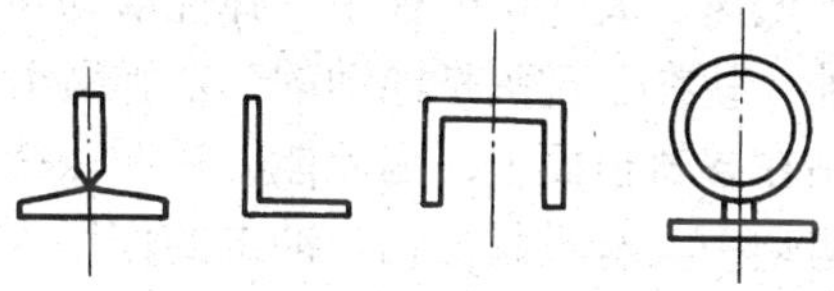

图 1—20　导轨种类

导轨长度一般为 5 m，T 形导轨两端的接头做成凹凸榫形。两根导轨连接是用连接板和螺栓固定的。

3. 导靴

导靴是引导轿厢和对重沿导轨运行的装置，每台轿厢安装四套导靴，安装在轿厢上梁两侧和轿厢底部安全钳座下面，四套对重导靴安装在对重架上部和底部。当轿厢和对重的悬挂中心通过其重心时，导靴几乎不受力，但是这种理想的情况，实际是不存在的。在任何情况下，导靴总是将力传递给导轨。导靴分为两种类型，按其在导轨工作面上的运行方式，可分为滑动导靴和滚动导靴。

（1）滑动导靴：按其靴头的轴向位置，分为固定式滑动导靴和弹性滑动导靴（见图 1—21）。

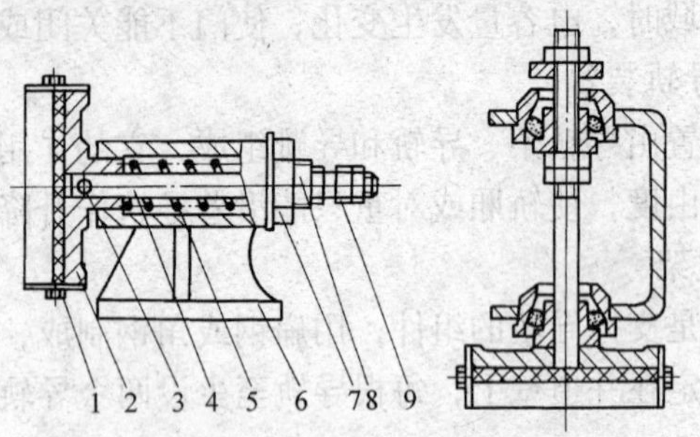

图 1—21　弹性滑动导靴

1—靴衬　2—靴头　3—销轴　4—螺杆轴　5—压缩弹簧
6—靴座　7—锁紧螺母　8—调节套　9—定位螺母

由于固定滑动导靴与导轨的配合存在着较大的间隙，在运行时会产生较大的振动和冲击力，因此一般只能适用于 1 m/s 以下的电梯。但是固定滑动导靴，具有较好的刚度，承载能力强，因此被广泛应用于低速、大吨位电梯中。弹性滑动导靴与固定滑动导靴的不同之处，就在于靴头是浮动的，在弹簧力的作用下靴衬的底部始终压贴在导轨顶面上，因此能使轿厢保持较稳定的水平位置，同时在运动中具有吸收振动与冲击的作用。在靴衬的另一端有螺母，可调整靴头与导轨的压力，使靴衬以适当的压力与导轨接触，运行平稳，靴衬磨损较小，使用寿命长。这种导靴一般适用于电梯速度为 1.75 m/s。

（2）滚动导靴：是以三个滚轮代替了滑动导靴的三个工作面，如图 1—22 所示。

三个滚轮在弹簧力的作用下，压贴在导轨三个工作面上。在轮轴内有滚动轴承和调节压力的弹簧装置组合装在一个台座上。滚轮与导轨的接触面为橡胶件，这样可消除振动和噪声。橡胶件在选用时要符合要求，否则在电梯运行时会产生振动。

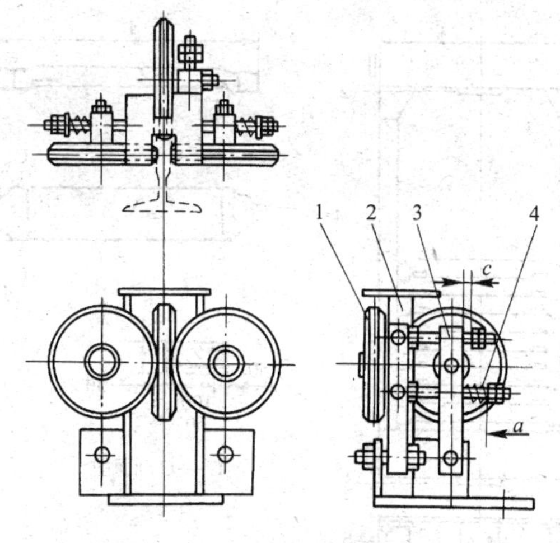

图 1—22　滚动导靴

1—滚轮　2—靴座　3—摇臂　4—压缩弹簧

（三）对重装置

1. 结构

对重装置由曳引钢丝绳经曳引轮与轿厢相连接，在运行中起平衡作用。由于轿厢的载重量是变化的，所以这种平衡是相对的和变化的。对重装置是由对重块（砣块）和对重架组成的，如图 1—23 所示。对重块由灰口铸铁铸造而成。对重架由槽钢制成，是放置对重块的装置。对重上可设有安全钳。

2. 补偿装置

对重称平衡重，与轿厢对应悬挂在曳引绳的另一端，起到平衡轿厢重量的作用。平衡补偿装置悬挂在对重和轿厢的下面，在电梯上下运行时，其长度的变化正好与曳引绳相反，这样可起到平衡的补偿作用，保证对重起到相对平衡。一般情况下补偿装置有两种：补偿链和补偿绳，如图 1—24a 所示。当梯速大于 3.5 m/s 时，则采用有张紧装置的绳补偿方式，并设有补偿绳防跳的张紧装置以及限位开关，如图 1—24b 所示。

（四）曳引钢丝绳

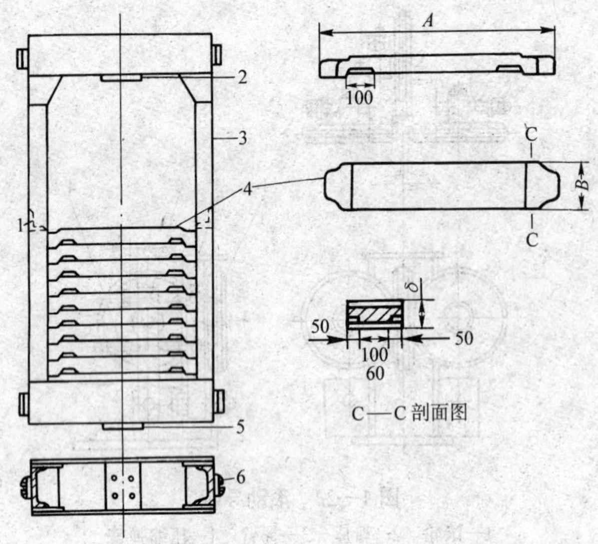

图 1—23　对重架和对重块

1—对重块压板　2—绳头板　3—对重架　4—铸铁砣块

5—缓冲器撞板　6—导靴

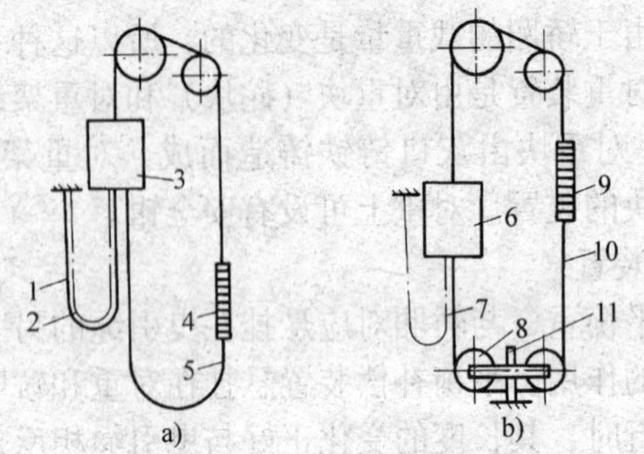

图 1—24　补偿装置连接

1、5、10—补偿装置　2、7—电缆　3、6—轿厢　4、9—对重

8—张紧轮　11—限位装置

电梯用钢丝绳主要指曳引绳，它承受着电梯的全部悬挂重量，并绕着曳引轮、导向轮和反绳轮作反复的弯曲。绳在曳引轮

的绳槽中承受很大的挤压应力，并频繁承受电梯启制动时的冲击。曳引绳这种工作条件，使其在强度、挠性（即易于弯曲的特性）及耐磨性方面，都有很高的要求。

1. 曳引钢丝绳的性能要求

（1）强度：曳引钢丝绳的强度用静载安全系数来衡量：

$$K_{静}=\frac{pn}{T}$$

式中 p——钢丝绳的破断拉力；

n——钢丝绳的根数；

T——作用于轿厢侧钢丝绳上的最大静载荷力。

我国规定，对于用 3 根或 3 根以上钢丝绳的曳引驱动电梯，$K_{静}$ 为 12。

（2）耐磨性：钢丝绳的耐磨性与外层钢丝的粗度有很大关系。我国电梯采用“西鲁式”钢丝绳结构，代号 X。这种绳的内外层钢丝数量相等，粗细不同，外层钢丝粗于内层钢丝，所以又称外粗式钢丝绳。其优点是耐磨性好，但挠性稍差。外层钢丝的直径一般不小于 0.6 mm。

（3）挠性：良好的挠性能减小曳引绳在弯曲时的应力，有利于延长使用寿命，为此曳引绳均采用纤维芯结构的双挠绳。

2. 电梯用钢丝绳的种类

GB 8903—88《电梯用钢丝绳》中规定，电梯用钢丝绳为直径 6 mm，8 mm，10 mm，11 mm，13 mm，16 mm，19 mm，22 mm 等规格的外粗式纤维芯钢丝绳。

曳引用钢丝绳的标记方法：

8×(19)—13—1 300 右交

8 表示绳股的数量，× 表示绳股的形式为外粗式，（19）表示绳股中钢丝根数，13 表示钢丝绳的公称直径（mm），1 300 表示钢丝绳抗拉强度（N/mm^2），右交表示钢丝在绳股中或绳股在绳中为右交捻制方向。

3. 曳引钢丝绳报废标准

在长期使用中，钢丝绳的外层钢丝由于磨损与疲劳，逐步折断，断丝数的不断增多使实际安全系数降低。当达到报废标准时应报废，曳引绳所具有的静载安全系数称为极限安全系数$K'_{静}$。

$$K'_{静}=\frac{np'}{T}$$

式中 n——曳引绳的根数；

p'——单根曳引绳达到报废标准时的破断拉力；

T——轿厢侧曳引绳的最大静载荷。

极限安全系数体现在对曳引绳断丝数及直径磨损量的控制上。

钢丝绳磨损达到下列情况之一者应停止使用：

(1) 钢丝绳断丝现象严重。钢丝绳在规定的长度范围内断丝总数达到表 1—5 规定的断丝数时，钢丝绳应报废。

表 1—5　钢丝绳断丝的报废标准

钢丝绳结构形式	断丝长度范围	钢丝绳规格			
		6×19+1	6×37+1	6×61+1	18×19+1
交捻	$6d$	10	19	29	27
	$30d$	19	38	58	54
顺捻	$6d$	5	10	15	13
	$30d$	10	19	30	27

注：d 为曳引钢丝绳直径。

(2) 断丝局部聚集：当断丝聚集中在小于 $6d$ 的绳长范围内，或者集中在任一绳股里，即使断丝数小于表中数值，也应报废。

(3) 钢丝绳表面磨损，锈蚀严重，或外层钢丝的直径减小 40%时应报废。

当钢丝绳直径相对公称直径减小 7%时应报废。

(4) 钢丝绳失去正常状态时应报废。

（五）钢带

钢带一般是与机械选层器或光电选层器配套使用的，常用的钢带系统为闭环式，如图 1—25 所示。

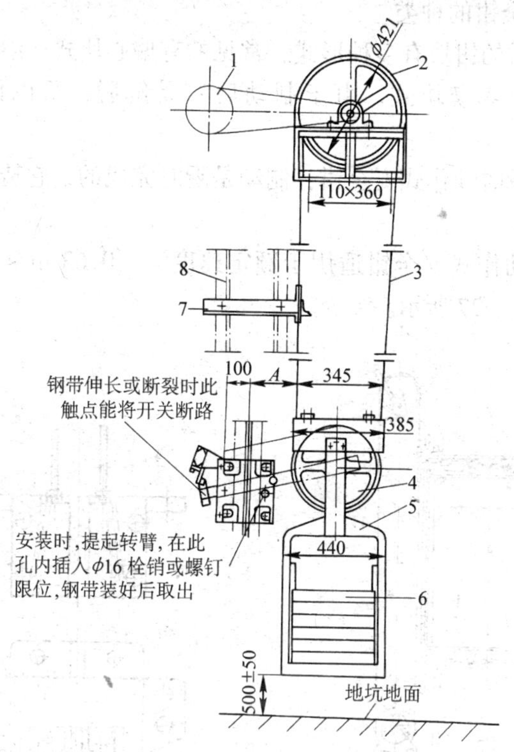

图 1—25　闭环式钢带传动系统图

1—选层器链轮　2—钢带轮　3—钢带　4—张带轮　5—砣架　6—坠砣　7—机械架　8—轿厢侧梁

（六）安全钳

安全钳安装在轿厢两侧的立柱上，主要由连杆机构、钳块、钳块拉杆及钳座组成，如图 1—26 所示。

当轿厢或对重向下运行，若发生断绳、打滑失控出现超速情况时，限速器动作，限速器钢丝绳被夹住不动。由于轿厢继续下行，拉杆被拉起，钳块与导轨接触，将轿厢强行轧在导轨上。由于连杆的作用，两侧钳块的动作是一致的，同时，装在拉臂尾部的安全钳开关被拨动，使电梯控制电路被切断。

1. 安全钳的种类

安全钳的钳块有多种形式，常见的有偏心块式、滚子式、楔块式。其中双楔块式，由于制动后容易解脱，所以使用最广泛。

（1）瞬时动作式安全钳：制动是瞬时完成的，它造成的冲击力较大。

瞬时动作式安全钳适用于额定速度 $v \leqslant 0.63$ m/s 的低速电梯，如图 1—27 所示。

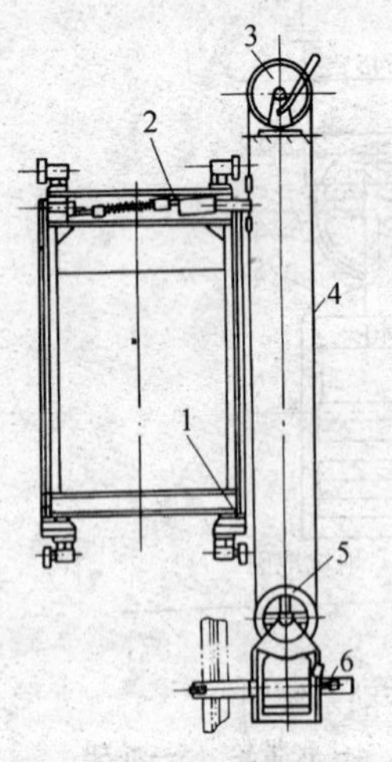

图 1—26　限速装置与安全钳

1—安全钳　2—安全钳动作开关

3—限速器　4—限速器钢丝绳

5—张紧轮　6—限速器断绳开关

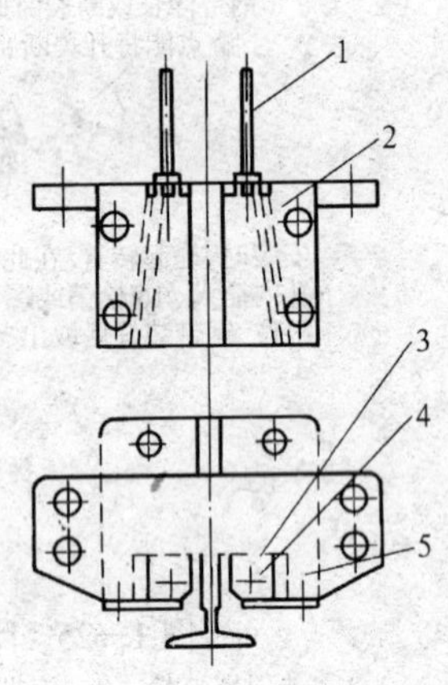

图 1—27　瞬时动作式安全钳

1—拉杆　2—盖板　3—滑槽

4—楔块　5—钳座

（2）缓冲作用瞬时式安全钳：该式安全钳能在瞬间内安全地夹紧在导轨上，使其悬挂部分的反作用力由一个中间弹性系统所限制，故有一定的缓冲作用。这种安全钳由于使用不便，制造复杂，一般现代电梯不使用。它的应用速度为 $0.6\ m/s \leqslant v < 1\ m/s$，如图 1—28 所示。

（3）滑移动作式安全钳：滑移动作式安全钳又称弹性安全钳或渐进式安全钳，是一种使用弹性元件，能使制动力限制在一定范围内的装置。制动时，轿厢可滑移一定距离。故有缓冲作用，可减小冲击力。适用于额定速度大于 1 m/s 的电梯，如图 1—29 所示。

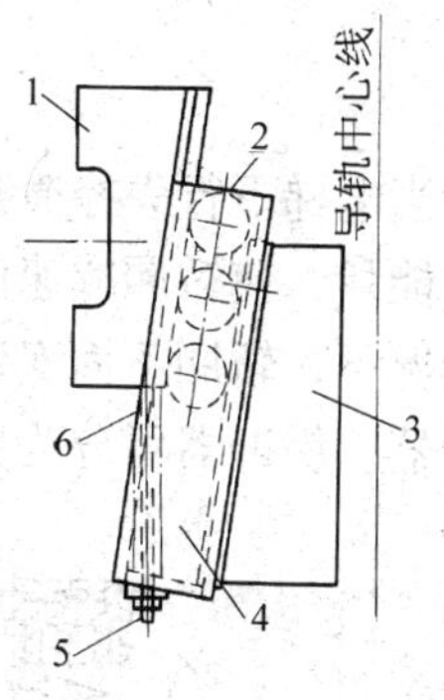

图 1—28　缓冲作用瞬时式安全钳

1—钳体　2—滚柱　3—钳块　4—滚柱保持架　5—调节螺栓　6—螺旋弹簧

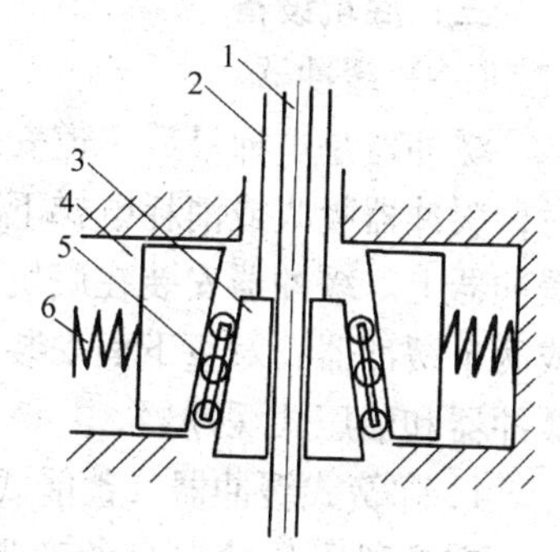

图 1—29　滑移动作式安全钳示意图

1—导轨　2—拉杆　3—楔块　4—钳座　5—滚珠　6—弹簧

2. 安全钳的制停距离及制停减速度

制停距离指限速器从夹绳钳动作起至轿厢被制停在导轨上止，轿厢所行走的距离。

制停减速度指电梯被安全钳制停过程中的平均减速度。制停减速度不能太大，否则会造成人和电梯的损伤。因此，必须对电梯的制停减速度加以限制。GB 7588—2003《电梯制造与安装安全规范》中规定，渐进式安全钳制动时的电梯平均减速度应为 $(0.2 \sim 1)g_n$（$g_n = 9.8\ m/s^2$）。

安全钳楔块工作面与导轨侧工作面之间的间隙应保持在3 mm以内。如果不合乎要求，应调整楔块拉杆的端螺母。间隙过小容易刹车。

如果采用双楔块式安全钳，导轨两侧工作面与两侧的楔块工作面的间隙应该一致，否则也会造成误动作。

安全钳联动开关，在动作瞬间，应断开控制回路，并且不能自动复位。

安全钳绳头处的提拉力应为150～300 N。

三、底坑设备

(一) 缓冲器

缓冲器是电梯最后一道安全装置，当电梯下行失控撞到底坑时，缓冲器吸收或消耗电梯下降的冲击能量，使轿厢减速停止在缓冲器上。缓冲器安装在底坑，一般情况下，轿厢下面安装一个或两个缓冲器；对重下面安装一个缓冲器。缓冲器可分为弹簧式缓冲器和油压式缓冲器。

1. 弹簧式缓冲器（蓄能式缓冲器）

它是利用弹簧自身的变形，将电梯的动能（冲击）转化为弹簧的弹性势能，将能量储存在弹簧内，使电梯得到缓冲。当缓冲结束后，弹性势能释放，使电梯回弹直到能量耗尽为止，如图1—30所示。

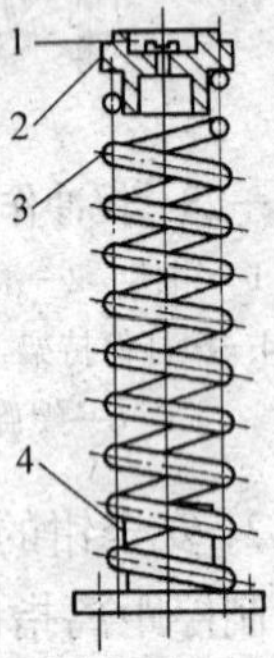

图1—30 弹簧式缓冲器

1—缓冲器 2—缓冲座

3—压缩弹簧 4—弹簧座

弹簧式缓冲器在额定速度为1 m/s以下的电梯上使用。因为它有回弹作用，所以限制了使用范围。

弹簧式缓冲器可能的总行程应至少等于相应于115%额定速度的重力制停距离的两倍，即$0.0674v^2\times2\approx0.135v^2$ (m)。无论如何，此行程不得小于65 mm。

弹簧式缓冲器的设计应能在静载荷为轿厢重量与额定载重量

之和（或对重质量）的2.5倍至4倍时达到上面规定的行程。

弹簧式缓冲器应保持正常的行程，必须使弹簧能承受最大压力，而仍保持足够的弹性。

安装和维修中，应按规定保持垂直和水平度，以便在冲击时发挥其作用。否则应加以调整，固定。

2. 油压式缓冲器

油压式缓冲器又称耗能式缓冲器，它安装在底坑内以消耗电梯下冲时的动能而起到缓冲作用。当电梯轿厢或对重撞击油压式缓冲器时，柱塞向下运动，压缩油缸内的油，油通过环形节流孔喷向柱塞腔内。由于节流孔使油的流动面积突然缩小，形成涡流，消耗了电梯的能量，使电梯轿厢停下来。当轿厢离开缓冲器时，缓冲器在复位弹簧的作用下，使柱塞向上复位，油又重新流回缸内，如图1—31所示。

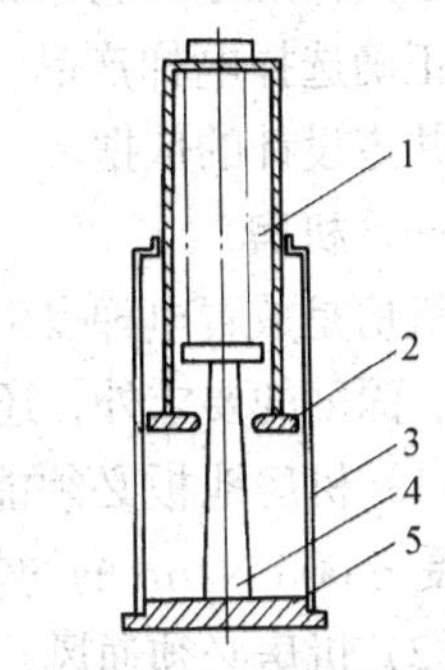

图1—31 油压式缓冲器
1—复位弹簧 2—柱塞 3—液压缸 4—锥形柱 5—缓冲器底座

油压式缓冲器可能的总行程应至少等于相应于115%额定速度的重力制停距离，即$0.067v^2$（m）。任何情况下，行程不应小于0.42 m。

（二）底坑开关

1. 底坑停止开关

在电梯井道底坑内设有电梯停止开关，此开关应为双稳态的，误动作不能使电梯恢复服务。维修人员在底坑检修电梯时用此开关控制电梯的停止运行，以防出现电梯误启动伤人。

2. 底坑照明开关

为了便于维修人员在底坑进行维修工作，底坑内必须有足够的照明，为安全起见，一般应用36 V的安全电压。

第五节 电梯的土建结构

为了加强电梯产品的管理，统一电梯用建筑物的结构，国家标准 GB 7025—1997《电梯主要参数及轿厢、井道、机房的形式与尺寸》，对乘客电梯等的主要参数，轿厢、井道、机房的形式与尺寸做了具体规定。它不仅是电梯厂制造电梯应遵循的标准，也是用户正确选择电梯产品，选择电梯主要参数和规格尺寸，做好机房、井道设计的依据。

一、机房

机房是放置电梯曳引机及辅助设备的房间，除有面积、高度、宽度、深度的要求外，还应符合下列要求。

(1) 机房地板必须能够承受它们正常所受的载荷，一般要求能承受 6 000 N/m^2 的均匀载荷。

(2) 机房必须通风，环境温度保持在 5～40℃之间。

(3) 供活动和工作的净高度在任何情况下均不应小于1.8 m。

(4) 在机房顶板或横梁的适当位置，应设一个或多个能承重 2 t 的吊钩。

(5) 机房应有固定式电气的照明，地表面上的照度应不小于 200 lx，并设一个或数个电源插座。

(6) 机房地板上的开孔尺寸应尽量减小，所开孔应在周边用水泥筑起高于地板 50 mm 且宽度适当的台阶。

二、井道、底坑

井道是轿厢和对重运行的空间，该空间是以井道底坑的底、井道壁和顶为界限的。井道除应达到 GB 7025—1997《电梯主要参数及轿厢、井道、机房的形式与尺寸》的要求外，还应符合下列要求。

(1) 井道应有足够的机械强度。井道结构至少能承受下述载荷：由曳引机施加的载荷；安全钳动作瞬间或轿厢载荷偏离中心从导轨上产生的载荷；由缓冲器动作产生的或由防跳装置施加的载荷。

(2) 井道除层门口、通风孔、机房之间的永久性开孔外，不准有其他开口。

(3) 当相邻两层地坎间的距离超过 11 m 时，其间应设安全门。当两相邻轿厢都设有安全门时，则井道可不设安全门。

最小净空尺寸允许偏差值为：

高度≤30 m 的井道：0～25 mm；

30 m＜高度＜60 m 的井道：0～35 mm；

60 m＜高度＜90 m 的井道：0～50 mm。

(4) 井道顶部应设通风孔。

(5) 井道应为电梯专用，不得装设与电梯无关的设备、电缆等。

(6) 井道内应设永久性的照明，在维护修理期间，即使门全部关上，井道亦能被照亮。

(7) 底坑不得漏水渗水，除缓冲器、导轨、底板及排水装置外，底坑的底部应光滑平整。

三、机房、井道的形式与尺寸

根据 GB 7025—1997《电梯主要参数及轿厢、井道、机房的形式与尺寸》规定，现以乘客电梯为例，举例说明。机房和井道的尺寸见图 1—32、图 1—33 和表 1—6。

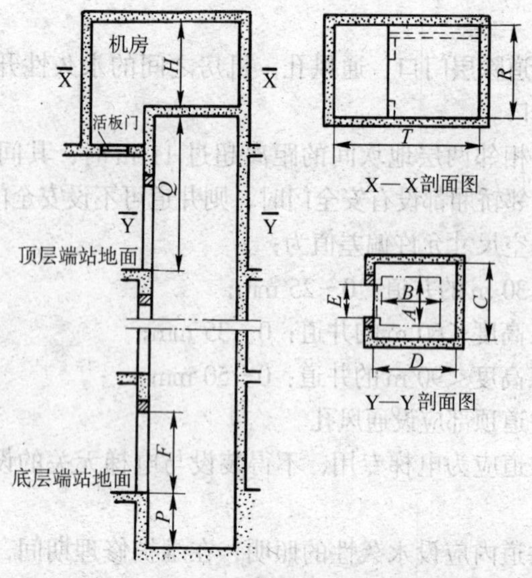

图 1—32　乘客电梯井道机房剖面示意图

注：1. 图中的封闭阴影面积表示门洞和门套之间的后填部分

2. 虽然示意图上并未示出机房门，但建议要设置此门

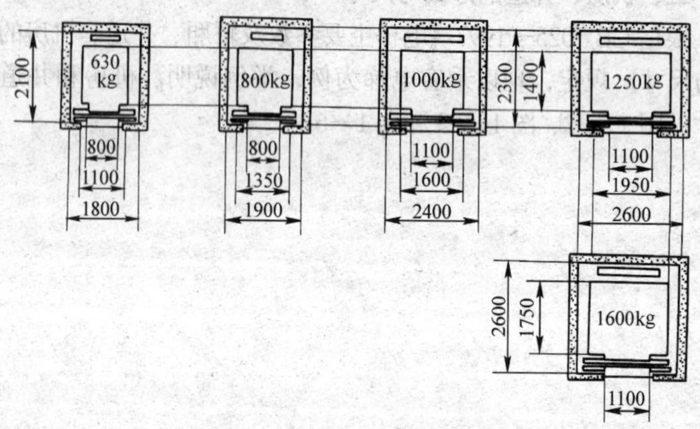

图 1—33　乘客电梯井道平面图

表 1—6　　电梯的参数、尺寸

主要用途		非住宅楼电梯（办公楼、旅馆等）					住宅楼电梯			
额定载重量，kg		630	800	1 000	1 250	1 600	320[1)]	400[1)]	630	1 000
可乘人数，人		8	10	13	16	21	4	5	8	13
轿厢	宽度 A，mm	1 100	1 350	1 600	1 950		900	1 100		
	深度 B，mm	1 400				1 750	1 000		1 400	2 100
	高度，mm	2 200（2 300）		2 300			2 200			
轿门和层门	宽度 E，mm	800		1 100			700	800		800（900）
	高度 F，mm	2 000（2 100）		2 100			2 000			
	形式	中分门					旁开门	中分门、旁开门		
井道	宽度 C，mm 中分门	1 800	1 900	2 400	2 600		2）	1 800		1 800（2 000）
	宽度 C，mm 旁开门	2）					1 400	1 600		1 600（1 700）
	深度 D，mm	2 100	2 300			2 600	1 600		1 900	2 600
底坑深度[4)] P，mm	$v=0.63$ m/s	1 400			1 600		1 400			
	$v=1.00$ m/s									
	$v=1.60$ m/s	1 600					2）	1 600		
	$v=2.50$ m/s	2）	2 200				2）		2 200	

续表

主要用途			非住宅楼电梯（办公楼、旅馆等）				住宅楼电梯			
顶层高度[4] Q，mm	$v=0.63$ m/s		3 800	4 200	4 400		3 600			
	$v=1.00$ m/s						3 700			
	$v=1.60$ m/s		4 000	4 200	4 400		3 800			
	$v=2.50$ m/s		2)　5 000	5 200	5 400		2)		5 000	
机房	$v=$ 0.63 m/s	面积 S，m^2	15	20	22	25	6	7.5	10	12
		宽度 $R^{3)}$，mm	2 500	3 200			1 600	2 200		2 400
		深度 $T^{3)}$，mm	3 700	4 900		5 500	3 000	3 200	3 700	4 200
		高度 H，mm	2 200	2 400		2 800	2 000			
	$v=$ 1.00 m/s	面积 S，m^2	15	20	22	25	6	7.5	10	12
		宽度 $R^{3)}$，mm	2 500	3 200			1 600	2 200		2 400
		深度 $T^{3)}$，mm	3 700	4 900		5 500	3 000	3 200	3 700	4 200
		高度 H，mm	2 200	2 400		2 800	2 000			
	$v=$ 1.60 m/s	面积 S，m^2	15	20	22	25	2)	10	12	14
		宽度 $R^{3)}$，mm	2 500	3 200			2)	2 200		2 400
		深度 $T^{3)}$，mm	3 700	4 900		5 500	2)	3 200	3 700	4 200
		高度 H，mm	2 200	2 400		2 800	2)	2 200		

续表

主要用途			非住宅楼电梯（办公楼、旅馆等）					住宅楼电梯		
机房	$v=$ 2.50 m/s	面积 S，m^2	2）	18	20	22	25	2）	14	16
		宽度 R[3]，mm	2）	2 800	3 200			2）	2 800	
		深度 T[3]，mm	2）	4 900			5 500	2）	3 700	4 200
		高度 H，mm	2）	2 800				2）	2 600	

注：1）额定载重量 320 kg 和 400 kg 的电梯轿厢不允许残疾人乘轮椅进出。

2）非标电梯。

3）R 和 T 为最小尺寸值，实际尺寸应确保机房地面面积至少等于 S。

4）底坑深度和顶层高度的实际尺寸必须符合 GB 7588—1995 中 5.7 的规定。

第二章

电梯的相关知识

第一节　电梯的机械基础知识

一、机械传动原理

机器可以分为原动机和工作机两类。蒸汽机、内燃机、水轮机、电动机等都是原动机。车床、刨床、电梯轿厢等都是工作机。

要使工作机工作，必须使原动机带动工作机一起运动，也就是说，把原动机的运动通过传动装置传递到工作机上去。运动的传递可以用不同的装置来完成。电梯上常用的几种传动装置如下：

(一) 带传动

带传动是依靠带与带轮之间的摩擦来实现的。其传动比

$$i=\frac{n_1}{n_2}=\frac{D_2}{D_1}$$

式中　n_1——主动轮转速；

n_2——从动轮转速；

D_1——主动轮直径；

D_2——从动轮直径。

带传动又可分为平带传动、V带传动和齿形带（楔形带）传动。

1. 平带传动

当两轴中心距较远时，可采用平带传动。在平带传动中，如

果需要使两轮旋转方向相同，则可采用开口带，如图 2—1a 所示；如果需要两轮旋转方向相反，可采用交叉带，如图 2—1b 所示；如果两轮轴线既不相交又不平行，可采用半交叉带，如图 2—1c 所示。

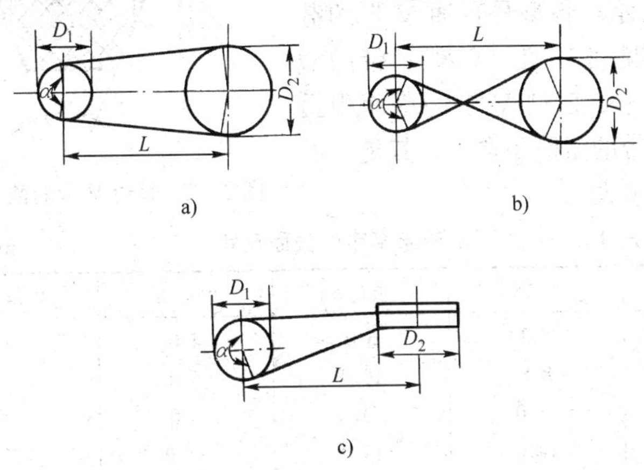

图 2—1　平带传动

a）开口式传动　b）交叉式传动　c）半交叉式传动

在平带传动中，带的拉力大小与带轮的包角 α 有关。包角越小，拉力越小，反之就越大。一般包角不得小于 150°。

应用平带传动，结构简单，成本低，更换方便，但它所占空间较大，使用安全装置麻烦。此外，由于在传动时容易打滑，所以得不到要求的速比。平带传动在电梯上应用时，为了防止打滑，有的在带上做了齿，称为齿形带或楔形带，并在带轮上做了槽，例如，现在在电梯上应用的带传动曳引机以及电梯的测速发电机带或井道内传感器带。

2. V 带传动

当两轮的轴心线之间距离不大时，可采用 V 带传动。

V 带传动具有传动平衡，不易振动的特点，如要增加传动力，只要增加带的根数就可以。V 带与带轮之间的摩擦力较大，不易打滑，它的包角一般不小于 70°。电梯轿厢的门机传动装置，以及电梯的测速发电机传动装置有的就采用了 V 带传动。

普通 V 带分 Y，Z，A，B，C，D，E 七种型号，其截面形状如图 2—2 所示。各型号普通 V 带的截面尺寸见表 2—1。Y 型 V 带的截面积最小，E 型 V 带的截面积最大。V 带的截面积愈大，其传递的功率也愈大。

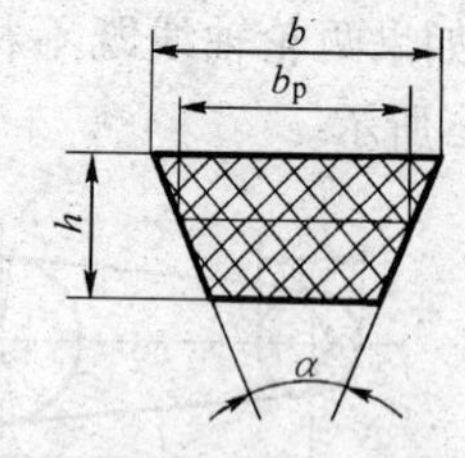

图 2—2　普通 V 带的截面形状

表 2—1　　　　普通 V 带的截面尺寸　　　　mm

型号	节宽 b_p	顶宽 b	高度 h	楔角 α
Y	5.3	6.0	4.0	40°
Z	8.5	10.0	6.0	
A	11.0	13.0	8.0	
B	14.0	17.0	11.0	
C	19.0	22.0	14.0	
D	27.0	32.0	19.0	
E	32.0	38.0	25.0	

V 带轮的轮槽截面形状如图 2—3 所示。

图中 b_d 为基准宽度，基准宽度通常和所配用的 V 带的节面处于同一位置。也就是说，基准宽度等于节宽，$b_d = b_p$。图中 d_d 为基准直径，即轮槽基准宽度处带轮的直径。带轮的基准直径不能太小，基准直径越小，传动时带在带轮上的弯曲变形越严重，弯曲应力越大。因此，对各型号的普通 V 带带轮都规定有最小基准直径 d_{dmin}。

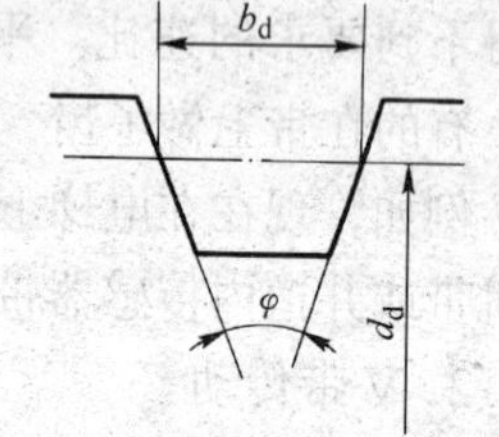

图 2—3　V 带轮的轮槽截面形状

普通 V 带传动带轮的基准宽度 b_d 和最小基准直径 d_{dmin}见表

2—2。

表 2—2　　普通 V 带传动带轮的基准宽度 b_d 和最小基准直径 d_{dmin}　　mm

普通 V 带型号	Y	Z	A	B	C	D	E
带轮基准宽度 b_d	5.3	8.5	11	14	19	27	32
带轮最小基准直径 d_{dmin}	20	50	75	125	200	355	500

图中 φ 为槽角，即轮槽横截面两侧边的夹角。由于 V 带与带轮接触时处于弯曲状态，除节圆的周长和节宽 b_p 保持不变外，V 带节面与顶面间的伸张层在弯曲时周线被拉长，横截面内宽度变窄；V 带节面与底面间的压缩层在弯曲时周线被压短，横截面内宽度变宽。因此，处于弯曲状态的 V 带横截面内两侧边的夹角（楔角）α 会变小。带轮直径越小，V 带弯曲越严重，楔角 α 越小。为了保证变形后的 V 带两侧工作面与轮槽工作面紧密贴合，轮槽的槽角 φ 应比 V 带的楔角 α 略小，对于 $\alpha=40°$的 V 带传动，槽角 φ 常取 38°，36°，34°。小带轮上 V 带变形严重，φ 取小一些，大带轮则 φ 取较大值。

（二）曳引传动

当需要将原动机的旋转运动转变为直线运动时，也常采用曳引传动方式。

原动机的动力输出轮称曳引轮，曳引轮的轮缘上开有绳槽，利用钢丝绳与绳槽的摩擦传递动力。图 2—4 所示为曳引传动在电梯上的应用。

因曳引传动能将旋转动力转换为长距离的直线运动，且有运行平稳、噪声小等特点，所以大部分中、低速电梯采用了曳引传动方式。曳引传动是靠摩擦实现的，容易造成打滑现象。又因为钢丝绳会产生延伸变形，使直线运动物体的位置易产生变化，因此，电梯曳引绳重边拉力 T 与轻边拉力 T'的比值应小于曳引轮的曳引能力系数。

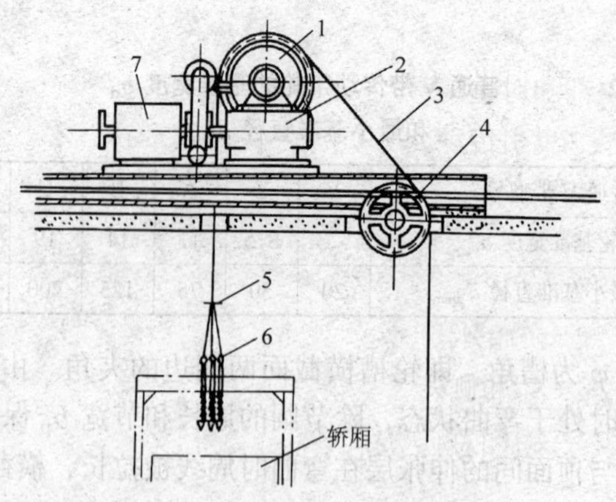

图 2—4　曳引系统

1—曳引轮　2—曳引机　3—曳引绳　4—导向轮

5—曳引绳木夹　6—绳头组合　7—电动机

$$\frac{T}{T'} < e^{f'\varphi}$$

式中　T——钢丝绳重边拉力，N；

T'——钢丝绳轻边拉力，N；

e——自然对数的底，取 2.718 26；

φ——钢丝绳对曳引轮的包角；

f'——钢丝绳与绳槽的当量摩擦系数。

曳引绳的包角是曳引绳挂在曳引轮和导向轮上时，曳引绳对曳引轮的最大包角。包角 φ_1 不超过 180°称为半绕式传动，如图 2—5a 所示。其包角 $\varphi_1 + \varphi_2$ 大于 180°称为全绕式传动，如图 2—5b 所示。

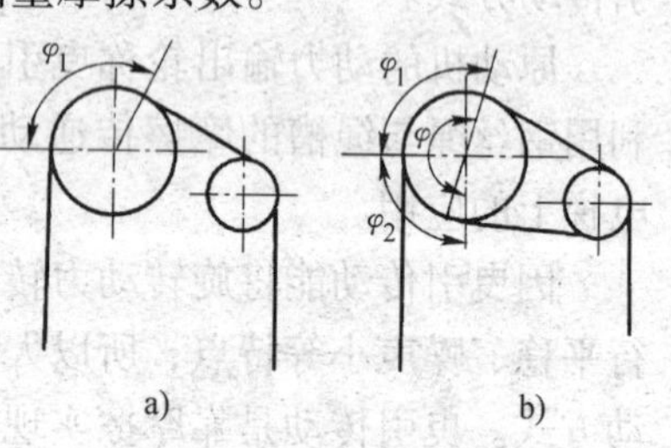

图 2—5　曳引绳包角

a）半绕式的包角 φ_1

b）全绕式的包角（$\varphi_1 + \varphi_2$）

在电梯上，曳引绳的线速

度与轿厢升降速度的比值称曳引比。

轿厢顶部和对重顶部均无反绳轮，曳引绳直接拖动轿厢和对重，称直吊式曳引传动，如图 2—6a 所示，其曳引比为 1，即：

$$\frac{v_1}{v_2}=\frac{T_2}{T_1}=1$$

式中 v_1——曳引绳线速度，m/s；

v_2——轿厢升降速度，m/s；

T_1——轿厢侧曳引绳载荷力，N；

T_2——轿厢总重量，N。

轿厢顶部和对重顶部均有反绳轮。由于反绳轮起到动滑轮的作用，使这种传动方式的曳引比为 2，即：

$$\frac{v_1}{v_2}=\frac{T_2}{T_1}=2$$

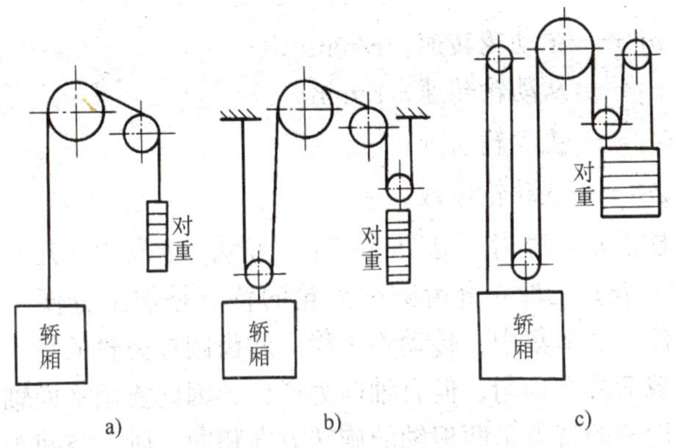

图 2—6　曳引传动方式

a）直吊式　b）传动比为 2　c）传动比为 3

如图 2—6b 所示（传动比为 2 的传动方式）。

轿厢顶部和对重顶部均有反绳轮，机房内设两个导向滑轮，而使其传动比为 3，如图 2—6c 所示，即：

$$\frac{v_1}{v_2}=\frac{T_2}{T_1}=3$$

传动比为2或3，使曳引机只需承受轿厢总重量的1/2或1/3，降低了对曳引机的动力输出要求。但由于增加了曳引绳的曲折次数，从而降低了绳索的使用寿命。同时在传动中增加了摩擦损失，大传动比传动方式一般用在货梯上。大吨位的货梯有的还采用更大的传动比。

（三）齿轮传动

在齿轮传动装置中，装在原动机轴上的齿轮叫主动齿轮，装在工作机轴上的齿轮叫从动齿轮。主动齿轮和从动齿轮互相啮合。当主动齿轮和从动齿轮的两根轴相互平行的时候，采用圆柱形齿轮。其传动比 i：

$$i=\frac{v_1}{v_2}=\frac{Z_2}{Z_1}$$

式中　v_1——主动轮转速，r/min；

v_2——从动轮转速，r/min；

Z_1——主动轮齿数；

Z_2——从动轮齿数。

圆柱齿轮有直齿（见图2—7a）、斜齿（见图2—7b）和内齿（见图2—7c）三种。直齿圆柱齿轮的特点是加工方便，用途广泛，但齿上载荷集中，传动不平稳。斜齿圆柱齿轮的特点是传动平稳，载荷分布均匀，但有轴向力产生，因此要用平面轴承。内齿圆柱齿轮的特点是两根轴的旋转方向相同，所占空间小，但是加工困难。

标准直齿圆柱齿轮如图2—8所示。

当主动轴和从动轴两轴线相交时，常采用圆锥齿轮传动，如图2—7d和图2—7e所示。

圆锥齿轮有直齿和螺旋齿两种。直齿圆锥齿轮加工方便，但传动时噪声较大。螺旋齿圆锥齿轮的特点是传动圆滑、噪声小，

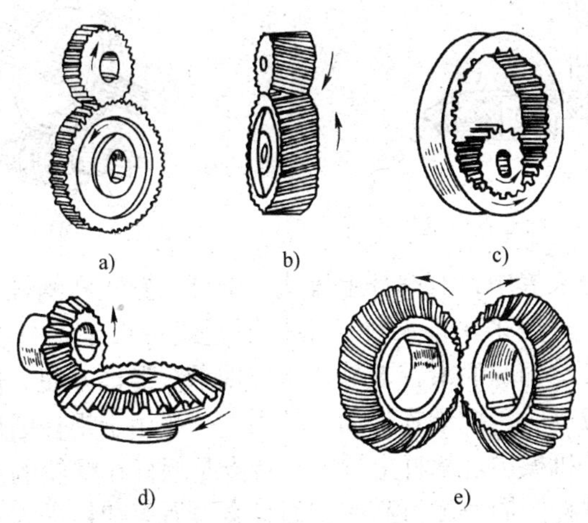

图 2—7 圆柱齿轮和圆锥齿轮

但加工复杂。

在 2.5～4.5 m/s 的交流调速电梯减速器中，采用了螺旋齿圆锥齿轮（斜齿轮）传动方式。螺旋齿轮采用的螺旋线有多种，最常见的是渐开线和阿基米德螺线。在电梯减速器中一般采用了阿基米德螺线圆锥齿轮传动方式。

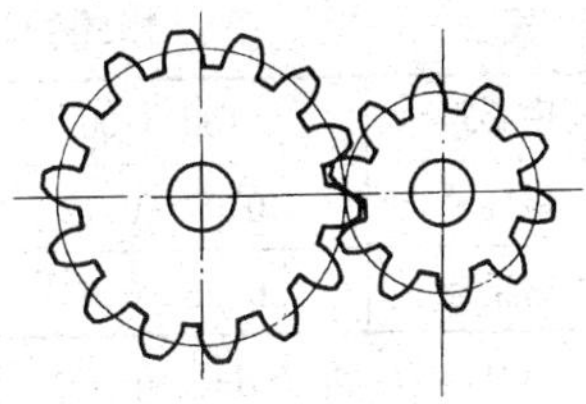

图 2—8 直齿圆柱齿轮

标准直齿圆锥齿轮示意图如图 2—9 所示。

（四）蜗杆蜗轮传动

在主动轴和从动轴的轴线成 90°，而彼此既不平行又不相交的情况下，可以采用蜗杆蜗轮传动，如图 2—10 所示。

蜗杆蜗轮的传动特点是蜗杆是主动的，蜗轮是被动的，因此广泛应用于防止倒转的装置上。它的最大特点是传动比大，噪声小，占空间小。一般应用在减速装置上。梯速为 2.5 m/s 以下的电梯减速器中一般采用此种传动方式。

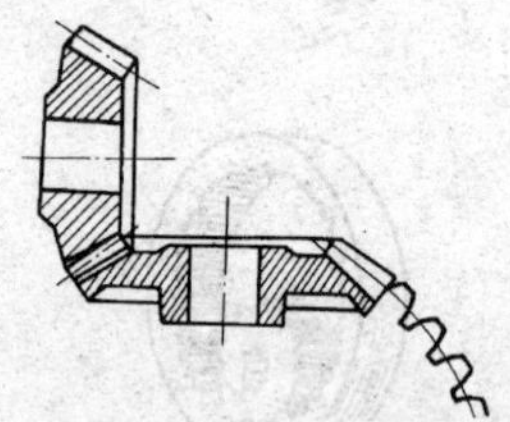

图 2—9　标准直齿圆锥齿轮

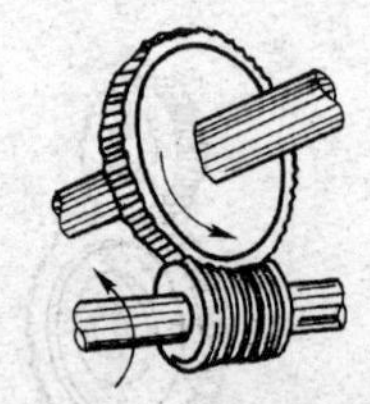

图 2—10　蜗杆蜗轮传动

在减速装置中，有蜗杆上置式、蜗杆下置式和蜗杆侧置式三种，电梯上一般采用前两种。蜗杆下置式特点是蜗杆在蜗轮下边，啮合处冷却和润滑都较好，蜗杆轴承润滑也方便。但当蜗杆圆周速度较高时，搅油损耗动力较大，一般用于蜗杆圆周速度小于 5 m/s 的机械中。蜗杆上置式的特点是蜗杆在蜗轮的上边，装卸方便，蜗杆圆周速度可高些，而且金属屑等杂物进入啮合处的机会少。

蜗轮轴与蜗杆轴的轴向游隙应符合表 2—3 所列的数值。

表 2—3　蜗轮轴与蜗杆轴的轴向游隙　mm

中心距	100～200	200～300	>300
蜗杆轴	0.07～0.12	0.10～0.15	0.12～0.17
蜗轮轴	0.02～0.04	0.02～0.04	0.03～0.05

蜗杆传动的齿侧间隙：互相啮合的轮齿在不工作齿侧存在的间隙称齿侧间隙，这个间隙用以补偿加工后的齿厚误差，同时也满足工作时齿的弹性变形和膨胀。为防止齿间被卡住，保持齿面上的润滑油膜，均需有适当的齿侧间隙。但齿侧间隙过大时，会使传动不平稳，换向时产生冲击。国产曳引机用标准保证侧隙，即这个侧隙能在蜗杆蜗轮温升达 80℃时，保证齿间不被卡住，标准保证侧隙见表 2—4。

表 2—4　标准保证侧隙

中心距（mm）	80～160	160～320	320～630	630～1 250
侧隙（μm）	130	190	260	380

曳引机减速器中的蜗杆与蜗轮的中心距经常采用可调形式。当齿面磨损而使齿侧间隙过大时，可缩小中心距以减小侧隙。中心距的调整方法是减少主轴两端轴承座底部垫片、改变主轴两端偏心套或偏心轴的位置。蜗杆蜗轮示意图如图2—11所示。

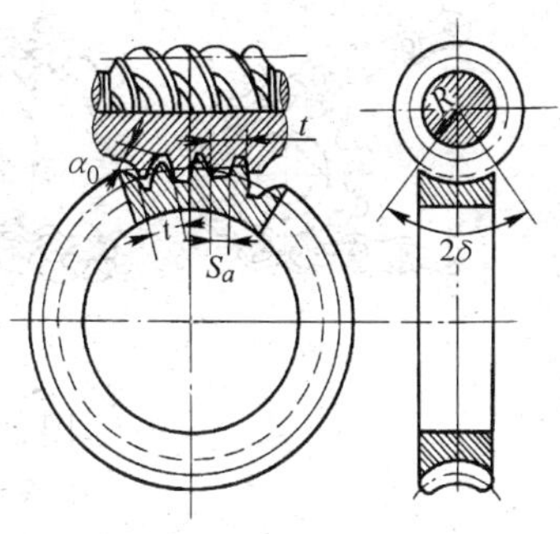

图2—11　蜗杆蜗轮

蜗杆头数即蜗杆上螺旋线的条数，蜗杆头数一般为1～4头，在曳引减速器中均有应用。单头蜗杆能得到大的传动比，但由于螺旋升角小，传动效率低，但自锁能力强，一般用在低速电梯上。而双头蜗杆则较常采用。快速电梯的减速装置一般选用4头蜗杆。

（五）齿条传动

要把旋转运动转变为直线运动，也可采用齿条传动方式，如图2—12所示。

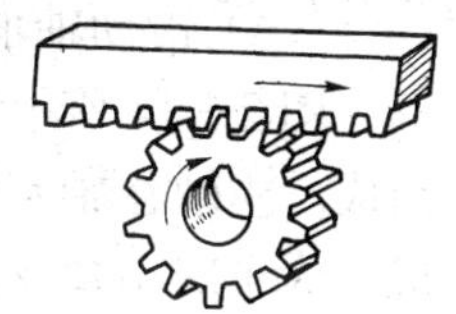

图2—12　齿条传动

齿条传动时，齿轮沿着齿条，或齿条在齿轮上移动一定距离。齿条的各部分尺寸计算基本上与直齿圆柱齿轮相同。

建筑工程用梯，一般采用齿条传动方式。随着建筑物的升高，而不断延伸齿条，使轿笼不断提高提升高度。

（六）链传动

在两轴相距较远，而速比又要保持正确时，可采用链传动。链传动时，被动轮圆周速度波动不定，但其平均值不变，因此可以在轴距大而传动精度要求不高的地方使用。电梯的开门机构中，有的则选用了链传动方式。自动扶梯用链传动。

链有滚子链（见图2—13a）和齿形链（见图2—13b）两种。当传动速度较大时，一般多采用齿形链。

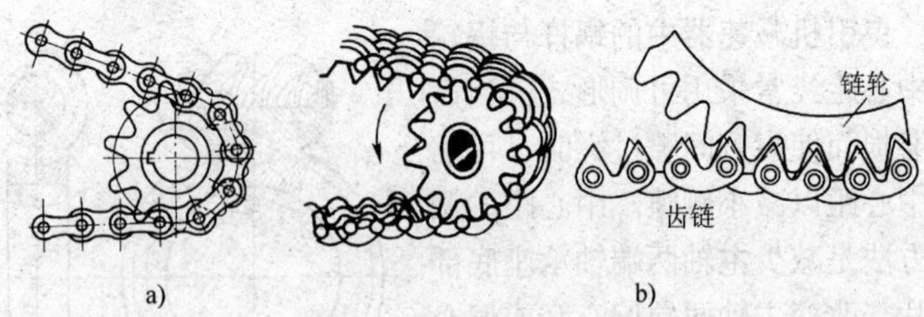

图 2—13　链传动

a）滚子链　b）齿形链

链在传动时声音较小，所以又叫无声链，链的传动比 i：

$$i=\frac{n_1}{n_2}=\frac{Z_2}{Z_1}$$

二、轴承

要使轴绕自己的轴线旋转，那么它的两端必须放在支架上，这个支架就叫轴承架，轴承架孔内所衬的套筒叫做轴承。轴承有滑动轴承和滚动轴承两种。

（一）滑动轴承

图 2—14 所示为一滑动轴承。它由轴承座、轴瓦和并紧螺母组成。主轴在轴瓦中旋转，发生滑动摩擦。轴瓦一般用青铜制成，为了减小摩擦，在工作时必须加充分的润滑油。润滑油可用油杯或飞溅方式进入，通过油槽分布各处。

轴瓦有整体式和对开式两种，目前多采用整体式。整体式轴瓦有外锥式和内锥式两种（见图 2—14a），它与主轴之间的间隙可用并紧螺母调节。外锥式轴瓦内孔是圆柱孔，外圆是圆锥体，因此轴承座内孔必须是锥孔。内锥式轴瓦的外圆是圆柱体，内孔是锥孔，因此主轴外圆必须是圆锥体，但不能承受轴向推力，否则会使轴与轴承咬住。如果一定要承受轴向力，那么一定要采取止推措施。

整体式轴瓦过于磨损时，就产生过大的间隙，无法调整，只能更换一个。

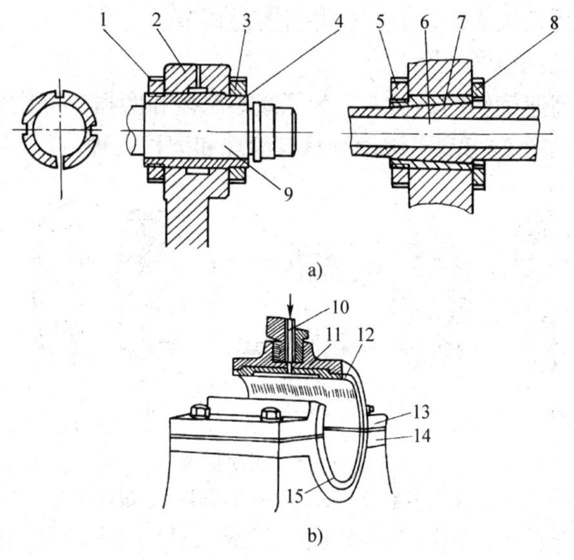

图 2—14　滑动轴承

a）整体式　b）对开式

1、3、5、8—并紧螺母　2—轴承座　4—轴瓦（外锥）
6、9—主轴　7—轴瓦（内锥）　10—油杯管子
11—油槽　12、15—轴瓦　13—盖子　14—底座

整体式轴瓦一般安装在整体式轴承座孔中。

对开式滑动轴承如图 2—14b 所示，轴承由底座 14、盖子 13 和两片轴瓦组成。轴转动时，循着轴瓦的内表面旋转滑动。为了减小摩擦、发热和磨损，轴必须在充分润滑的条件下工作。润滑油顺着油杯管子 10 注入，通过轴瓦上的油槽 11 分布到轴瓦上。

滑动轴承的轴瓦用各种不同的材料制成，选择这种材料要使它能减小轴的摩擦和磨损。低速时用铸铁轴瓦，高速时用青铜、铸铁或钢的轴瓦，而在轴瓦的工作面上浇一层特种合金——锡基轴承合金或铅基轴承合金。

滑动轴承，它的摩擦系数大，效率低，耗油多，在机器开动时阻力比转动以后的阻力更大，因此一般应用于转速不太高的地方。但滑动轴承制造方便，并且容易调节。

（二）滚动轴承

在高速旋转的机器上，为了减小摩擦和磨损，可以采用滚动轴承（见图 2—15)。滚动轴承有滚珠和滚柱两种。

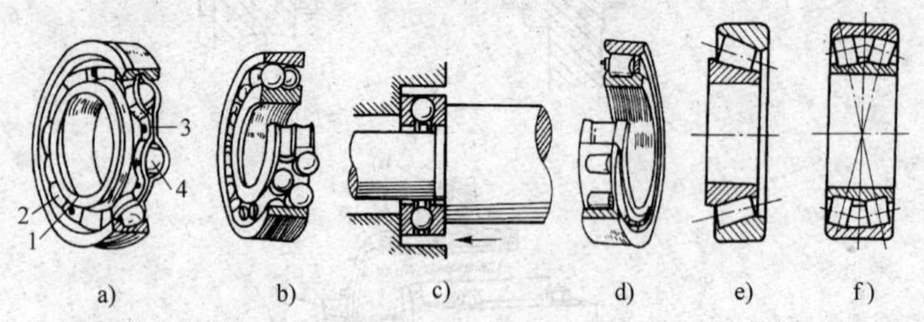

图 2—15　滚动轴承

1—内圈　2—外圈　3—分离器　4—滚珠

滚珠轴承由内圈 1 和外圈 2 组成（见图 2—15a)，在 1 和 2 之间放着淬硬的滚珠 4，为了减小滚珠间的摩擦，就用分离器 3 隔开。滚柱轴承是在内外圈之间放滚柱（见图 2—15d)。

滚动轴承按排列不同分单列和双列（见图 2—15b）两种，按受力不同分径向和轴向两种。图 2—15a 和图 2—15b 所示为径向轴承，承受径向力。图 2—15c 所示为轴向推力轴承，用来承受轴向推力。

此外，还有锥形滚动轴承（见图 2—15e）和自位滚动轴承(见图 2—15f)。锥形滚动轴承既承受径向力，又承受轴向力。自位轴承能稍许调整轴两端中心偏位。

滚动轴承摩擦系数小，耗油少，阻力小，转动灵活，但制造复杂，制造成本高。

第二节　电梯的电工学基础知识

一、电路

1. 电路

电路就是电流通过的路径。最简单的电路由电源、用电器（负载）、开关和连接导线组成，如图 2—16 所示。

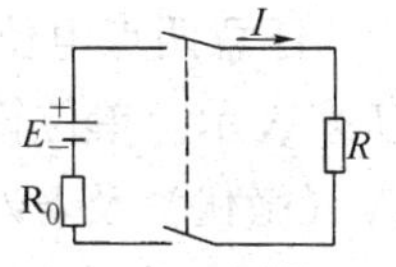

图 2—16　简单电路图

2. 通路

负载正常工作的状态叫通路。电流由电源正极流出，经开关、负载，回到电源负极。

3. 断路

电路某处断开，电流消失，负载停止工作，这种状态叫做断路（开路）。

4. 短路

电源两端或正、负极不经过负载直接相连的状态叫做短路。短路电流很大，能使导线发热，严重时能烧毁电源甚至造成火灾。

二、电流

导体里的自由电子在电场力的作用下有规律地向一个方向移动，形成电流。如果电流的大小和方向不随时间变化，就称为直流电。习惯上规定正电荷移动的方向为电流的方向，但实际上在金属导体中，电流的方向和自由电子的移动方向是相反的。

电流的大小用电流 I 表示，单位为 A（安），表示每秒钟通过导体横截面的电量。

电路中电流的大小用电流表测量。测量时将电流表串接在被测的电路中。

1 安培的千分之一叫 1 毫安，用符号 mA 表示。1 毫安的千分之一叫做 1 微安，用符号 μA 表示。

即：1 安(A) = 1 000 毫安(mA)

1 毫安(mA) = 1 000 微安(μA)

三、电位、电压

电路某点上所具有的能量称为该点的电位能。

电位能与该电荷的比值称为该点的电位。

任意两点电位的差别称为电位差，习惯上称之为电压，用 U 来表示。单位符号用 V（伏）表示。有时采用 mV（毫伏）和 μV（微伏）及 kV（千伏）表示。

即：1 伏(V) = 1 000 毫伏(mV)

1 毫伏(mV) = 1 000 微伏(μV)

电源（例如发电机、电池等）能够使电流持续不断地沿导线（电路）流动，是因为它能使导线两端产生和维持一定的电位差。这种使导线两端产生和维持一定电位差的能力，称为电动势，用字母 E 来表示，它的单位也是伏（V）。

四、电阻

电子在物体内流动所遇到的阻力就叫电阻，用字母 R 表示，电阻的单位是欧姆，简称欧，用符号 Ω 表示。为计算方便，常以千欧（kΩ）、兆欧（MΩ）为单位。

即：1 兆欧(MΩ) = 1 000 千欧(kΩ)

1 千欧(kΩ) = 1 000 欧(Ω)

某些物体，如铜、银、铝、铁等金属以及石墨、碳等非金属中的原子核对电子的吸引力小，电子容易移动，因而对电流所产生的阻力也就小。而另一些物体如橡皮、玻璃、云母、陶瓷、电木、纸、油、干燥的空气和木材等物质中原子核对电子的吸引力很大，电子不容易移动，因此对电流所产生的阻力很大。容易导电的物体称为导体，电流很难通过的物体称为绝缘体。此外，导电性能介于导体与绝缘体之间的物体（如硅、锗、氧化亚铜等）叫做半导体。

各种不同的材料，具有不同的电阻，比如横截面积为1 mm^2、长为 1 m 的一根导线，如果它是银线，电阻为 0.016 Ω；如果它是铜线，电阻为 0.017 2 Ω。为了区分不同材料的电阻，用电阻率 ρ 的值来表示金属的导电性能。不同材料的电阻是不同的，相同材料做成的导线直径越大电阻越小，反之则越大。此外，电阻的大小还与温度有关，金属材料电阻是随着温度的升高而增大的。

五、电路的连接

电路的连接，有串联、并联及混联三种基本形式。

1．电阻的串联

把两个或两个以上电阻的头和尾相连叫电阻的串联。图 2—17a 所示的就是两个电阻的串联。

几个电阻串联的总阻值等于各个电阻阻值之和。图 2—7a 中两个电阻 $R_1=1\ \text{k}\Omega$，$R_2=500\ \Omega$，串联之后的阻值为：

$$\begin{aligned} R &= R_1+R_2 \\ &=1\ \text{k}\Omega+0.5\ \text{k}\Omega \\ &=1.5\ \text{k}\Omega \end{aligned}$$

2．电阻的并联

把两个或两个以上的电阻并排地连在一起，电流可以从各条路径同时流过各个电阻，这就是电阻的并联，如图 2—18a 所示。

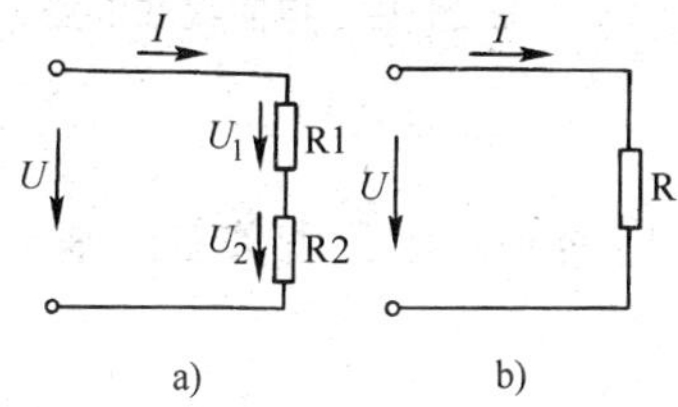

图 2—17　电阻串联电路

a）电阻的串联　b）等效电阻

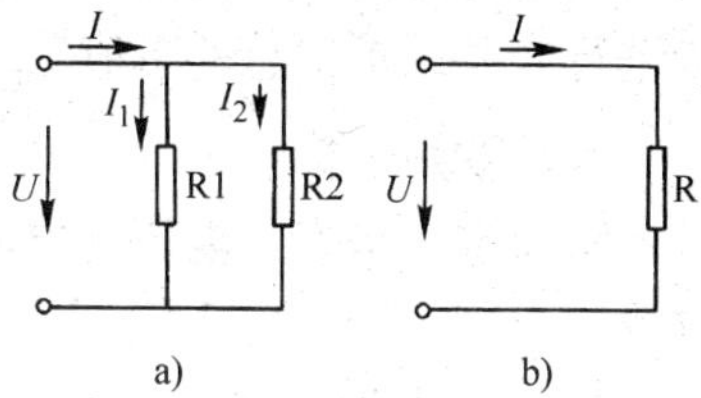

图 2—18　电阻并联电路

a）电阻的并联　b）等效电阻

并联电路电阻的计算公式是：

$$\frac{1}{R}=\frac{1}{R_1}+\frac{1}{R_2}+\frac{1}{R_3}+\cdots+\frac{1}{R_n}$$

例　将三个阻值分别为 10 Ω、20 Ω、40 Ω 的电阻并联，求并联后的阻值是多少？

解：将给定电阻值代入公式：

$$\frac{1}{R}=\frac{1}{R_1}+\frac{1}{R_2}+\frac{1}{R_3}$$

$$=\frac{4+2+1}{40}\ (\Omega)$$

$$=\frac{7}{40}\ (\Omega)$$

$$\approx 5.7\ (\Omega)$$

上述三个电阻并联后的阻值是 5.7 Ω。

3. 电阻的混联

在一个电路中，有电阻串联又有电阻并联，这样组成的电路称为混联电路，如图 2—19 所示。

混联电路计算方法，首先分清电路中各部分电阻串、并联情况，运用电阻串、并联的计算公式进行等效简化。然后再将计算出的部分电阻值逐步进行合并，求出总的阻值。

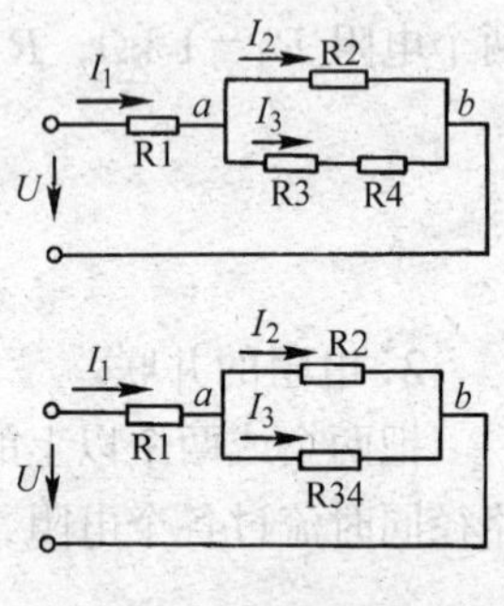

图 2—19　电阻混联电路

六、欧姆定律

欧姆定律是表示电压（电势）、电流和电阻三者关系的基本定律。

1. 部分电路的欧姆定律

如图 2—20 所示的电路中，流过该段电路的电流与电路两端的电压成正比，与该段电路的电阻成反比，其数学表达式可列为：

$$I=\frac{U}{R}$$

式中　I ——流过电路的电流，A；

U ——电阻两端的电压，V；

R ——电路中的电阻，Ω。

根据欧姆定律，可以从已知两个量求出另一个未知量：

(1) 已知电压、电阻，求电流：

$$I = \frac{U}{R}$$

（2）已知电流、电阻，求电压：

$$U = IR$$

（3）已知电流、电压，求电阻：

$$R = \frac{U}{I}$$

2．全电路欧姆定律

全电路是有电源在内的闭合电路（见图2—21）。在这样的闭合电路中，电流与电源的电动势成正比，与电路中负载电阻及电源内阻之和成反比。全电路欧姆定律为：

$$I = \frac{E}{R + R_{o}}$$

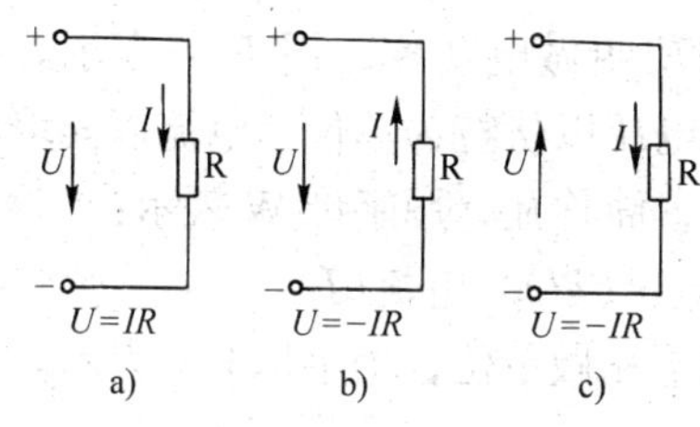

图2—20　部分电路

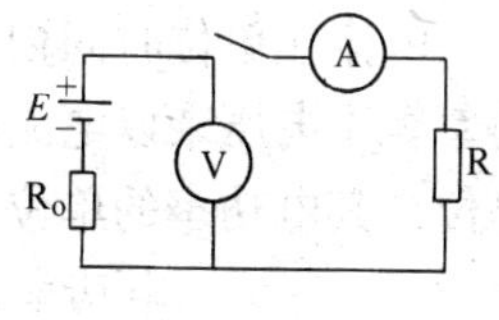

图2—21　全电路

式中　E——电源电动势，V；

R——负载电阻值，Ω；

R_{o}——电源内阻值，Ω；

I——电路中流过的电流，A。

如果导线较长，或要求精确电阻值，则总电阻还要加上导线的电阻值，以及线路上其他的电阻值。

七、电功、电功率

当电流通过负载时所产生的发光、发热和机械运动等现象，说明电在做功，如手电筒发光是干电池的电流在做功。

1. 电功

电流所做的功叫做电功，用符号 W 表示。电功的大小与电路中的电流、电压以及通电时间成正比，用公式表示为：

$$W = UIt = I^2Rt$$

式中 U ——负载两端的电压，V；

I ——流经电路的电流，A；

R ——负载的电阻值，Ω；

t ——通电时间，s；

W ——电功，J。

电功的单位名称是焦耳，单位符号是 J，中文符号是焦。电功也可以用电量的形式表达为千瓦时，用符号 kW·h 表示。

$$1\ \mathrm{kW \cdot h} = 3.6\ \mathrm{MJ}$$

2. 电功率

电流在单位时间内所做的功叫做电功率，用 P 来表示。电功率等于电压乘以电流。如果电压以伏特为单位，电流以安培为单位，其电功率的单位为瓦特，简称瓦，用字母 W 表示：

即 电功率(P) = 电压(U) × 电流(I)

在实际应用中，有时又用千瓦做单位，用字母 kW 表示。千瓦有时也写成：

1 千瓦 = 1 000 瓦

电功率是电流在单位时间里所做的功。因此电功率和做功的时间的乘积就是电功。

功率与电压、电流、电阻的关系，可以用下面一些公式表示。只要知道了其中两个量，就能求出未知量。

$$P = UI = I^2R = \frac{U^2}{R}$$

$$U = \frac{P}{I}$$

$$I = \frac{P}{U}$$

$$R=\frac{P}{I^2}$$

八、磁与电磁感应

1. 磁性和磁体

在自然界，物体能吸引铁、钴、镍等金属材料的性质，称为磁性。具有磁性的物体称为磁体。磁体可分为天然磁体和人造磁体。

2. 磁极与磁场

磁体中磁性最强的两端称为磁极。磁极分为南极、北极。南极以 S 表示；北极以 N 表示。磁极间尽管没有接触，但却具有相互的作用力，这种力称为磁力。其规律为同极相斥，异极相吸。这说明磁体周围存在着一种特殊的物质，这就是磁场。为了表明磁场的客观存在，人们人为地在磁场空间内引进一组假想的空间曲线，这种曲线就称之为磁感线，如图 2—22a 所示。

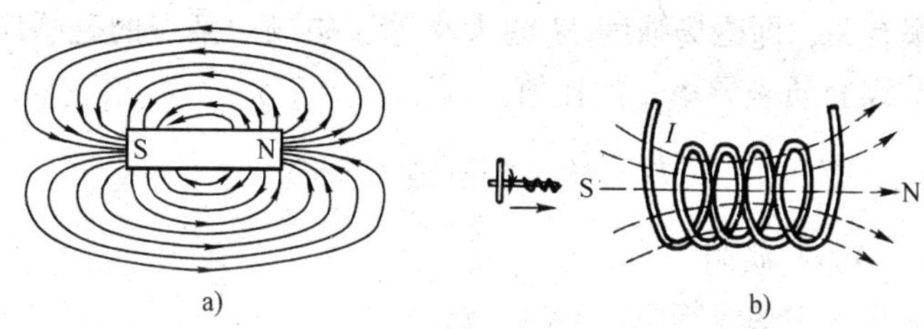

图 2—22　磁感线与电磁力

磁感线是一种互不相交的闭合曲线。磁感线越密，磁场越强。

3. 电磁力与磁通

通电导线在磁场中会受到力的作用，这种作用力称为电磁力（见图 2—22b）。其大小除与电流大小及导线的有效长度成正比外，还与磁场的强弱成正比，该比值称为磁感应强度，用 B 表示。

磁感应强度是描述磁场中各点性质的物理量。在许多场合，往往要考虑某个面积上的磁场的强弱，因此要引进一个磁通的概念。

磁通定义为磁感应强度 B 和与它垂直方向的某一面积 S 的乘积，即

$$\Phi = BS$$

式中 B——磁感应强度，T；

S——垂直方向上的面积，m^2；

Φ——穿过 S 的磁通，Wb。

4. 磁导率与磁场强度

磁导率 μ 是磁场中媒介质被磁化的性质。铁磁物质如铁、镍、钴等金属材料的磁导率很高。如变压器中的铁心都是用铁磁物质制成的，从而使电流的磁场大大加强。反之，铜、银等磁导率很小，因而属于反磁物质。

磁场强度 H：通电导线在其周围所产生的磁场还与介质的磁导率有关，即磁场强度 H 的大小等于磁场中某点的磁感应强度 B 与媒介质磁导率 μ 的比值。即

$$H = \frac{B}{\mu} \text{（A/m 或安/米）}$$

5. 磁路与磁阻

磁路：磁感线所通过的闭合路径。

磁阻：磁路所受到的阻力。磁阻的大小与磁路长度成正比，与磁路截面积成反比，还与媒介质的磁导率 μ 有关。铁磁材料的磁阻最小。

6. 电磁感应

当处于磁场中的导体相对于磁场作切割磁感线的运动时，或穿过线圈的磁通发生变化时，在导体或线圈中都会产生电动势。如果导体或线圈是闭合电路的一部分，那么导体或线圈中将产生电流，我们把这种现象称为电磁感应。这说明磁能是能够转化为电能的。利用上述原理，把机械能转换成电能的电气设备，称之

为发电机。反之，把通电导体在磁场中受到电磁力的作用而产生运动，从而获得机械能的电气设备，称之为电动机。

7. 自感与互感

(1) 自感：当通过线圈本身的电流发生变化时，在线圈内产生感应电动势的电磁感应现象称为自感。自感电动势不仅起着阻碍电流的建立和增大的作用，还起着阻碍电流的消失和减少的作用。

(2) 互感：在两个线圈之间的电磁感应现象。

九、交流电

电流、电压、电动势的大小和方向随时间作周期性的变化称交流电。在交流电作用下的电路称为交流电路。

1. 正弦交流电

正弦交流电通常由交流发电机产生，其电流、电压、电动势的大小和方向随时间作周期性的变化，按照正弦曲线的规律进行，如图 2—23 所示。其数学表达式为：$e=E_m\sin\alpha$。

正弦交流电的基本物理量有最大值、频率和初相角。

(1) 最大值：由于交流电的大小时刻在改变，因此把交流电在某一瞬间的数值称为瞬时值。瞬时值中的最大值叫做交流电的最大值，分别用大写字母 I_m、U_m、E_m 表示。

(2) 频率：交流电在一秒钟内完成周期性变化的次数，称为交流电的频率，用 f 表示，单位 Hz（赫兹），简称赫。比较大的单位有 kHz（千赫兹）、MHz（兆赫兹）。其换算关系为：

$$1\ \text{kHz}=10^3\ \text{Hz}$$

$$1\ \text{MHz}=10^6\ \text{Hz}$$

我国工业生产和生活用的交流电的频率为 50 Hz，称为工频。

交流电完成一次周期性变化所需的时间称为周期，用 T 表示，单位 s（秒）。

工频交流电的周期为：$T=1/f=1/50=0.02$ (s)

(3) 初相角：交流发电机内的矩形线圈，在磁场中开始绕轴转动时，线圈平面与中性面之间的夹角 φ，称为正弦交流电的初相角，简称初相，如图 2—24 所示。

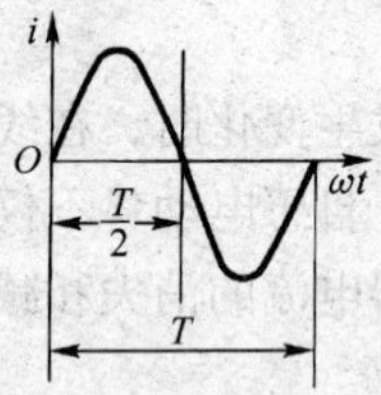

图 2—23　正弦交流电

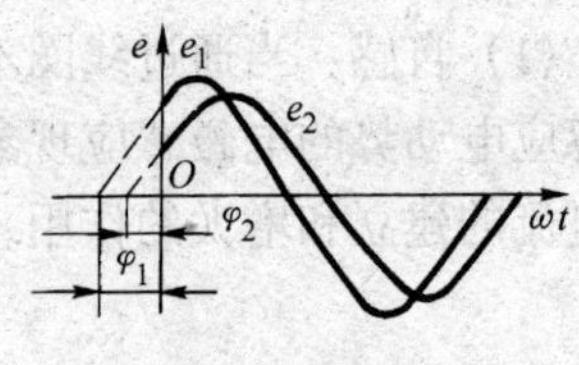

图 2—24　初相角

由于正弦交流电的大小、方向都随时间变化，这就给电路的计算和测量带来困难。在实际应用中，常采用交流电的有效值来表示交流电的大小。交流电的有效值，实际上就是在热效应方面同它相当的直流值，分别用大写字母 I、U、E 表示。交流电的最大值与有效值之间有下列关系：

$$U_{\mathrm{m}}=\sqrt{2}U$$

$$E_{\mathrm{m}}=\sqrt{2}E$$

$$I_{\mathrm{m}}=\sqrt{2}I$$

我们所说的交流电流、交流电压、交流电动势都是指有效值。如电压 220 V、电流 5 A 等。测量交流电的电流表、电压表所指示的数值都是有效值。各种交流电气设备上所标的额定电压和额定电流也是指有效值。

2. 三相交流电

（1）三相交流电的优点：工农业生产中，普遍使用的是三相交流电，它是由三相交流发电机产生的。

三相交流电由于比单相交流电节省输电线，而且电机体积小，坚固耐用，维修和使用方便，运转时振动小，效率高，因而应用很广泛。

当三相交流电每相电势的最大值相等，频率相同，而相位互差 120°时，就叫做对称三相交流电，即常用的三相交流电，如

图 2—25 所示。

（2）三相交流电供电方式：三相交流电供电方式有三相三线和三相四线制。

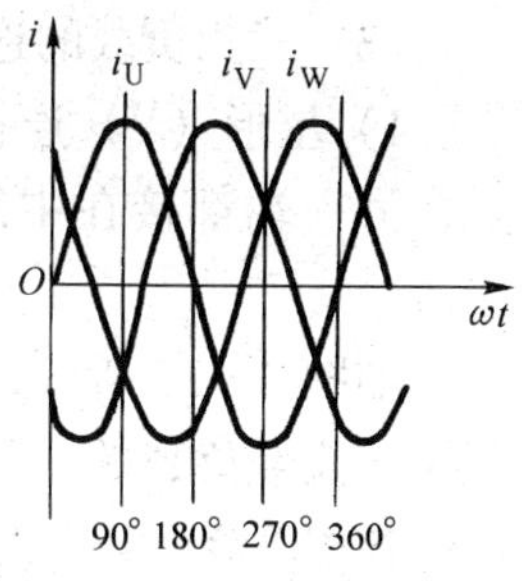

图 2—25　三相交流电

三相交流发电机的三相绕组的每一相绕组有两个端头，三相绕组共有六个端头。在实际应用中，常把三相绕组按一定方式连接起来，参见图 2—26。图 2—26 所示为星形（Y）连接。

在星形连接中，各相绕组的末端连接在一起，成为一个公共端点 O，端点叫做中点或零点。从中点引出的输电线叫做中线或零线。中线通常接地，故又称地线。从三相绕组的首端引出三根输电线，叫做三相电源的端线或相线。这种由三根端线和一根中线组成的供电系统叫做三相四线制。

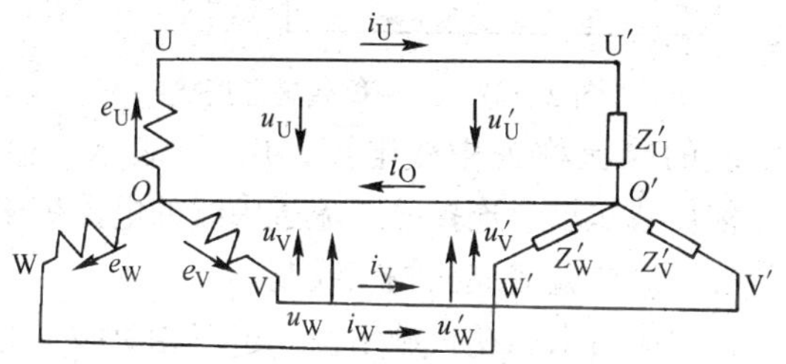

图 2—26　三相四线制

三相四线制供电可以同时输送两种电压。一种是端线与中线之间的电压，称为相电压。即发电机每相绕组的电压，分别用 U_U、U_V、U_W 表示，也可用符号 U_Φ 表示。另一种是端线与端线之间的电压，称为线电压，分别用 U_{UV}、U_{VW}、U_{WU} 表示，也可用符号 U_L 表示。线电压与相电压的关系是：$U_L=\sqrt{3}U_\Phi$。

通常的 380 V 和 220 V 两种电压，是从同一个三相电源获取的。380 V 是线电压，220 V 是相电压。

(3) 三相负载的连接

1）星形（Y）连接：将三相负载的一端分别接在三条端线上，另一端都接在中线 O 上，这样的连接方法称为星形（Y）接法。

如图 2—27 所示，加在各相负载两端的电压，就是电源的相电压。流经负载的电流称为相电流，分别用 I_U、I_V、I_W 表示。由于各相电流相等，也可用 I_Φ 表示。经过端线的电流，称为线电流，分别用 I_{UV}、I_{VW}、I_{WV}表示。由于各端线的电流相等，也要用 I_L 表示，从图 2—27 可见，线电流等于相电流，即 $I_L = I_\Phi$。

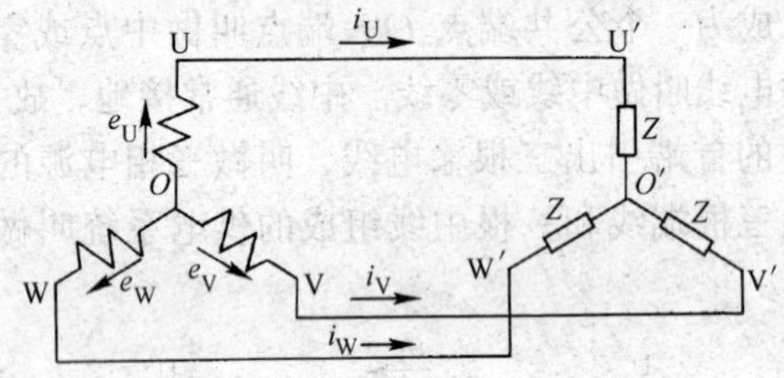

图 2—27　三相负载星形连接

流过中线的电流称为中线电流，用 I_O 表示。根据理论计算，三相对称负载作星形连接时，流过中线的电流等于零，因此中线可以省去，这样就变成三相三线制。

三相电路中应力求三相负载平衡。若三相负载不对称时，有中线存在，各相负载的电压保持不变，而中线电流不等于零。当中线断开后，各相负载的电压就不相等了，将会造成用电设备损坏，使之不能正常工作。所以，规定当三相负载不对称时，中线上不能装熔断器，以免中线断开。

2）三角形（△）连接：三相负载三角形（△）连接如图 2—28 所示。

在负载作三角形连接时，负载的线电压等于相电压，即 $U_L = U_\Phi$。

在三相对称负载中，各相负载上的电压大小相等，则各相负载上的相电流大小也相等。即

$$I_{UV}=I_{VW}=I_{WU}=I_{\Phi}$$

相应各端线上的线电流也相等。即

$$I_U=I_V=I_W=I_L$$

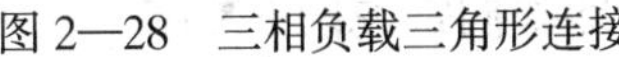
图 2—28　三相负载三角形连接

根据理论计算，三相负载作三角形连接时，线电流与相电流的关系是

$$I_L=\sqrt{3}I_{\Phi}$$

或

$$I_{\Phi}=(1/\sqrt{3})I_L$$

通常所说的三相交流电流，如无特殊说明，都是指的线电流。

三相负载究竟采用哪种接法，要取决于每相负载的额定电压、电源的线电压或相电压的大小。如果每相负载的额定电压等于电源的线电压的 $1/\sqrt{3}$，则负载接成星形。如果每相负载的额定电压等于电源的线电压，则负载应接成三角形。

第三节　电梯的电子学基础知识

一、晶体二极管

1. 晶体二极管的构造

半导体的导电性能介于导体和绝缘体之间，随着掺入杂质的多少，半导体的导电性能将发生改变。根据这个特性，人们做出了各种各样的半导体器件。锗和硅等半导体材料都是晶体结构，因此半导体管又称为晶体管。

在不含杂质的半导体硅（或锗）中，掺入微量有用杂质后，就改变了原来晶体半导体内部的原子结构。如果在掺杂后的晶体

半导体内部，主要是靠电子导电，那么，这种晶体半导体就称为电子型半导体，或称 N 型半导体。如果在掺杂后的晶体半导体内部主要是靠空穴导电，那么，这种晶体半导体就称为空穴型半导体，或称 P 型半导体。

当 P 型和 N 型半导体用特殊工艺紧贴在一起时，由于内部载流体类型的不同，在两种材料的接触面上就形成一个阻挡层，即我们常说的 PN 结。

PN 结具有单向导电的性质。PN 结单向导电的条件是：P 极接电源正极，N 极接电源负极，我们把这种接法叫正向接法。而把 N 极接电源正极，P 极接电源负极的接法叫反向接法。有时正向接法也叫正向偏置或正偏，反向接法也叫反向偏置或反偏。

在形成 PN 结的 P 型半导体上和 N 型半导体上，分别引出电极引线，并用管壳封闭就制成了二极管。二极管的符号是—▷|—，箭头表示正向电流的方向。左端为正极（也叫阳极），右端为负极（也叫阴极）。在使用时，正极应接电源正极，负极应接电源负极。

2. 晶体二极管的伏安特性

常用的晶体二极管，主要有硅二极管和锗二极管，并分为点接触型和面接触型。点接触型适合于高频信号的检波、脉冲电路或微小电流的整流。但由于 PN 结的面积很小，所以不能承受高的反向电压和大电流。相反，面接触型的二极管就适合于整流电路，因为它的 PN 结面积较大，能承受高反压和大电流。

二极管两端所承受的电压与电流的关系称为二极管的伏安特性，如图 2—29 所示。

在坐标的右上方看到的两条线，是二极管的正向特性曲线。二极管两端电压为零时，电流也为零。随着电压的不断上升，电流也不断增加，当电压超过（A'、A）点时，电流突然变大。通常，二极管就是工作在曲线的这一段。在坐标的左下方看到的两条线即是二极管的反向特性曲线。即二极管中的电流随两端电压的增加而逐步增加，当电压达到（C、C'）点时，电流不再随电压的增长而增长。当电压继续增加，超过（e、e'）点时，电流会突然增加，这种现象称为反向击穿。在这种情况下，只要反向电压稍有增加，反向电流就会急剧增大而使管子损坏。

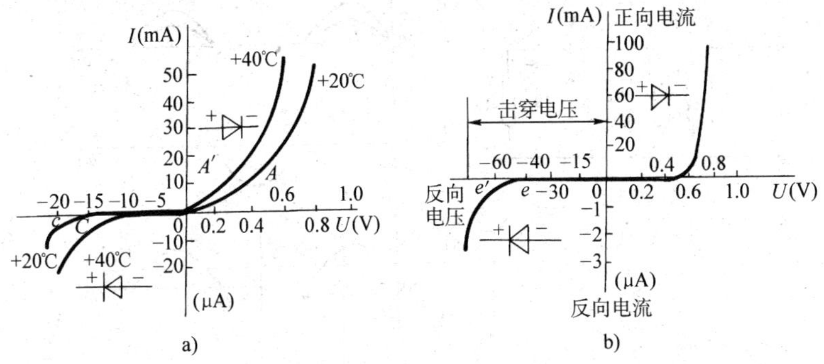

图 2—29　二极管伏安特性曲线

a）锗二极管　b）硅二极管

二极管的种类很多。如检波二极管、整流二极管、开关二极管、稳压二极管和光敏二极管。但除了用特殊工艺制成的稳压二极管能够工作在反向击穿状态下，其他二极管是不能工作在这一状态下的。在选用二极管时，主要考虑的是最大正向电流，最高反向工作电压及反向饱和电流。我们总希望正向电流值更大一些，最高反向工作电压值更高一些，反向饱和电流更小一些。

3. 二极管的整流电路

二极管的整流，是利用二极管的单向导电特性，将周期变化的交流电变换成方向不变、大小随时间变化的脉动直流电。

（1）单相半波整流电路：线路如图 2—30a 所示。当 u_2 做正弦变化时，通过二极管 V 以后，在负载 R 上出现的只是脉动的直流电压。由于流过负载的电流和加在负载两端的电压只有半个正弦波，所以，这种整流电路叫做半波整流电路。此时，负载上所得到的电压只是变压器二次电压的 0.45 倍。即 $U_R=0.45U_2$。负载上通过的电流，即 $I_R=0.45U_2/R$。

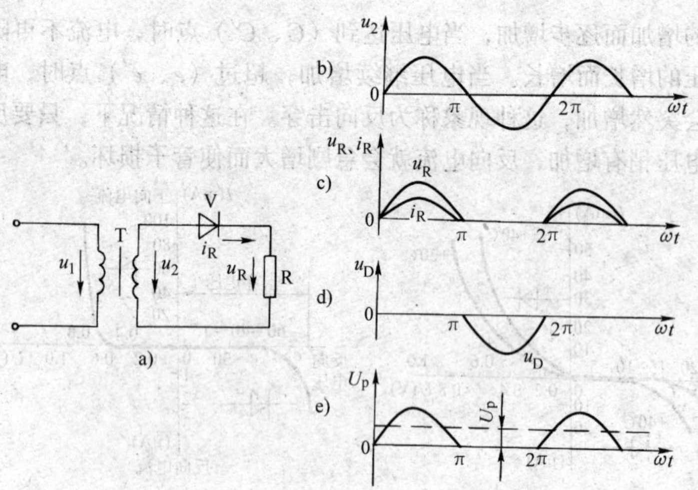

图 2—30　单相半波整流电路及电流电压曲线

（2）单相全波整流电路：图 2—31 所示的单相全波整流是两个单相半波整流电路的组合，二极管 V1、V2 分别工作半周。和图 2—30 所示的电路比较，负载上的电压提高 1 倍，即 $U_R = 0.9U_2$，负载上的电流也提高 1 倍，即 $I_R = 0.9U_2/R$。这种电路对变压器有特殊要求，即必须有中心抽头。以中心抽头为参考点，则变压器二次电压被分成两个大小相等、相位相反的电压。

（3）单相桥式整流电路：电路如图 2—32 所示，图中表示出单相桥式电路的几种形式。它由变压器和四个整流管组成电桥的形式，故称桥式整流电路。本电路与全波整流电路比较，其负载上的电压和电流相同。所不同的是对变压器抽头没有特殊要求，对二极管反压的要求也降低了一半。

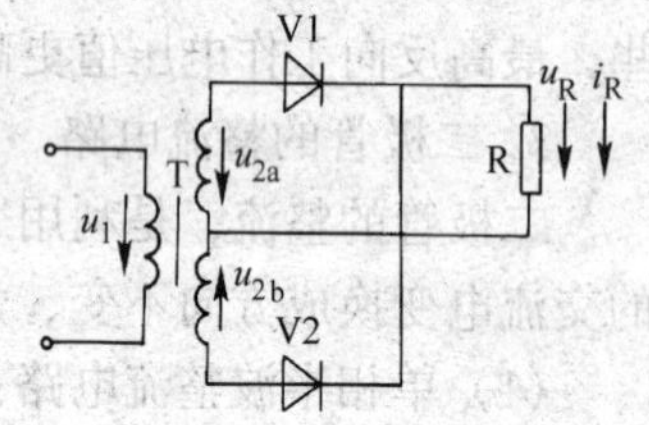

图 2—31　单相全波整流电路

（4）三相整流电路：三相半波整流电路如图 2—33 所示。三相桥式整流电路如图 2—34 所示。通过两个电路比较，三相半波整流电路对二极管的耐压及通过的电流的要求与三相桥式整流电路完全一样。而三相半波整流电路输出的直流电压和电流却比三相桥式整流电路输出的直流电压和电流降低了一半。

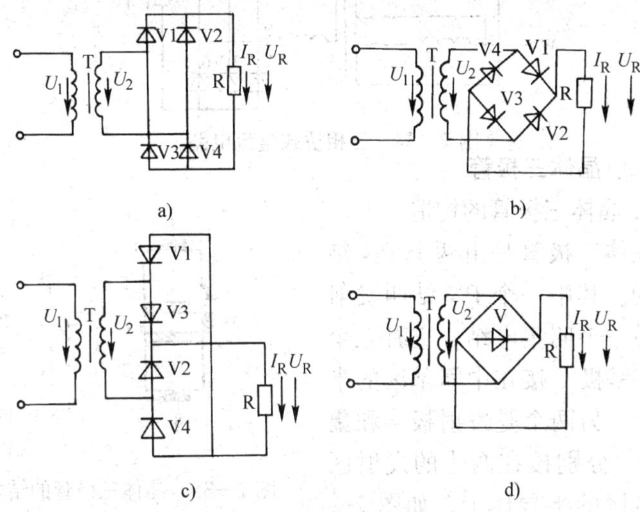

图 2—32　单相桥式整流电路

三相桥式整流电路虽然结构比单相电路较为复杂，使用二极管多，但电源正负半周都得到充分利用，不但效率高，而且负载电阻上得到的电压是脉动很小的单向电压。故在需要大电流时，用三相整流电路是经济合理的。电梯控制系统中常用三相整流电路作为控制线路的直流电源。

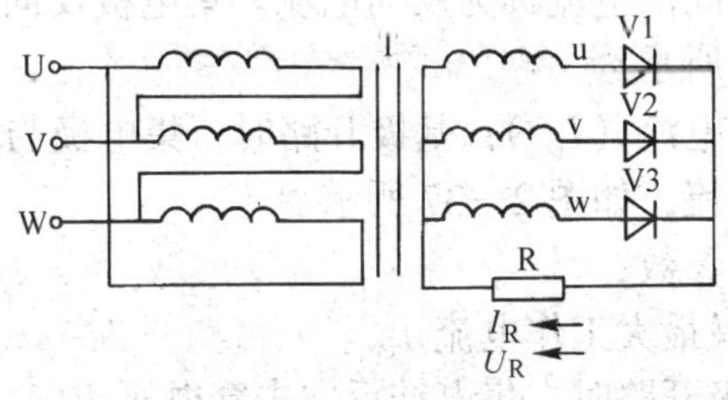

图 2—33　三相半波整流电路

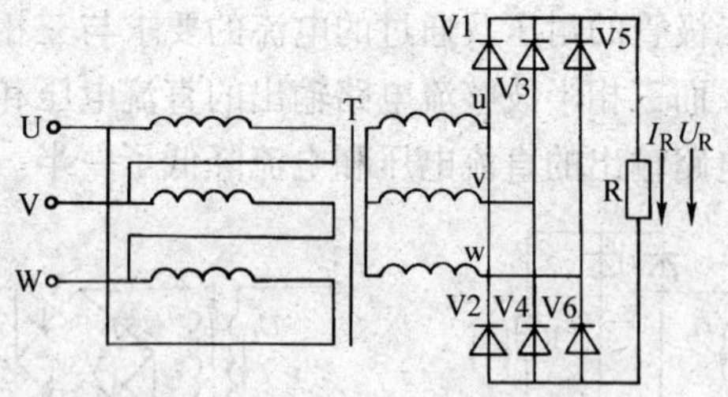

图 2—34　三相桥式整流电路

二、晶体三极管

1. 晶体三极管的构造

晶体三极管是由两个 PN 结构成的。其中一个 PN 结叫发射结，另一个叫集电结。它有三个电极：基极 b 接在中间基区的半导体上，另两个是发射极 e 和集电极 c，分别接在两边的发射区和集电区的半导体上，如图 2—35 所示。

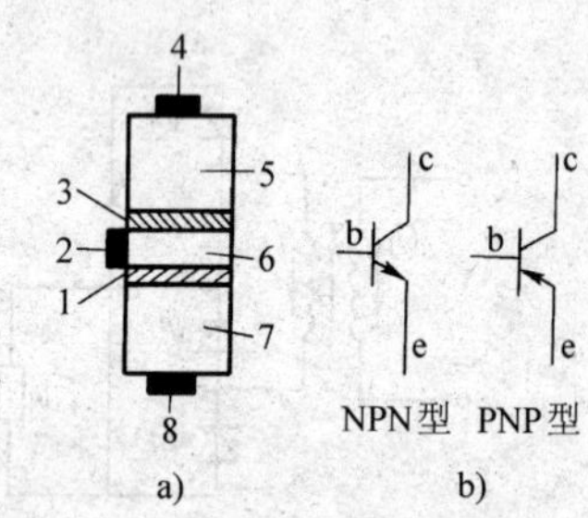

图 2—35　晶体三极管的结构示意图和符号

1—发射结　2—基极　3—集电结　4—集电极　5—集电区　6—基区　7—发射区　8—发射极

2. 三极管的主要参数

(1) 电流放大系数：集电极电流 I_c 与基极电流 I_b 的比值称为电流放大系数 β，$\beta=\frac{I_c}{I_b}$。

(2) 集电极与基极间反向饱和电流（I_{cbo}）：发射极开路时，集电极与基极间的电流称为反向电流。集电极反向饱和电流的形成如图 2—36 所示。

(3) 穿透电流（I_{ceo}）：基极开路时，集电极与发射极间的电流称为穿透电流，如图 2—37 所示。

(4) 极限参数

1）集电极最大工作电流 I_{cm}。

2）发射极开路时，集电结反向击穿电压 BU_{cbo}。

3）集电极开路时，发射结反向击穿电压 BU_{ebo}。

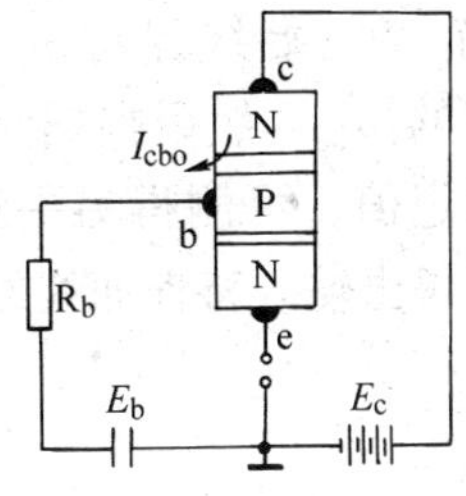

图 2—36　集电极反向饱和电流的形成

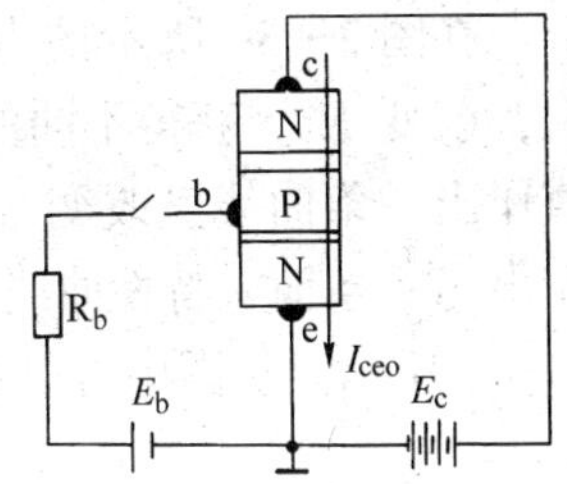

图 2—37　穿透电流的形成

4）基极开路时，集电极和发射极之间的击穿电压 BU_{ceo}。

5）集电极最大耗散功率 P_{cm}。

3. 晶体三极管的放大作用

在晶体管放大器中，晶体三极管主要起电流放大作用，如图 2—38 所示。这主要是由于当基极和发射极之间加正向偏置以后，内电场被削弱，相当于 PN 结变窄，所以发射区的电子因浓度高很容易通过发射结扩散到基区，形成发射极电流 I_e。同时由于集电结是反向电压，内电场被加强，相当于 PN 结变宽。所以集电结附近的电子则在集电极外加电场的吸引下，很容易到达集电区，形成集电极电流 I_c。同时基区在正电源的作用下发生电子和空穴的不断复合，形成基极电流 I_b。这三种电流的关系是：$I_e = I_c + I_b$，一旦管子制成后，I_c/I_b 就确定了。这两者的比例就决定了三极管的电流放大能力。

4. 晶体三极管的特性曲线

晶体三极管的特性曲线是表征三极管各极电压电流之间关系的曲线。常用的有输入特性和输出特性两种，它们可用图 2—39 所示电路来测试。

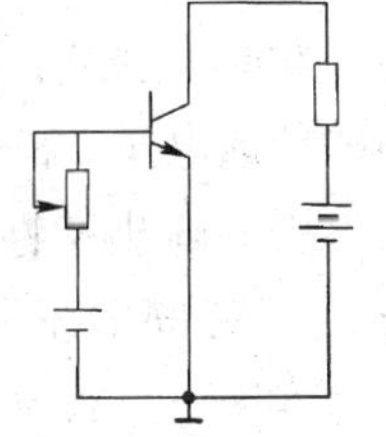

图 2—38　晶体三极管基本工作原理图

（1）输入特性：当 c、e 极间电压固定时，晶体管基极电流 i_b 与 b、e 极间电压 u_{be}之间的关系，称作输入特性。

在图 2—39 所示的电路中，调节 W，始终保持 u_{ce}为固定值，改变 R_b，获得不同的 i_b 及对应的 u_{be}，然后根据测得的数值作出一条曲线。改变 u_{ce}为另一固定值，可测得另一组数值，作出另一条输入特性曲线。这样便可得出输入特性曲线族，如图 2—40 所示。从图中可以看出：

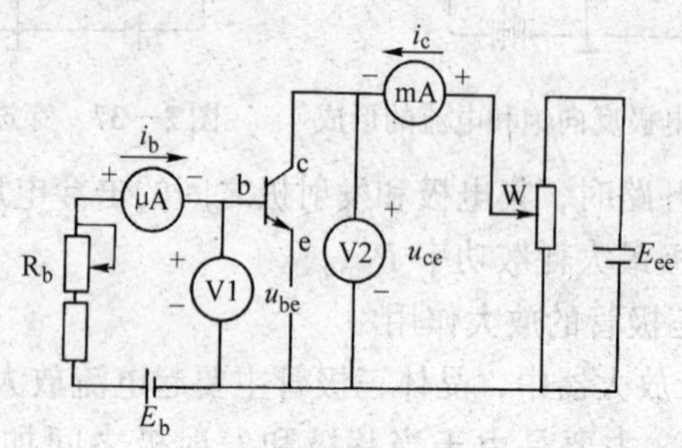

图 2—39　晶体三极管特性曲线测试电路

1）当 $u_{ce}=0$ V 时，三极管的输入特性与二极管的正向伏安特性相近似。

2）当 $u_{ce}\geqslant 1$ V 时，输入特性右移。但当 $u_{ce}>1$ V 后，输入特性与 $u_{ce}=1$ V 时的输入特性接近重合，所以晶体管手册中，通常只给出 $u_{ce}>1$ V 的一条输入特性。

3）输入特性曲线也有一段死区，对应的死区电压硅管约为 0.5 V，锗管约为 0.1 V。当 u_{be}达到某一数值之后，曲线变得很陡，此时 u_{be}稍有变化，i_b就有较大的变化，这时的 u_{be}称为发射结的导通电压。硅管的导通电压约为 0.7 V，锗管约为 0.2 V。

（2）输出特性：保持基极电流 i_b 为恒值时，集电极电流 i_c 与 c、e 极间电压 u_{ce}之间的关系曲线，称为输出特性。

在图 2—39 中，调 R_b 保持 i_b 为某固定值，改变电位器 W 获得不同的 u_{ce}及对应的 i_c 值，可作出一条输出特性。i_b 值不同，可得一组输出特性，如图 2—41 所示。

由图可见：

1）在 $i_b=0$ A 时，i_e 不等于零，而是一个较小值，通常称它为穿透电流，记为 I_{ceo}。这时管子的发射结和集电结都处于反向偏置，晶体管截止。所以把 $i_b=0$ A 输出特性以下的区域称为截止区。晶体管截止时相当于一个有微小漏电流的断开的开关。

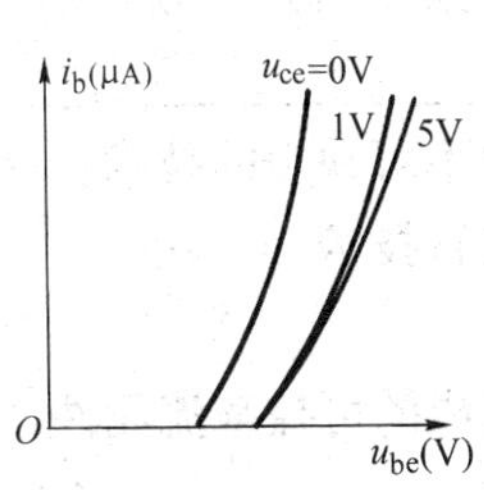

图 2—40　晶体三极管输入特性

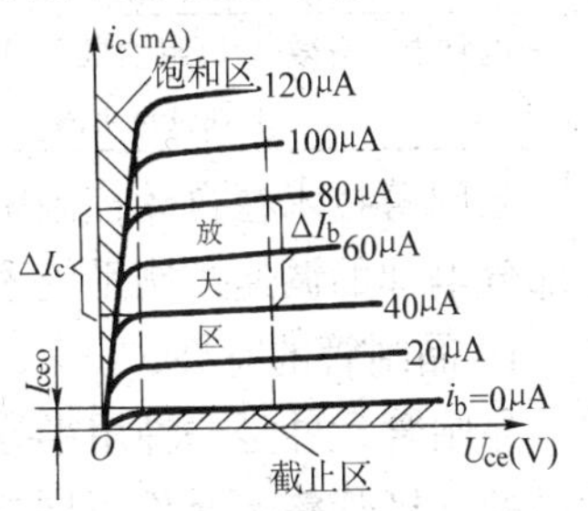

图 2—41　晶体三极管输出特性

2）在对应于 u_{ce}很小（约 0.3 V）的区域，集电结和发射结处于正向偏置，集电极电流 i_c 随 u_{ce}增大而增大，但随 i_b 变化却很小，这种情况称为晶体管处于饱和状态，所以把 u_{ce}很小的区域称为饱和区。这时晶体管相当于接通状态的开关。

3）在饱和区和截止区之间输出特性平坦的区域，称为放大区。这时晶体管发射结正偏，集电结反偏，i_c 随 i_b 变化而与 u_{ce} 几乎无关，有电流放大作用，特性曲线的间隔反映管子的电流放大能力。工作于放大区的晶体管，相当于一个电阻 $R_{ce}=\dfrac{U_{ce}}{I_c}$。不过在不同的工作电流 i_b 时，这个电阻的大小是不同的。

晶体管输出特性的三个区域对应于晶体管放大、饱和与截止三种工作状态。三种工作状态发射结与集电结的偏置情况见表 2—5。晶体管组成放大器时工作于放大区，组成数字电路时工作于饱和与截止区。

5. 放大器的基本组成及特性（参阅相关书籍）

三、晶闸管整流电路及触发电路

（一）晶闸管

表 2—5　　　　晶体三极管三种工作状态

	放大	饱和	截止
发射结	正偏置	正偏置	反偏置
集电结	反偏置	正偏置	反偏置
在电路中的等效情况	阻值随工作点而变的电阻	导通状态下的开关	断开状态下的开关

晶闸管技术在自动控制中已经成为不可缺少的技术，有相当一部分电梯的调速控制系统采用了晶闸管技术。

1. 晶闸管的特性

晶闸管元件是一种用半导体材料制成的可控整流元件，它和普通的二极管整流元件不同之处在于它的单向导电与否是可以控制的。先做一个如图 2—42 所示的简单实验。晶闸管的阳极 a 和阴极 c 与灯泡、开关 S1 串联后接上电源 E_a，这个电路称为主电路。门极 g 与阴极 c，开关 S2 及电阻 R 串联后接电源 E_g，这个电路称为控制电路。

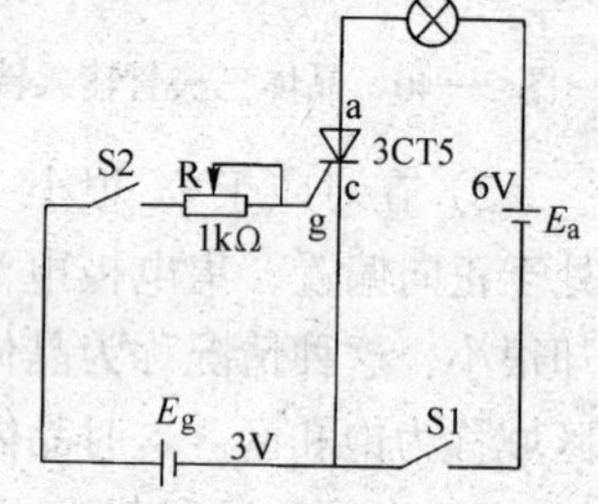

图 2—42　晶闸管实验电路

(1) 当接通开关 S1 时，主电路被接通，但若不接通 S2，灯泡并不亮，这说明晶闸管并没有导通。同时说明晶闸管与二极管有着本质的区别，即晶闸管具有正向阻断能力。

(2) 若此时接通 S2 (即接通控制电路)，使门极得到一个正电压 (通常叫触发电压)，则晶闸管丧失正向阻断能力而导通，灯泡变亮。晶闸管一旦导通以后，若去掉门极上的电压 (即断开 S2)，灯仍然亮着，这说明晶闸管继续导通，门极失去了作用。所谓门极失去作用，是指门极只能起触发作用，使晶闸管导通，而不能使已导通的晶闸管关断 (可关断类型的晶闸管除外)。只有减小电源电压 E_a 到一定程度，使流过晶闸管的电流小于晶闸管的维持电流，晶闸管才被关断。

(3) 若将 E_a 的极性对调，使晶闸管加反向电压，无论门极加不加正向电压，灯都不亮，即晶闸管始终处于截止状态。

(4) 若将 E_g 的极性对调，使门极对于阴极加负电压，那么不论晶闸管的阳极和阴极之间加正向电压还是反向电压，灯都不亮，晶闸管始终截止。

由上述实验看出，要使晶闸管导通，必须具备两个条件：第一，晶闸管的阳极和阴极之间加正向电压；第二，门极必须同时加上适当的正电压。而要使晶闸管从导通转为截止，必须减小阳极和阴极之间的正向电压或加反向电压。

2. 晶闸管主要参数

(1) 正向峰值电压：当门极开路，在额定结温和正向阻断条件下（正向阻断是指在晶闸管元件两端加正向电压，但元件并未导通），可以重复加在晶闸管两端的正向峰值电压。此电压规定为比正向转折电压小 100 V。

(2) 正向转折电压：是在额定结温条件下，门极开路时，元件从阻断状态转为导通状态的电压。

(3) 反向峰值电压：是在门极开路和额定结温条件下，可以重复加在元件上的最大反向峰值电压。

(4) 额定正向平均电流：简称正向电流，是指在规定环境温度和标准散热条件下，阳极和阴极间可连续通过 50 Hz 工频正弦半波电流的平均值。

(二) 晶闸管整流电路

在电梯控制中需要电压大小可调的直流电源，例如同步发电机的励磁、直流电动机的调速、大功率的直流稳压电源等。晶闸管组成的整流电路有很多优点，如重量轻、体积小、效率高、成本低、易于维护等。因此，晶闸管整流装置得到了广泛的应用。

晶闸管整流电路的作用就是把交流电能变换成电压大小可调的直流电能。但是，不同的整流电路，不同性质的负载，各有不同的特点。

1. 单相半波可控整流电路

图 2—43a 所示为单相半波可控整流电路。在电源变压器二次电压 u_2 的正半周内，晶闸管 V 承受正向电压。如果 $\omega t=\omega t_1$，在门极引入触发脉冲 u_g，V 即导通，电压 u_2 全部加到负载电阻 R_L 两端（管压降忽略不计），同时有电流流过负载。在 u_2 的负半周内，V 承受反向电压而阻断，负载 R_L 上的电压 u_L 和电流 i_L 均为零。如果在 u_2 的第二个正半周，再在相应的时刻，即对应于 $\omega t=\omega t_2=2\pi+\omega t_1$ 时加入触发脉冲 u_g，V 将再次导通。若触发脉冲这样周期性地重复加到门极上，负载 R_L 上就可得到单向的脉动电压 u_L，如图 2—43b 所示。负载上的电流 i_L 与电压 u_L 波形相似，V 两端承受的电压 u_T 亦如图中所示。

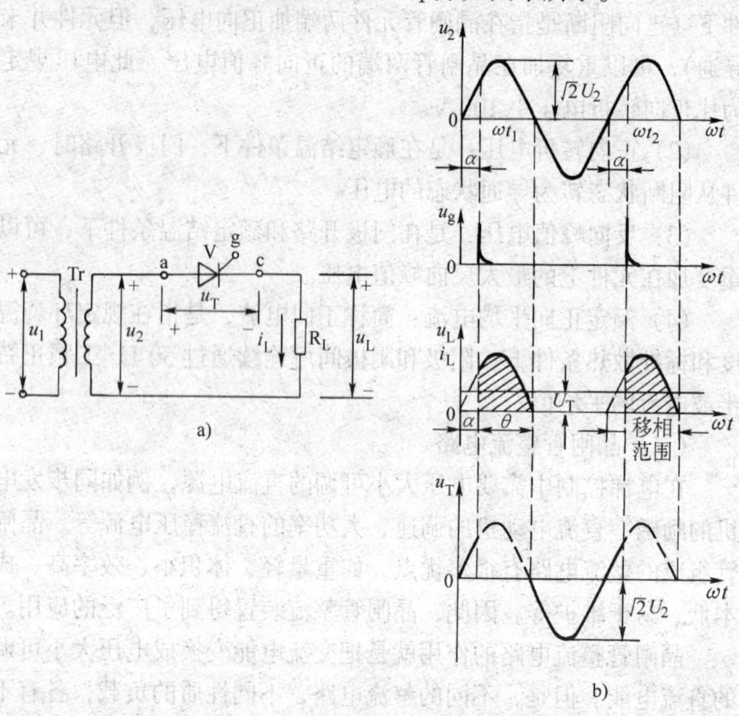

图 2—43 单相半波可控整流

加入控制电压 u_g 使 V 开始导通的角度 α 称为“控制角”，θ（$=\pi-\alpha$）称为“导通角”，如图 2—43 所示。改变加入触发脉冲的时刻以改变控制角 α，称为“触发脉冲的移相”。控制角 α 的变化范围称为移相范围。在单相半波可控整流电路中，晶闸管的移相范围是 0～π。当 $\alpha=0$ 时，导通角 $\theta_{max}=\pi$，称为“全导通”。

由此可见，改变加入触发脉冲的时刻，就可改变 V 的导通角 θ，使负载上得到的电压平均值也随之改变，从而达到可控整流之目的。由图可知，负载电压 u_L 是正弦半波的一部分，其平均值为：

$$U_L=0.45U_2(1+\cos\alpha)/2$$

当 $\alpha=0$，$\theta=\pi$ 时，晶闸管全导通，相当于二极管单相半波整流电路，输出平均电压最大值可达 $0.45U_2$，有效值电压最大为 $U_2/\sqrt{2}$，峰值电压为 $\sqrt{2}U_2$。当 $\alpha=\pi$，$\theta=0$ 时，$U_L=0$，V 全阻断。

2. 单相桥式可控整流电路

(1) 电阻性负载：将单相桥式整流电路中的两个二极管换成两个晶闸管便组成单相桥式半控整流电路，如图 2—44a 所示。

在电源电压 u_2 的正半周（a 点为正，b 点为负），V1 处于正向电压作用下，当 $\omega t=\alpha$ 时，触发 V1 使之导通，电流回路为：电源 a 端→V1→R_L→V4→电源 b 端，这时 V2 和 V3 均承受反向电压而阻断。在电源电压 u_2 过零时，V1 阻断，电流为零。在 u_2 的负半周（a 点为负，b 点为正），V2 处于正向电压作用下，当 $\omega t=\pi+\alpha$ 时，触发 V2，电流回路为：电源 b 端→V2→R_L→V3→电源 a 端，这时 V1、V4 均承受反向电压而阻断。当 u_2 由负值过零时，V2 阻断。由此可见，无论 u_2 在正或负半周内，流过负载 R_L 的电流方向是相同的，其负载两端电压与流过负载的电流波形相似，如图 3—44b 所示。改变控制角 α 的大小，可以改变输出直流平均电压的大小。输出平均电压值 u_L 与控制角的关系为：$U_L = 0.9U_2(1+\cos\alpha)/2$。

由上式可知，在相同的 u_2 及 α 的情况下，桥式电路比半波电路的输出直流平均电压大一倍，而且脉动减小了。

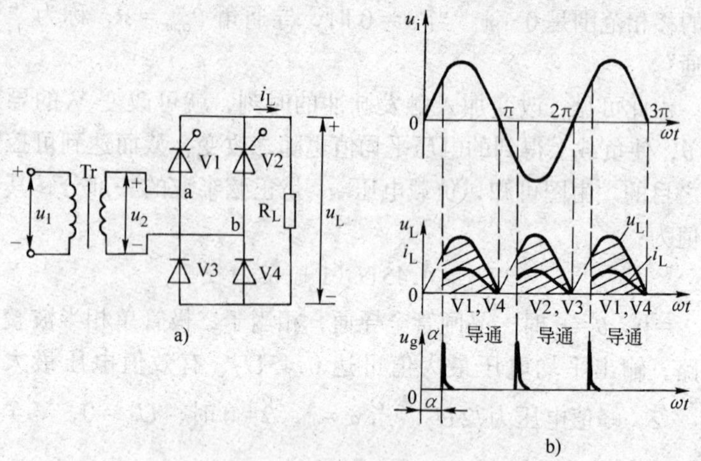

图 2—44　单相桥式半控整流电路

a）电路图　b）波形图

通过二极管及晶闸管的平均电流为：$I_T = I_D = (1/2)I_L$。

(2) 电感性负载：当单相桥式可控整流电路输出端接有大电感负载时，仍采用续流二极管，其电路如图 2—45a 所示。由于接了续流二极管，当电源电压过零时，负载经续流二极管续流，晶闸管自行阻断，电流波形如图 2—45b 所示。

大电感负载（$\omega L \gg R_L$）时，单相桥式半控整流电路的负载电流波形近于直线。并联续流二极管对输出电压平均值都无影响。

在一个周期内每个晶闸管的导通角都为 θ，而续流二极管的导通角为 $2\pi - 2\theta$。

流过晶闸管和整流二极管的电流平均值为：

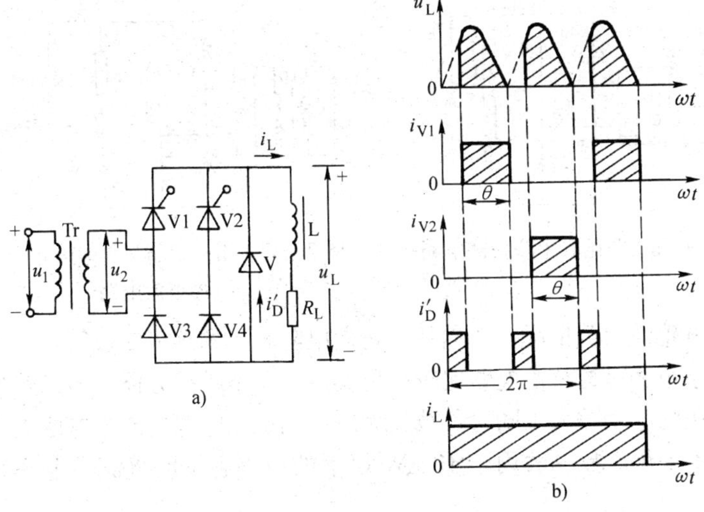

图 2—45　有续流二极管带电感负载的桥式半控整流电路

a）电路图　b）波形图

$$I_T = I_D = (\theta/2\pi) I_L$$

（3）采用图 2—46 所示的电路可以省去续流二极管。此桥式电路中两个晶闸管和两个二极管是串联的。在电源电压 u_2 过零变负时，V3、V4 两个二极管导通，起续流作用。此电路两个晶闸管的阴极没有公共点，故必须用两个互相隔离的触发脉冲源。

（4）用一个晶闸管的单相桥式电路：图 2—47 所示为用一个晶闸管的单相桥式电路。这种电路先用硅整流管将交流变成全波脉动直流，然后用一个与负载相串联的晶闸管进行控制，这样可节省晶闸管。电路中晶闸管总是处于正向电压作用下，不承受反向电压，晶闸管每周期内导通两次。通过晶闸管的平均电流等于负载的平均电流。若输出端接电感性负载，则由于在这种电路中加于晶闸管的正向电压过零的时间很短，加之电感作用，电压过零时，电流不过零。若此时晶闸管中的电流大于维持电流，就会导致晶闸管不能关断而失控。故这种电路主要适用于电阻性负载。

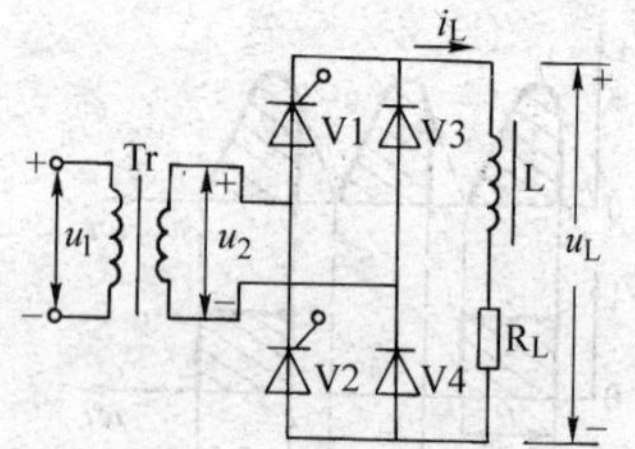

图 2—46　晶闸管串联桥式电路

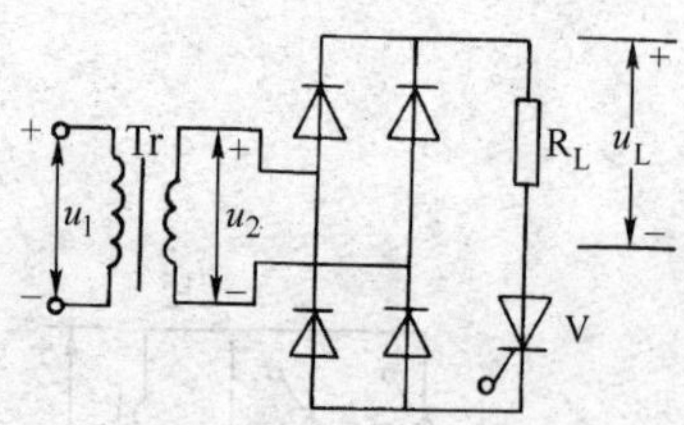

图 2—47　用一个晶闸管的桥式可控整流电路

在电感性负载情况，要加一个正向电阻较小的续流二极管。

单相可控整流电路比较简单实用，调整维护方便。但是输出电压的脉动较大。同时负载较大时，用单相电源会造成电网电压的不平衡。故一般用于 10 kW 以下的中小容量的直流供电系统中。

3．三相桥式可控整流电路

随着负载容量的增大，为了减轻对电网电压平衡的影响，同时也为了减小脉动，可采用三相整流电路。三相可控整流电路有三相半波、三相桥式、带平衡电抗器的双反星形等。本节主要分析在大功率整流电路中用得较多的三相桥式可控整流电路。

三相桥式可控整流电路如图 2—48 所示，其中二极管 V1、V3、V5 的阳极连在一起，称为“共阳极组”；晶闸管 V2、V4、V6 的阴极连在一起，称为“共阴极组”。两组元件形成桥式电路。由于两组元件中只有一组为可控整流元件，故称为三相半控桥。我们已经知道，晶闸管的导电条件是在阳—阴极间承受正向电压，并在门极加上触发脉冲。若晶闸管在承受正向电压的开始时刻（即控制角 $\alpha=0$），立即给以触发脉冲，则晶闸管将与整流二极管的导电情况相似，即承受正向电压时就导通，而承受反向电压时则阻断。下面利用这一原则来分析三相整流电路的工作原理。

（1）$\alpha=0$ 时的工作情况：图 2—49 画出了三相桥式整流电路相电压和线电压的波形。其中 $u_{VU}=-u_{UV}$，$u_{WV}=-u_{VW}$，$u_{UW}=$

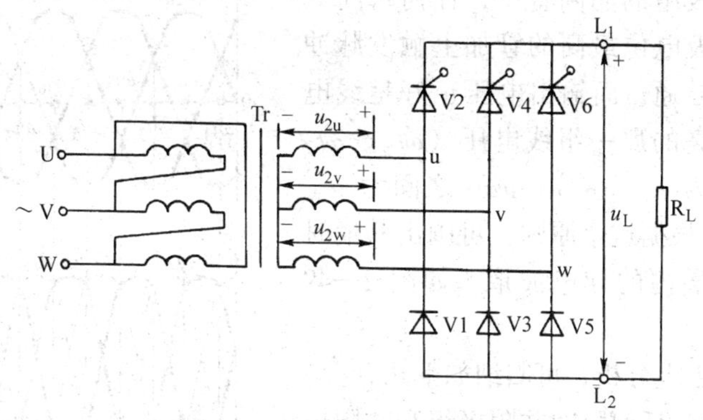

图 2—48　三相桥式可控整流电路

$-u_{WU}$，在图中用虚线表示。

在 $\omega t_1 \sim \omega t_2$ 之间，u 相电压 u_{2u}处于正半周（即 u 点电位高于 0 点电位，且大于 u_{2v}、u_{2w}），于是共阴极组中只有接在 u 相的 V2 有可能导通。当 V2 导通后，L_1 点的电位就与 u 点电位相同（忽略晶闸管的正向压降），此时由于 v 点、w 点电位 u_{2v}、u_{2w}都小于 L_1 点电位（即 u_{2u}），故 V4、V6 将承受反向电压而截止。在共阳极组中，在 $\omega t_1 \sim \omega t_2$ 之间，v 相电位最低，因此与之相连的二极管 V3 的阴极电位最低，故只有 V3 导通。当 V3 导通后，L_2 点电位与 v 点相同，所以 V1、V5 将承受反向电压而截止。可见，在 $\omega t_1 \sim \omega t_2$ 时间内，必定是 V2、V3 导通，其导电回路为 u 端→V2→R_L→V3→v 端，输出电压等于线电压 u_{uv}（忽略管压降）。同理，在 $\omega t_2 \sim \omega t_3$ 之间，由于共阴极组中仍是 u 相电位最高，故 V2 继续导通。而共阳极组中 w 相电位最低，因此与之相连的 V5 导通，V1、V3 承受反向电压而截止。导电回路为 u 端→V2→R_L→V5→w 端，此时输出电压等于线电压 u_{uw}，在 ωt_2 处 V3 换流给 V5。

由此可知，上述电路中整流元件的导通原则是：在共阳极组的二极管中，任何瞬间只有阴极电位最低的那个二极管才导通；

共阴极组的晶闸管中，任何瞬间只有阳极电位最高的管加上触发脉冲后才导通；而输出电压正好是线电压最高的那一组线电压（$\omega t_1 \sim \omega t_2$ 之间为 u_{uv}，$\omega t_2 \sim uw_3$ 之间为 u_{uw} 等）。根据这个原则，可画出其他时间间隔内的导电波形，如图 2—49 所示。

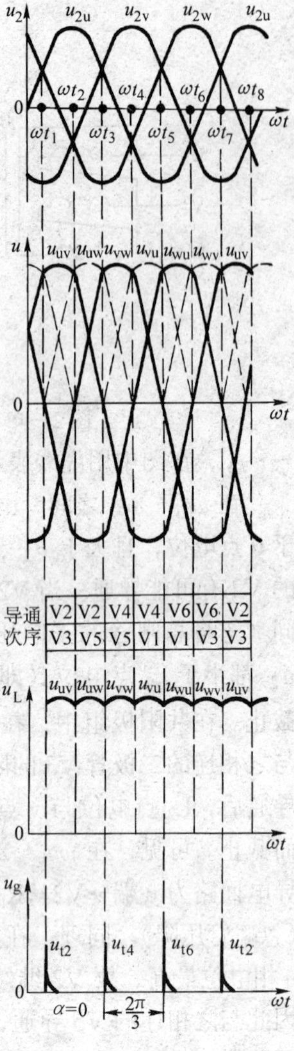

由上分析，可归纳如下几点：

1）任何瞬间共阴极组和共阳极组各有一个管子导通组成导电回路，每个管子在一个周期内的导通角为 $\theta = 2\pi/3$。

2）每隔 $\pi/3$ 就有一个管子换流到另一个管子，共阳极组在相电压负半周的交点 ωt_2、ωt_4、ωt_6 处换流，共阴极组在相电压正半周的交点 ωt_1、ωt_3、ωt_5 处换流。

3）输出电压 u_L 为线电压 u_{uv}、u_{uw}、u_{vw}、u_{vu}、u_{wu}、u_{wv} 在正半周的包络线，所以输出电压平均值大为提高，脉动也大为减小。

图 2—49　$\alpha = 0$ 时的波形

（2）$0 < \alpha < \pi/3$ 时的工作情况：这种情况下的波形图如图 2—50 所示。在 ωt_1 时，向 V2 加入触发脉冲 u_{g2}，则 V2 在正向阳极电压作用下导通。同时共阳极组中与 b 相连接的 V5 导通，形成导电回路的线电压为 u_{uv}。当 ωt 略大于 $\omega t'_1$ 时，u_{2w}

处于负半周且电位最低，V3 自然换流给 V5，形成导电回路的线电压为 u_{uw}，且一直导通到 V4 触发导通时为止。

在 ωt_2 时，触发 V4 导通，由于 u 相电位低于 v 相电位，故 V3 承受反向电压而截止，V2 换流给 V4。但此时 u_{2w}仍处于负半周且电位最低，V5 仍导通，一直到 $\omega t'_2$ 时二极管 V5 自然换流给 V1。

由上分析可知，α 在这个范围内，三相桥式半控整流电路的工作特点是，在触发脉冲加入（即 $\omega t=\omega t_1$、ωt_2、$\omega t_3\cdots$）时，晶闸管轮流导通。而一管触发导通后，原导通管被强迫截止。

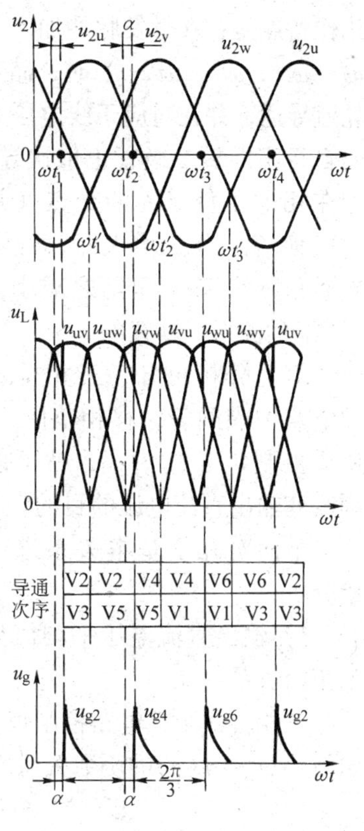

图 2—50　$0<\alpha<\pi/3$ 时的波形

二极管仍在相电压负半周的交点 $\omega t'_1$、$\omega t'_2$、$\omega t'_3\cdots$依次自然换流，晶闸管和二极管的导通角均为 $2\pi/3$。α 增加，输出电压的平均值 U_L 相应减小，但输出电压的波形仍是连续的。

（3）$\pi/3<\alpha<\pi$ 时的工作情况：这种情况的波形图如图 2—51 所示。在 ωt_1 时向 V2 加入触发脉冲，V2 导通。此时 u_{2w}处于负半周且电位最低，所以共阳极组中 V5 导通。此时形成导电回路的线电压为 u_{uw}，直到 $\omega t'_2$ 时，$u_{uw}=0$，V2 自行阻断，由于其他晶闸管尚未触发，故输出电压 $u_L=0$。在 ωt_2、$\omega t_3\cdots$依次给出触发脉冲 ωg_4、$\omega g_5\cdots$，其波形如图 2—51 所示。

由此可见，控制角 α 在这个范围内三相桥式半控整流电路的工作特点是：在触发脉冲加入（即 $\omega t=\omega t_1$、ωt_2、$\omega t_3\cdots$）时，晶闸管轮流导通，并在对应于线电压为零时自行阻断。二极管也依次导通，但在相电压负半周的交点处并不自然换流。当 α 增大时，管子的导通角减小，u_L 也随之减小，而且 u_L 的波形是断续的。

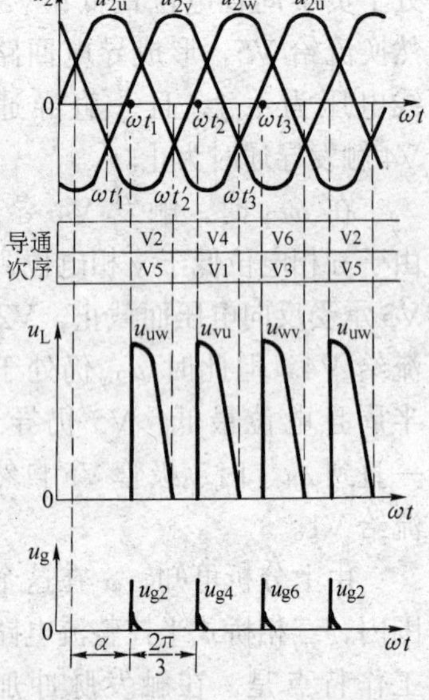

图 2—51　$\pi/3<\alpha<\pi$ 时的波形

综上分析可知，三相桥式半控电路中晶闸管，移相范围为 π，调节控制角 α 的大小，就可以达到改变输出直流电压的目的。

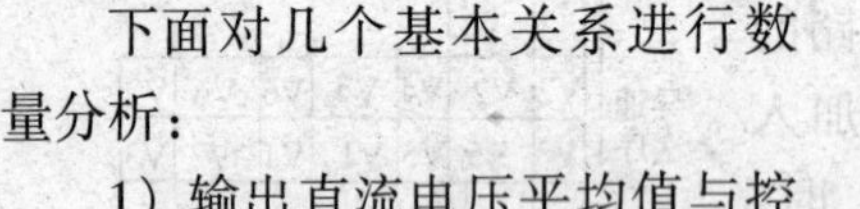

下面对几个基本关系进行数量分析：

1）输出直流电压平均值与控制角的关系：

三相桥式半控电路控制角在 0～π 范围内，不论 α 值的大小如何，$U_L=f(\alpha)$的函数关系均为：

$$U_L=2.34U_2(1+\cos\alpha)/2$$

2）负载电流平均值：

$$I_L=\frac{U_L}{R_L}$$

3）流过晶闸管的电流平均值：

$$I_T=I_L/3$$

4）流过二极管的电流平均值

$$I_D=I_L/3$$

5）晶闸管承受的最大正向和反向电压：晶闸管承受的正向和反向电压的最大值等于三相线电压的最大值。因为任何一个元件都有一端接电源的某一相，而当它阻断时，它的另一端通过相邻的导通管与电源的另一相连接。所以，承受的正向与反向电压的最大值为：

$$\sqrt{3}\times\sqrt{2}U_2\approx 2.45U_2$$

二极管承受的最大反向电压与晶闸管相同。

综上分析可知，改变三相桥式半控整流电路的控制角 α 的大小，就可以实现可控整流。由于 α 的改变，输出直流电压、电流的波形也随之改变，因此电压和电流的平均值和有效值的关系也在不断变化。

（三）晶闸管的触发电路

晶闸管导通后，门极的触发电压已不起作用，所以实际应用时，门极的触发电压常采用脉冲电压。下面讲述常用的单结晶体管产生触发脉冲的电路。

1. 单结晶体管

单结晶体管只有一个 PN 结，从 P 型半导体上引出的电极是发射极 e，从 N 型半导体上引出两个电极，离发射极 e 近的是第二基极 b_2，另一个离 e 较远的则为第一基极 b_1。因为它有两个基极，故又称双基极二极管。

图 2—52 所示为单结晶体管的内部结构和代表符号。

单结晶体管的发射极与任一基极间都存在着单向导电性，而当发射极不接通时，基极 b_2 与 b_1 之间约有 2～12 kΩ的电阻。

单结晶体管工作时，必须加上电压 U_{bb}（b_2 接正极，b_1 接负极）。

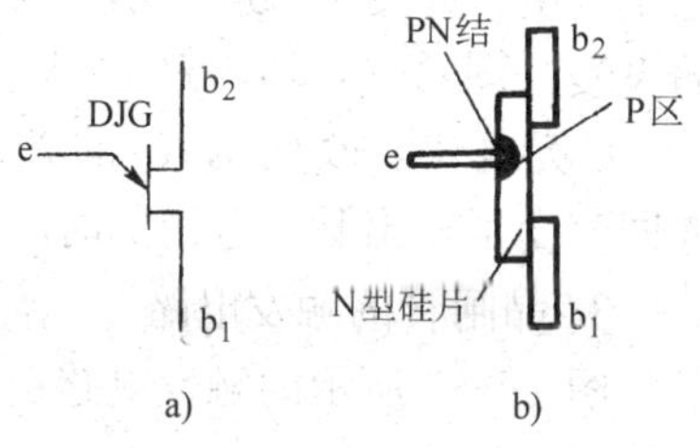

图 2—52　单结晶体管结构及符号

控制电压则加在发射极与第一基极之间，e 接正极，b_1 接负极。

单结晶体管 e、b_1 极之间导通后，因 e、b_1 之间的电阻降到很小，故即使控制电压下降至峰点电压以下，单结晶体管仍能维持导通，直到低于谷点电压 U_V 时，单结晶体管才截止。

2. 单结晶体管弛张振荡电路

图 2—53 所示为单结晶体管弛张振荡电路。接通电源后，电源电压 E 通过 R3 对 C 充电，电容电压 U_C 逐渐上升。当 U_C 达到峰点电压 U_p 时，单结晶体管的 e、b_1 极之间导通，电容对 e、b_1 之间的电阻 r_{b1} 和电阻 R1 放电。因为此时单结晶体管的 e、b_1 极之间电阻急剧下降，而 R1 又是一个 100 Ω 左右的小阻值，故 U_C 迅速下降。当 U_C 降至谷点电压 U_V 以下时，e、b_1 极之间转化为高电阻的截止状态。所以 R1 上得到一个短暂的脉冲电压。

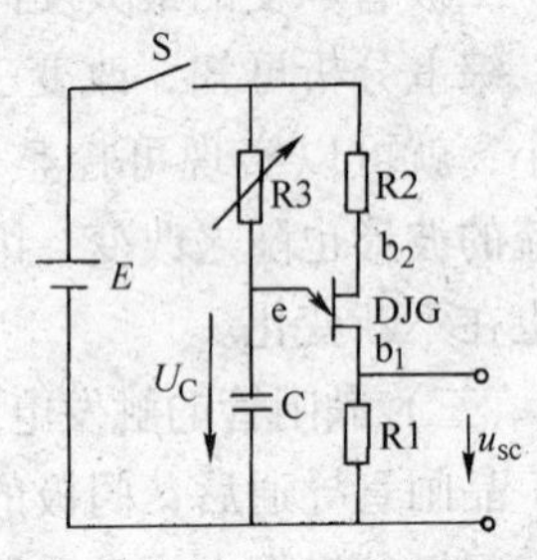

图 2—53　单结晶体管弛张振荡电路

单结晶体管的 e、b_1 极之间转化为截止状态之后，电源又向电容 C 充电，重复上述过程。

于是，在电容 C 上得到锯齿波电压，在电阻 R1 上得到脉冲电压输出，如图 2—54 所示。改变 R_3 或 C，可改变电容充放电的快慢。图 2—54a 中 R_3C 大，C 充电慢；图 2—54b 中 R_3C 小，C 充电快。改变 R_3C 的大小，可改变锯齿波电压的频率，亦即改变了输出脉冲电压的时间间隔。

3. 晶闸管的触发电路

图 2—55 所示的触发电路由单结晶体管脉冲发生器及同步电源两部分组成。

电路中正弦交流电压 u_2 经 V5～V8 桥式整流得到如图 2—56 所示的全波整流电压 u'_2。通过限流电阻 R1 和稳压管 V_W 后，因为稳压管使整流电源的输出电压幅值限制在一定值上，故输出电压 u_W 是一个梯形波（见图 2—56）。在交流电每半个周期

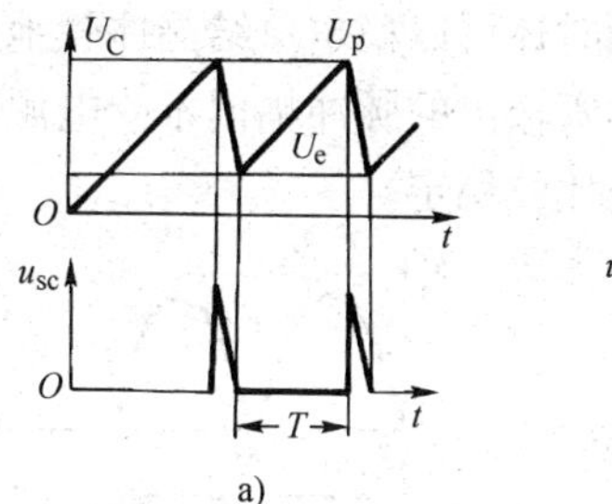

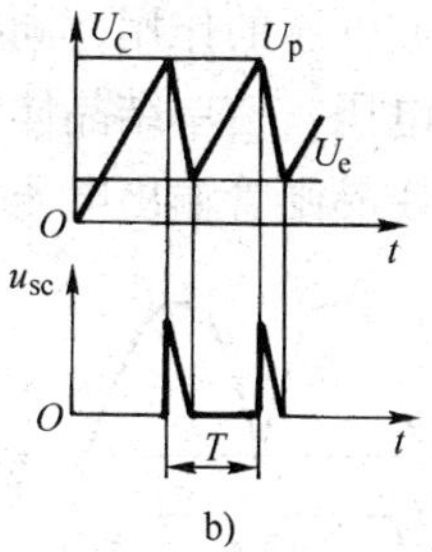

图 2—54　单结晶体管弛张振荡器波形图

a）R_3C 大　b）R_3C 小

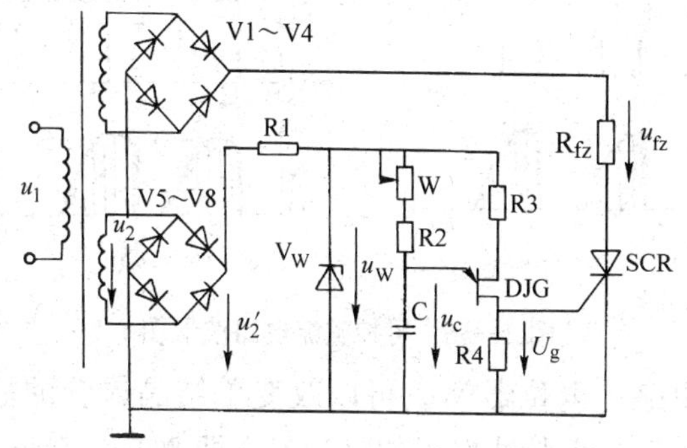

图 2—55　应用单结晶体管触发电路的可控整流电路

内，即电压 u_W 的每一个梯形波中，单结晶体管脉冲发生器的输出 u_g 是一组脉冲，用这一组脉冲去触发晶闸管。晶闸管触发导通后，门极即失去作用，因此只有第一个脉冲起触发作用。由图可见，第一个触发脉冲在 $\omega t=\alpha$ 时出现（α 为控制角）。交流电源电压经过零值时，晶闸管关断，直到下一个半波开始后，脉冲发生器再次输出第一个脉冲时，晶闸管才再次导通。由于触发电路与可控整流电路（主电路）是同一个交流电源，主电路电压的每一个正弦半波与脉冲发生器的每个梯形波同步，且电容每次充电都从梯形波的零点开始，故可保证每次第一个触发脉冲的控制角 α 都相等，起了同步作用。电路中采用的稳压管 V_W 不仅起产生梯形波电压的作用，同时还可以稳定单结晶体管弛张振荡电路的电源电压，使单结晶体管输出的脉冲幅值不受电源波动的影响，从而使晶闸管输出电压比较稳定。

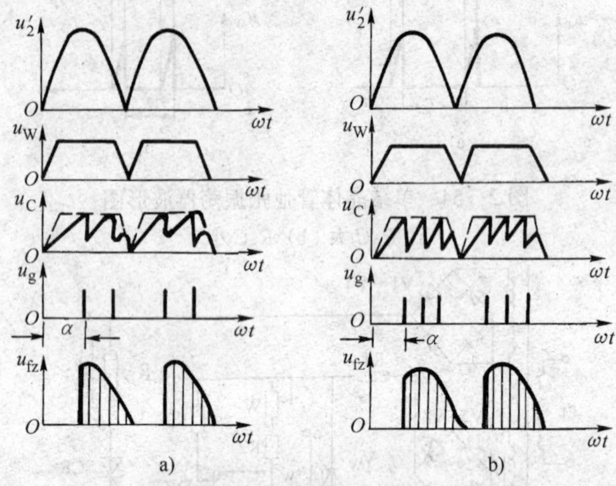

图 2—56　可控整流电路波形图

调节电路中电位器 W，可以改变单结晶体管的振荡频率，从而改变了第一个脉冲出现的时刻，亦即改变控制角 α。W 阻值减小，控制角减小，可控整流输出电压升高，所以，调节电位器 W 可连续调节整流输出电压的平均值。图 2—56a 和图 2—56b 分别示出了不同控制角 α 时电路中各处的电压波形。

图 2—57 所示为目前应用很广的一种带放大环节的触发电路。如在 PKL－2 型直流快速电梯中也采用此种方式触发电路。图中 NPN 型晶体管 VT1 起放大控制信号的作用，PNP 型晶体管 VT2 代替了图 2—55 中的电位器 W。电路用改变 VT1 输入电压（称为控制电压 u_k）的大小来达到改变控制角 α 的目的。例如，增大 u_k、VT1 集电极电流 I_1 也增大，R2 上的电压降增大，因而 c 极的电位降低，则 VT2 集电极电流 I_2 增大，也就是 VT2 的 e、c 极之间的等效电阻减小，所以电容 C 充电速度加快，使

触发脉冲前移。反之，降低 u_k 可使触发脉冲后移，即控制角增大。

图 2—57 所示电路，由于加入一级放大，故比图 2—55 所示电路更为灵敏，且输入端可以加入其他控制信号，以达到自动控制的目的。

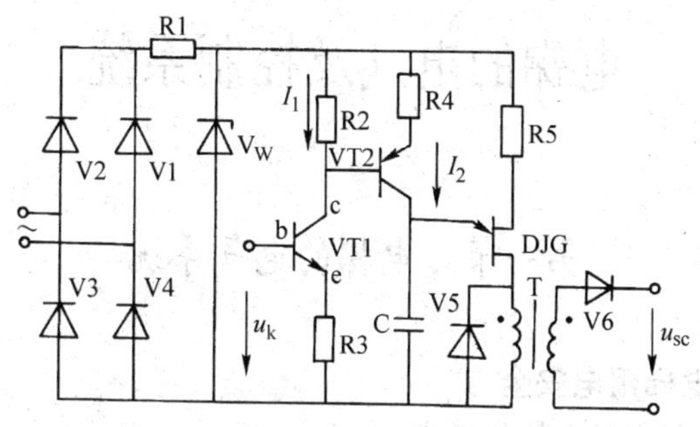

图 2—57　带放大环节的单结晶体管触发电路

图 2—57 所示电路的脉冲电压采用脉冲变压器输出。这样可使触发电路与主电路在电气上相互隔离，并可选择适当的匝数比使二次绕组输出脉冲有一定的幅度。与脉冲变压器一次绕组并联的二极管 V5 是续流二极管，用以吸收脉冲变压器在单结晶体管截止的瞬间所产生的自感电流，使单结晶体管不被损坏。脉冲变压器二次绕组的接法不能接错，必须将脉冲电压的正端通过二极管 V6 接到晶闸管的门极。否则非但不能触发晶闸管，有时还可能使晶闸管门极反向击穿，造成晶闸管元件的损坏。

第三章

电梯的电气及控制系统

第一节　电梯的电气系统

一、电梯用电安全

(一) 电流对人体的危害

1. 电流对人身的影响

电流通过人体时，人体各部的组织和细胞将发生生理和病理的变化，使人体受到刺激和伤害，在某些情况下，这些变化可以使人死亡。电流对人体的影响常出现下列四种不同的现象。

(1) 电流使神经系统产生防护反应（缩回）的轻微刺激。触电者对这种刺激感觉不舒服，引起心慌和惊吓，有时还能使人昏倒。

(2) 电流对人体的刺激使肌肉失去神经控制能力，不能任意伸缩，使触电者自己不能脱离电源，好像被吸住，此时必须尽快地使触电者脱离电源。

(3) 电流会使呼吸系统和心脏、脑神经系统受到损伤，在瞬间使呼吸停止，人体失去知觉，心脏的正常活动渐趋微弱或停顿。由于呼吸的停止和心脏的停顿，会导致人死亡。

如果触电时间很短，呼吸虽已停止，而心脏还有微弱的跳动(脉搏微弱得感觉不到)，这种现象称为“假死”，应立即正确施救，否则就会由假死而变为真死。假死往往经过数小时的正确急救，绝大多数都能有救活的希望。

以上三种现象称为电击。

(4) 电流通过人体的表皮或局部时，损伤皮肤或局部肌肉，这种伤害称为电伤。它虽然没有电击那样危险，但仍不可忽视，如眼睛受到电弧的刺激时，轻则发炎或短时的视力减弱，重则可能造成双目失明。

电伤分为电烧伤和电烙印、皮肤金属化等。凡有电弧产生之处，都可能发生电烧伤。如带负荷误操作隔离开关、带电更换熔丝、误触及没有放电的电力电容器、人体距离高压导体太近等。当人体局部同时接触带有不同电压的两个导体时，电流会通过人体的局部而短路，造成局部穿孔，如手掌和手背同时触及带不同电压的导体时，手心就会被击穿（当人体与大地绝缘时）。电伤还会留下烙印（疤痕）。

2. 触电的危险因素

根据触电事故分析以及实验资料，触电的危险因素有以下几种。

(1) 电流的种类和频率：实验证明，电流的种类和频率不同，触电的危险程度也各有不同。交流比直流的危险性稍大，频率很高或者很低的电流危险性也比较小。表 3—1 是各种频率时的死亡率，可知频率为 50 Hz 时，危险性较大。目前我国生产和生活用电都是 50 Hz 的，因此应特别注意安全用电工作，以防止人身触电事故的发生。

表 3—1　　各种频率的触电死亡率

频率（Hz）	10	25	50	60	80	100	120	200	500	1 000
死亡率（%）	21	70	95	91	43	34	31	22	14	11

(2) 电流通过人体的路径：电流通过人体时，一部分电流通过心脏和呼吸系统，它的大小对人体伤害有直接的关系。因此，电流通过人体任何一部分时，都有生命危险。通过心脏的电流愈

大，危险性也愈大。表 3—2 是电流的通路与通过心脏电流的百分数的关系。

表 3—2　　电路沿下列路线通过人的心脏

电流通过人体的路径	右手—双脚	左手—双脚	左手—右手	左脚—右脚
通过心脏电流的百分数（%）	6.7	3.7	3.3	0.4

（3）触电时间的长短：由于人体通过电流以后，组织的破坏随时间的增加而加剧，电阻也因之降低而使电流增大，组织的破坏更加严重，死亡的危险性增大。所以在触电急救时，首先要使触电者尽快脱离电源，以减轻电伤的程度。电压为 110～220 V，频率为 50 Hz 时，触电如果持续 3 s 以上时，会有较大的危险性。

（4）通过人体电流的大小：通过人体电流的大小是触电伤害程度的直接因素。0.025～0.03 A 电流不会致人死亡，对人体有轻微伤害；0.03～0.1 A 不但有害于人体，而且会造成生命危险；超过 0.1 A 的电流会导致人死亡。但也有仅通过很小的电流，就造成了触电死亡的案例，这往往还有生理上、精神上，或其他条件上的影响。表 3—3 列出了通过人体电流所产生的现象。

表 3—3　　通过人体的电流所产生的现象

电流（mA）	产生的现象	
	50～60 Hz 的交流电流	直流电流
0.5～1.5	手指或皮肤感觉麻刺	没有显著的感觉
2～3	手指或皮肤感觉强烈麻刺	稍有麻刺的感觉
4～7	肌肉开始抽筋，手能很快地缩回来，脱离电源	感到刺痛和灼热
8～10	麻刺和剧痛延伸到人体通电流的部分，尚能脱离电源，但比较困难	刺痛和灼热程度加剧
20～30	迅速麻痹，心脏开始颤动并失去知觉	强烈的刺痛和灼热，肌肉开始抽筋
50～80	呼吸麻痹，心脏开始颤动失去知觉	肌肉抽筋呼吸困难
90～100	持续 3 s 以上时，不但呼吸麻痹，心脏开始麻痹，甚至停止跳动，立即失去知觉	呼吸麻痹

（5）人体的电阻：人体的电阻分表皮电阻和内部组织电阻两部分，内部组织电阻由血液、肌肉和内脏等组成，电阻值较低；皮肤电阻，在皮肤完整和干燥的情况下，一般为 $10^4 \sim 10^6\ \Omega$。因此，人体的电阻取决于人体的皮肤。皮肤的电阻因下列几个因素的影响而变化：

1）皮肤的厚薄。皮肤厚则电阻大，反之则小。

2）皮肤与带电体的接触情况。与带电体的接触面积大，接触压力大，接触时间长，电阻就小；反之则大。

3）皮肤表面清洁、干燥，电阻就大，脏污、潮湿，有汗或水时，电阻就小。由于出汗或手脚湿，接触漏电的设备而造成触电死亡事故，在以往的触电事故中是较多的。

（6）电压的高低：接触的电压愈高，危险性就愈大。虽然规程中规定，导线对地电压不超过 250 V 的设备，属于低压系统，但实际上这种电压广泛应用在日常生活和生产中，造成危险的可能性最大，多数触电死亡事故是在这种电压上发生的。有时即使是 65 V 的电焊机电压，在某些情况下，也发生了致命的危险。经验证明，当电压在 40 V 以下时，是极少发生触电死亡事故的。因此，规定 36 V 以下的电压为安全电压。

（7）人的生理状态：电伤与人的生理状态有关。当人的思想混乱、颓丧受到刺激或酒醉，精神疲劳，身体衰弱或孕妇以及有妨碍电气工作的病症等，触电的危险性比健康人和正常人要大些。

（二）触电方式

常见的触电方式有单相触电和两相触电。人体同时接触两根相线，形成两相触电，此时人身受 380 V 的线电压作用最为危险。

单相触电又分为中性线接地单相触电和中性线不接地单相触电两种。中线接地单相触电，此时人体承受 220 V 相电压作用，也很危险，此时电流通过人体进入大地，再经过其他两相对地电容绝缘电阻流回电源，当绝缘不良或对地电容很大时也有危险。

（三）安全用电措施

为了防止触电事故的发生，可采用下列安全措施。

（1）采用安全电压，对于接触机会较多的照明灯或移动的灯具则应选用 36 V 安全电压供电；在潮湿，有导电灰尘，有腐蚀性气体的情况下，则应选用 24 V，12 V 甚至更低的电压供电。

（2）使用各种保护器具，保护用具是保证工作人员安全操作的器具。主要有橡皮手套，橡皮垫、绝缘钳、绝缘棒及绝缘鞋和漏电保护器等。

（3）在正常情况下电气设备的金属外壳是不带电的，但当绝缘损坏时，外壳就会带电。如果人体触及就会引起触电。为了确保操作人员的安全，必须对电气设备采用保护接地或保护接零。

1）保护接地是将电气设备的金属外壳，框架等采用导线与大地的接地体进行可靠连接。

因为电气设备的外壳已与大地有了可靠的连接，由于接地装置的电阻很小，而人体的表皮接触电阻很大，当人体与外壳接触时，则外壳与大地之间形成两条并联支流，而绝大部分电流经接地支路流入大地，从而减轻或避免了人身伤害。接地电阻越小，流入人体的电流也越小，所以规定接地电阻不超过 4 Ω。

2）保护接零是将电气设备的金属外壳、框架等采用导线与供电线路中的零线可靠地连接。保护接零适用于三相四线制中性线直接接地的供电系统中的电气设备。如图 3—1 所示。

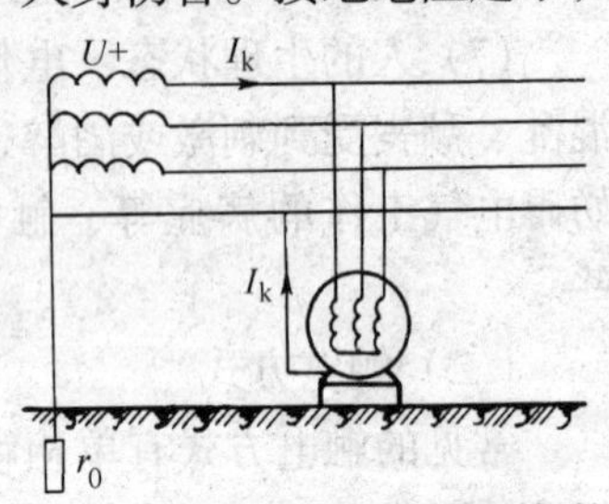

图 3—1　电气设备保护接地保护接零的正确接法

接零后，若电气设备的绝缘损坏发生漏电，短路电流很大，短路电流将使电路中的保护电器动作，或使熔丝熔断切断电源，从而消除了触电危险。

(4) 保持绝缘符合技术标准

电气设备及材料、设施等必须有符合标准的绝缘电阻，一般电气设备在出厂前都能达到标准的绝缘电阻。但电气设备的绝缘性能，是随着使用年限增长和温度增高等因素而下降的，所以要定期用摇表（兆欧）测量。对达不到技术标准规定的绝缘值的设备应进行修复或报废。

二、电梯电气安全装置

为了保证电梯正常可靠的运行，除了设置机械安全装置以外，还必须设置电梯的电气安全保护装置。我国的电梯标准中对电气安全装置作了如下规定。

1. 供电系统断相、错相保护装置

当电梯的供电系统中（三相供电系统）出现断相（即缺相）时，电气安全系统能自动停车，以免造成电动机过热或烧毁。当电梯电源系统出现错相（即相序错位）时，电梯的电气安全系统能自动停止供电，以防止电梯电动机反转造成危险。

在直流、交流调速电梯控制系统中，一般都采用机电式或电子式相序继电保护。

2. 超越上、下极限工作位置的保护装置

当电梯运行到顶层或底层平层位置时，仍不能停车，继续向上或向下运行，在井道中设有极限保护装置，以防电梯冲顶或蹾底造成事故。

3. 层门锁与轿门电气联锁装置

当电梯的厅门（层门）与轿门没有关闭时（即门打开状态），电梯的电气控制部分不应接通，电梯电动机不能运转。

4. 慢速移动轿厢装置

停电或电气系统发生故障时，应有慢速移动轿厢的装置。

现在，有的电梯加装了停电应急装置，它能在电梯停电情况下提供电源，使电梯慢速运行到平层位置开门并放出乘客，或用手轮盘车的方法，将电梯放到就近层，平层，开门，放出乘客。

5. 检修运行开关

用于检修，或在电梯故障后，将电梯开到平层位置的开门装置。

6. 底坑停止开关

在电梯井道底坑内设有电梯停止开关，以便维修人员在底坑检修电梯时停止电梯运行，以防出现误动作伤人。

7. 过载及短路保护装置

对于直流发电机组的交流电动机和交流电梯的交流电动机，都应采用热继电器保护。对于电梯曳引电动机（交流或直流）的短路用熔断器保护。

8. 直流电动机的弱磁保护

直流电梯的直流发电机在原动机的带动下运转。发电机输出电压大小是通过控制其励磁来调节的。当励磁电流为零的时候，输出电压也应为零。但是由于发电机内存有剩磁，使主电路仍有残余电流，造成电动机运转，电梯爬行。如果不消除这一现象，就会造成事故。为此，在电梯停车时，在发电机电枢两端接入消磁绕组。因为消磁绕组的磁通与发电机励磁绕组磁通相反，形成负反馈而消磁。直流电梯常采用弱磁继电器来消磁。

9. 端站减速安全保护

在电梯井道的顶层和底层，当电梯运行到减速位置时，应立即换（减）速，切断高速，以免造成冲顶或蹾底。

10. 端站限位安全保护

它由上、下限位开关组成。如果减速开关未起作用，限位开关则动作，使电梯停止，切断方向接触器或方向继电器。

11. 端站极限开关保护

此开关有两种方式：一种是机械式的，它是通过钢丝绳及滚轮拉动开关，断开总电源；另一种是与减速、限位开关结构相同的极限开关，动作时，切断上、下行接触器电源，使电梯停止运转。

12. 越程安全保护

电梯在井道底坑缓冲器上装有越程开关。电梯越程，开关动作，切断控制线路或电源，实现保护。一般设在速度较高的电梯上。

13. 超速及断绳保护

限速装置装有联动的开关，即限速器上的超速开关和限速断绳开关。在电梯超速时超速开关动作，切断控制回路，使安全钳卡住导轨。在限速器钢丝绳断裂或过长时，断绳开关动作，使电梯急停。

14. 停止装置

电梯的轿厢操作盘和轿顶上都装有停止按钮，当电梯出现非正常运行时，可操作此按钮，紧急停车。

15. 超载保护

此开关一般设在自动梯的轿厢底部（轿厢底做成活络轿底），利用杠杆原理控制开关，有的利用传感器配电子线路构成控制线路。当电梯超过额定载重量时，开关动作，发出警告信号，切断控制电路，使电梯不能启动。在额定载荷下，自动复位。

16. 防夹安全保护装置

在自动电梯上，装有自动开关门机构，在轿厢门与厅门之间，装有防止夹人（物）的机械的（安全触板）和光电的保护装置。当电梯关门时，如触板碰到人或物，阻碍关门时，开关动作，使门重新开启。

17. 轿厢顶安全窗开关

当安全窗开启时，开关同时切断电梯的控制回路，使电梯不能开动，保护电梯和乘客的安全。

18. 断带开关

在电梯上采用的带传动装置都应装设有断带开关。如果断带，开关就动作，电梯控制电路断路，电梯急停。

三、电梯电动机及拖动原理

目前电梯的拖动系统分为直流电机拖动、交流电动机和永磁同步电动机拖动。

直流电机拖动又有直流发电机—电动机晶闸管励磁拖动和晶闸管直接供电电动机拖动两种类型。

交流电机拖动分为单速、双速和三速三相异步电动机拖动、三相异步电动机定子调压调速拖动和三相异步电动机调频调压调速拖动几种。

永磁同步电机拖动是近几年发展起来的新型的拖动方式，它具有节能、环保的特点。

（一）直流电机的基本原理

直流电机有定子和转子两大部分。定子上安装着主磁极（极身上绕着励磁绕组），给励磁绕组通入电流就建立了主磁场。定子上还安装了换向器和电刷装置。换向器绕组与转子绕组串联，起抵消电枢反应，改善换向的作用。电刷装置与转子上的换向器配合使电机内外电路接通。

转子又称电枢，它是完成机电能量转换的主要部件。它由电枢铁心、电枢绕组和换向器组成（见图 3—2）。

（二）三相交流异步电动机及拖动的基本原理

1. 三相交流异步电动机的结构和基本工作原理

三相交流异步电动机分成两个基本部分：定子和转子，如图 3—3 所示。

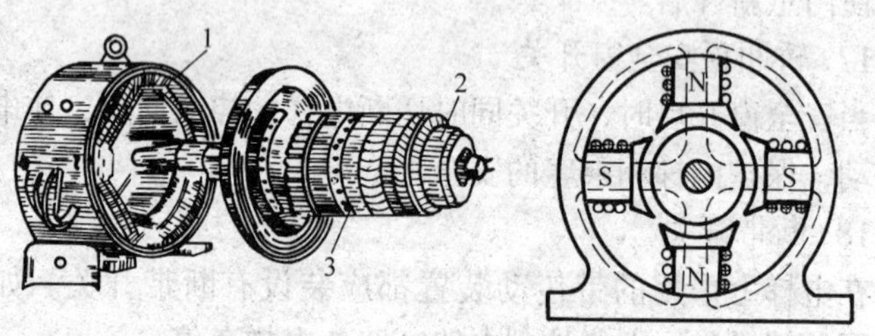

图 3—2　直流电机结构示意图

1—磁极　2—换向器　3—电枢

它的定子由机座和装在机座内的圆筒形铁心组成。机座由铸钢制成，铁心由互相绝缘的硅钢片叠成。铁心内表面冲有线槽，用以放置对称三相绕组。

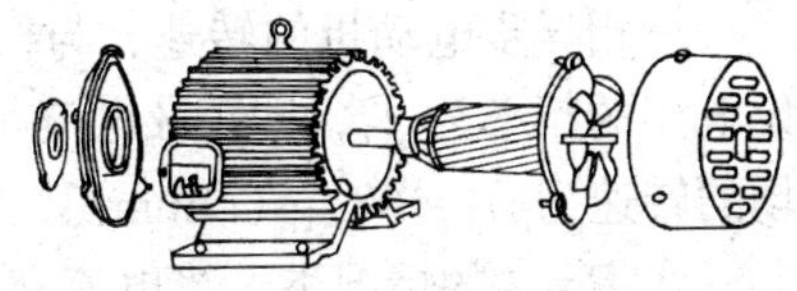

图 3—3　三相交流异步电动机的构造

转子有笼型和绕线式两种。转子铁心是圆柱形，用硅钢片叠成，表面冲有线槽。若为笼型，槽内浇铸铝条或嵌铜条；若为绕线式，槽内嵌置三相对称绕组，将六个端头由滑环和炭刷引出。铁心装在转轴上，轴上加机械负载。

三相交流异步电动机定子的三相对称绕组通入三相对称电流后，它们共同产生的合成磁场是随电流的交变而在空间不断地旋转着，这就是旋转磁场。它的旋转切割转子导体，便在其中感应出电动势并建立转子电流，这样形成的转子电流与旋转磁场相互作用而产生电磁转矩使电动机转动起来。

电动机转子旋转方向与旋转磁场方向相同，但转子的速度永远追不上旋转磁场的速度。因为一旦同速，双方就没有了相对运动，感应电势和电流也就消失了，转子失去了转矩就要停下来。可是，转子速度一降下来，马上又与旋转磁场有了相对运动，又会重新建立电势、电流和转矩。所以，我们称这种交流电动机为异步机，道理就在于此。

如果需要电动机反转，必须改变旋转磁场的方向。而旋转磁场的转向又取决于通入定子绕组的三相对称电流的相序。如果通入的顺序为 U—V—W，则旋转磁场的转向也按这样的顺序，由超前相向滞后相的方向旋转。因此，我们只要改变电流的相序为 U—W—V 或 V—U—W，电动机都会反转。

三相交流异步电动机的极对数就是旋转磁场的极对数，它由三相定子绕组的安排决定。如果三相对称绕组在空间互差 120°，则极对数$P=1$。如果在空间互差 60°空间角，则 $P=2$。

三相异步电动机的转速，与极对数和通入电流的频率有关。设电流的频率为 f_1，即正弦电流每分钟交变 $60f_1$ 次，则旋转磁场的转速为 $n_1=60f_1$（r/min）。

在 $P=2$ 的情况下，当电流交变一次时，磁场在空间仅旋转了 1/2 转，只是 $P=1$ 时转速的 1/2。可见，极对数越大，转速越慢，$n_1=\frac{60f_1}{P}$。我们通常称这个速度为同步转速。对某一异步电动机，f_1 和 P 通常是一定的，所以旋转磁场的同步转速为一个常数。

我国电网为工频 $f_1=50$ Hz，由 $n_1=\frac{60f_1}{P}$可得出对应不同极对数 P 的旋转磁场转速，见表 3—4。

表 3—4

P	1	2	3	4	5	6	7	8	12
n_1	3 000	1 500	1 000	750	600	500	428	375	250

我们用转差率 S 来表示转子转速 n 与旋转磁场转速 n_1 之间的关系。

$$S=\frac{n_1-n}{n_1}\times 100\%$$

例：有一台三相异步电动机，其额定转速为 975 r/min。试求其极对她和带额定负载时的转差率。

解：根据额定转速 975 r/min，可判断出最接近的同步转速为 1 000 r/min，得出此电动机的极对数 $P=3$。则：

$$S=\frac{n_1-n_e}{n_1}\times 100\%=\frac{1\,000-975}{1\,000}\times 100\%=2.5\%$$

2. 三相异步电动机的机械特性

(1) 三相异步电动机机械特性的物理表达式

$$M=C_{mj}\Phi_m I_2\cos\Phi_2$$

它表示异步机的转矩与转子电流的有功分量成正比的关系。

其中 $C_{mj}=\frac{\sqrt{2}}{2}P_{m2}W_2K_{w2}$为转矩常数。

（2）数学表达式

$$M=\frac{m_1PU_1^2r'_2/S}{2\pi f_1[(r_1+r'_2/S)^2+(X_1+X'_2)^2]}$$

由它所描述的机械特性如图 3—4 所示，为一个有最大值的特性曲线。

临界转矩 $$M_m=\pm(1/2)\frac{mPU_1^2}{2\pi f_1(X_1+X'_2)}$$

临界转差率 $$S_m=\pm\frac{r'_2}{X_1+X'_2}$$

从上式可看出 M_m 与 U_1^2 成正比；S_m 与 r'_2 成正比这两个重要关系。

我们把 $\lambda_m=\frac{M_m}{M_e}$称为异步机的过载倍数，它一般为 1.6～2.5。

（3）实用表达式

$$M=\frac{2M_m}{\frac{S_m}{S}+\frac{S}{S_m}}$$

这个公式是用来计算对应不同转差率时的电磁转矩的。

由机械特性的表达式，可得出三相异步电动机的固有机械特性和人为机械特性。

1）固有机械特性有四个特殊点：

①启动点 $n=0, S=1, M=M_q, I_{IQ}=(4\sim7)I_{Ie}$。

②额定工作点 $n=n_e, M=M_e=9.55P_e, S=S_e=\frac{n_1-n_e}{n_1}$。

③同步速点 $n=n_1=60f_1/P, S=0, M=0$。

④临界点 $M_m=\lambda_mM_e$。

2)人为特性主要有下面三种：

①定子回路串接三相对称电阻 R_f 时不影响同步转速 n_1。M_m、M_Q 和 S_m 都随 R_f 的增大而减小,如图 3—5 所示。

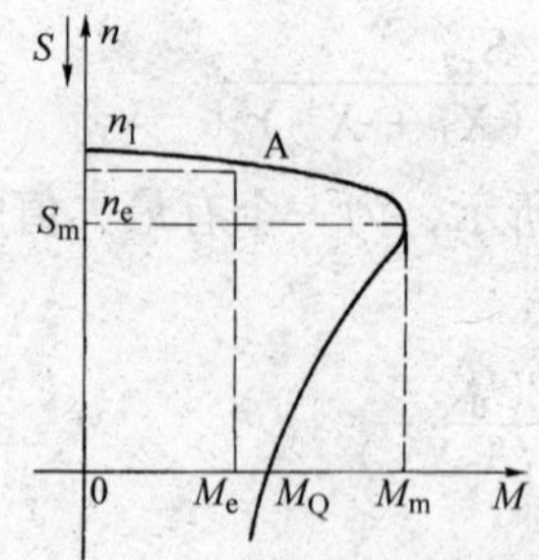

图 3—4　三相异步电动机的机械特性曲线

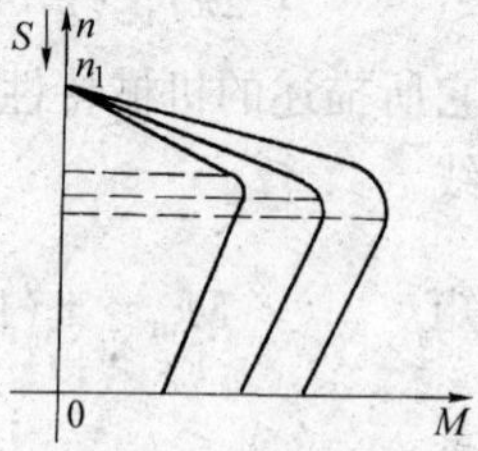

图 3—5　三相异步电动机定子串接三相对称电阻时的人为特性曲线

②降低定子端电压 U_1 时 n_1 不变，S_m 不受影响，M_m 和 M_Q 都随电压 U_1 的下降而成平方倍地减小，如图 3—6 所示。

③转子回路串接三相对称电阻时，n_1 和 M_m 不受影响，而 S_m 与所串电阻成正比增大，如图 3—7 所示。

3. 三相异步电动机的启动

三相异步电动机直接启动时，启动电流大约为额定电流的 4～7 倍，而启动转矩却只有额定转矩的 0.9～1.3 倍。这就说三相异步电动机直接启动时启动电流大，但启动转矩并不大。所以，只有小容量电动机的轻载启动才采用直接启动，而大部分情况都要采取其他措施来限制启动电流，增大启动转矩。

主要有以下几种启动方法：

（1）小容量电动机重载启动：一般选用深槽或笼型电动机。

（2）大容量电动机轻载启动：一般采用降压启动，降压的方法有以下几种。

1）定子串三相对称电阻或电抗：这种方法的启动电流降低为直接启动时的 $1/\alpha$（α 为降压比），而启动转矩降低为直接启动

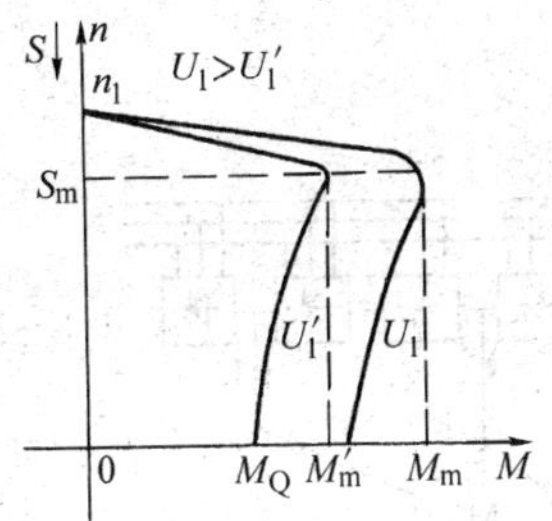

图 3—6　异步电动机定子降压时的人为特性

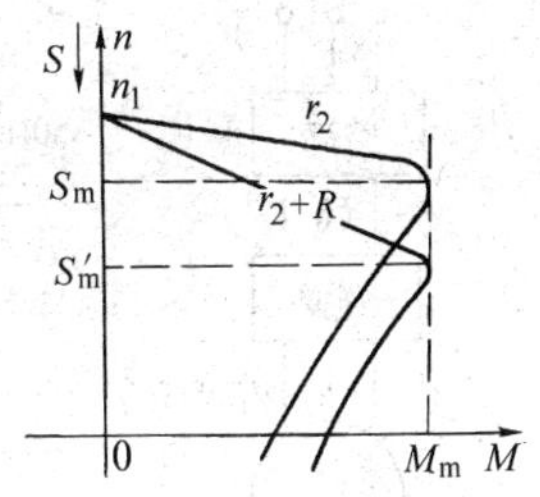

图 3—7　三相异步电动机转子串电阻时的人为特性曲线

时的 $1/\alpha^2$，启动转矩损失太多。

2）Y—△降压启动：方法简单，只需改变定子绕组接线即可。启动电流降低为直接启动时的 1/3，启动转矩也降低为直接启动时的 1/3，是工业上常用的一种启动方法。

3）定子串自耦变压器启动：电压降低的倍数可调，启动电流和启动转矩都降低为直接启动时的 $1/\alpha^2$，是一种比较好的启动方法，但是需增设三相自耦变压器，投资大。

4）大容量电动机重载启动：一般选用三相绕线异步电动机，采用转子绕组串接三相对称电阻的启动方法。这种方法在工业中应用十分广泛，启动效果好，简单易行，唯一的缺点是损耗大。

4. 三相异步电动机的调速

由公式 $n=(1-S)$、$n_1=(1-S)60f_1/P$ 可以看出，改变电动机的转速有三种方法，即改变电源频率、极对数 P 和转差率 S。

改变同步转速和不改变同步转速将异步电动机的调速方法分成两大类。

(1) 改变同步转速 n_1 的调速方法有变频调速和变极调速两种。

1）变频调速：一般采用晶闸管交—直—交或者交—交变频电源，如图 3—8 所示。

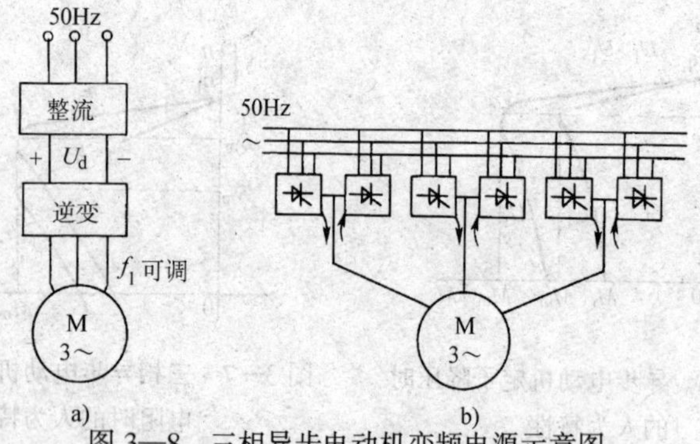

图 3—8　三相异步电动机变频电源示意图

a）交—直—交变频　b）三相交—交变频

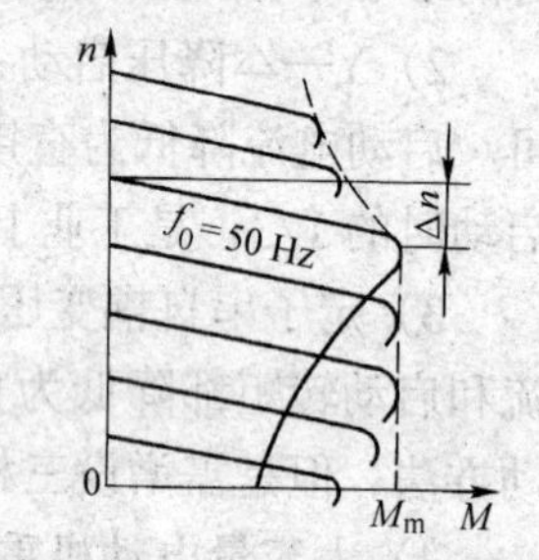

图 3—9　异步电动机变频调速时的机械特性

变频调速的性能非常好，几乎可以与直流电动机的调压调速相比美。但是它需要一个很复杂的变频电源，造价较高。另外，仅仅改变电源的频率，并不能使异步电动机获得满意的调速特性，尚需配合调节电源电压才行。因为 $E_1 = 4.44 f_1 W_1 K_{W1} \Phi_m$，降低频率 f_1 而电势不变，势必使 Φ_m 增大，电动机磁路饱和，励磁电流剧增，电动机将无法正常运行。所以要保持恒磁通调速，必须维持压频比（U_1/f_1）不变。一般电梯从基频往下调，如图 3—9 所示。

变频调速现在已经大量使用在比较先进的“VVVF”电梯调速系统中。

2）变极调速：其原理是这样的，电动机定子三相绕组每一相都有中心抽头，只要改变接线，就可以使半相绕组的电流反向，定子极对数减少一半，从而使同步转速 n_1 提高一倍（见图 3—10）。

但要特别注意，在改变接线的同时还需倒换电源的相序，否则电动机将反转。

（2）不改变同步转速 n_1 的调速方法有绕线电动机转子串电阻调速、串极调速和定子调压调速几种。

开环变压调速系统特性不够理想，若采用带反馈控制的闭环系统调速，特性将得到改善。

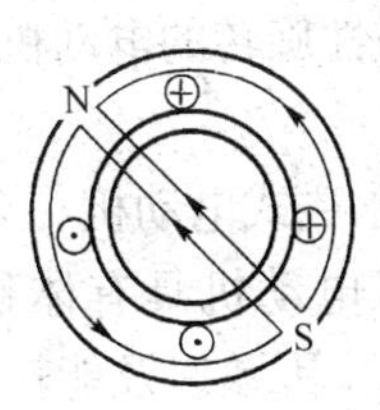

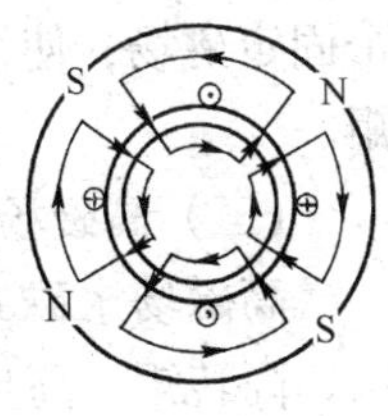

图 3—10　变极调速的基本原理示意图

三相异步电动机的调速方法不少，随着系统调速性能的提高，三相异步电动机必将取代直流电动机，因为它的造价低，维护容易，这是直流电动机无法比拟的。

5. 三相异步电动机的制动

当三相异步电动机的电磁转矩 M 与转速 n 的方向相反时，电动机就处于制动运行状态，它的特性一般在Ⅱ、Ⅳ象限。和直流电动机一样，异步电动机也有三种制动运行状态：回馈制动、反接制动［又分为电源反接和转速反向的反接（即倒拉）］及能耗制动。

（1）回馈制动：回馈制动特点是转速 $|n|>|n_1|$，当电动机轴上输入机械能时（例如轴上带位能性负载），电动机处于发电状态，将机械能转化成电能并回馈给电网，此时 M 与 n 反向，电动机就处于制动运行状态。这时转差率 $S=(n_1-n)/n_1<0$。

（2）电源反接制动：电源反接制动是一条穿越Ⅱ、Ⅲ、Ⅳ象限的直线特性。在Ⅱ、Ⅲ象限相当于反向转子串电阻的特性，而在Ⅳ象限为反向回馈特性。如果电动机拖动反抗性恒转矩负载，电动机将最后稳定于第Ⅲ象限，为反向电动运行状态。如果电动机拖动位能性恒转矩负载，则电动机最后将稳定于第Ⅳ象限，处于反向回馈发电制动运行状态。为防止转速过高，往往此时将转子电阻切除，使电动机在固有特性上进行回馈运行。

（3）能耗制动：能耗制动是异步电动机正向运行时，切断电源，而给电动机定子任意两相通入一个直流电，在气隙中建立一个固定磁场，使惯性旋转的电动机转子切割这个磁场产生制动转矩。

（三）高磁场永磁式电动机

高磁场永磁式电动机具有体积小，重量轻、惯性低、响应快、高转矩、高功率因数以及能耗低和运行可靠等明显特点。因此，自 20 世纪 80 年代以来广泛地应用于各个行业。由于驱动系统的不断完善，实践应用水平的不断提高，变频器供电的同步电动机及其驱动系统，得到了广泛的应用。在电梯行业中，已将永磁同步电动机应用在有齿和无齿传动的电梯上，其性能良好，运行可靠，得到各个方面的显著效果。其电动机的结构及工作原理如图 3—11 和图 3—12 所示。

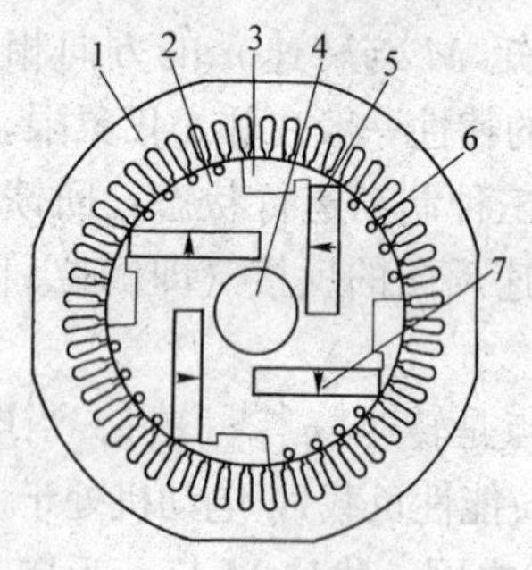

图 3—11　永磁式同步电动机结构示意图

1—定子铁层压片　2—转子铁层压片

3—非磁性材料　4—非磁性钢轴

5—永磁磁体　6—转子笼条（圆形）

7—起始磁化方向

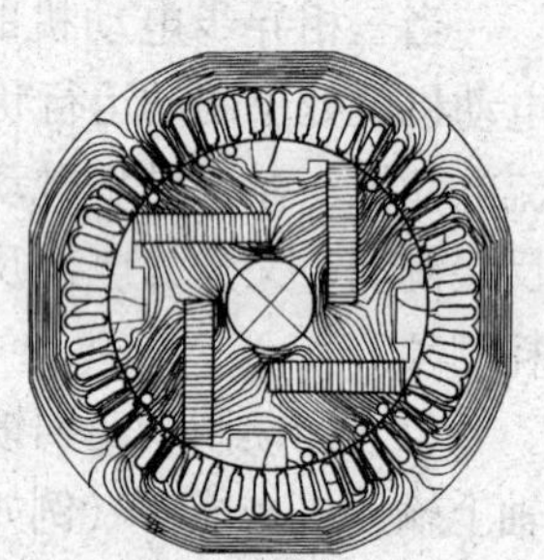

图 3—12　永磁式同步电动机磁通分布示意图

1. 结构

永磁同步电动机由定子、转子和端盖等组成，定子结构与普通感应式同步电动机基本相同，由三相绕组及铁心构成。永磁同步电动机的转子结构是用永磁体取代普通感应式同步电动机的励磁绕组，从而省去了励磁线圈、滑环和电刷。不同的转子磁路结构，使其电动机的运行性能控制要求、制造形式、制造工艺及适用场合不同。

2. 分类

按照电枢绕组位置的不同，可分为：

(1) 内转子式：此种方式电动机适用于重载高速度的场合。

(2) 外转子式：适用于小机房和无机房的场合，电动机体积小。

3. 控制

永磁同步电动机按控制方式分，有他控式和自控式两种。他控式永磁同步电动机是用独立的变频电源供电，转速严格地跟随电源频率而变化，适合于开环控制。自控式永磁同步电动机，其定子产生的旋转磁场位置由永磁转子的位置来决定，能自动地维持与转子的磁场有 90°的空间夹角，以产生最大的转矩。旋转磁场的转速则严格地由永磁转子的转速决定。因此，转子磁极的位置需要一个磁极位置检测器。转子位置检测装置给出的信号控制定子侧变频器的电流频率和相位，使定子电流和转子磁链总是保持确定的关系，从而产生恒定转矩。

采用变频器供电的永磁同步电动机加上转子位置检测的位置闭环、速度闭环的控制系统，完全可以适应高速、舒适、高可靠性能电梯的要求。

(四) 控制柜（控制屏）

设置在机房内的控制柜（控制屏）内，装置着变频器、微机板、继电器、接触器、电阻器、整流器、变压器等电气元器件。这些元器件在操纵系统的控制下完成电梯的运行程序。控制柜（控制屏）有三相四线制或三相五线制交流 380 V 电源。控制柜外壳应有良好的接地、其接地电阻不大于 4 Ω。采用继电器逻辑控制电路电梯的控制柜、信号柜体积大，占地面积亦大。采用 PC 控制和微机控制的电梯，控制柜体积小，所占面积亦小。

(五) 选层器

选层器也叫楼层选择器。由于工业的发展，特别是电子技术的发展，选层器的控制方法、构造也有较大的改进，使电梯故障率降低，控制精度提高。

1. 机械选层器（见第一章）

2. 电动式选层器

电动式选层器又称刻槽式选层器，可装在控制柜内。其构造由伺服电动机、螺杆、螺母和继电器接点组成。其工作过程是，当电梯轿厢在井道内移动时，井道内安装的遮磁板和轿厢上安装的感应器相互插入时便发出信号。此信号送给伺服电动机，电动机便转动一定的角度（90°或180°等），螺杆上的螺母（不转动）向上或下移动一定的距离（一楼层或几楼层），与轿厢位置成比例同步运动，螺母的移动便拨动继电器的接点使之接通或断开，达到选层的目的。

3. 电子选层器（又称电脑选层器）

电子选层器，是一种利用数字脉冲信号、微处理机等手段组成的选层器。它是将脉冲信号的数字量转换成速度的模拟量进行选层。它利用装在曳引电动机或限速器轮上的光码盘，在电动机转动时产生光脉冲信号，其脉冲信号量的多少决定了电梯的平层精度。因为光码盘方式计数较准确，低速时也不会丢信号。这样，知道了脉冲信号数就可以知道电梯所在的位置。

4. 电气选层器

电气选层器由双稳态开关与相应的继电器逻辑电路组成。

双稳态磁开关是由装在轿厢顶上的磁开关元件和装在井道内的圆形永久磁钢组成的。

第二节　电梯的控制系统

一、电梯控制系统的构成

（一）电梯控制系统的类型

控制系统的功能与性能决定着电梯的自动化程度和运行性

能。微电子技术、交流调速理论和电力电子学的迅速发展及广泛应用，提高了电梯控制的技术水平和可靠性。

电气控制系统的类型除传统的继电器控制外，微机控制的电梯产品已成为主流。

1. 继电器控制

这种控制方式原理简明易懂，线路直观，易于掌握。继电器通过触点断合进行逻辑判断和运算，进而控制电梯的运行。由于触点易受电弧损害，寿命短，因而继电器控制电梯的故障率较高，具有维修工作量大、设备体积大、动作速度慢、控制功能少、接线复杂、通用性与灵活性较差等缺点。

2. 微机控制

当代电梯技术发展一个重要标志就是微型计算机应用于电梯控制。

微机应用于电梯控制主要在下述几个方面。

(1) 微机用于召唤信号处理，完成各种逻辑判断和运算，取代继电器控制和机械结构复杂的选层器。楼层数据和运行控制程序存入存储器。对不同的层站和不同控制要求，只需更换或改写程序存储器和数据存储器，以及增加相应的输入输出接口硬件插板即可，从而提高了系统的适应能力，增强了控制柜的通用性。

(2) 微机用于控制系统的调速装置，用数字控制取代模拟控制，由存储器提供多条可选择的理想速度指令曲线值，以适应不同的运行状态和控制要求。微机控制可实现调速系统大部分环节的功能，使系统有触点的器件大大减少，设备体积减小。与模拟调速相比，微机控制可实现各种调速方案，便于提高运行性能与乘坐舒适感。

(3) 用于群梯控制管理，实行最优调配，提高运行效率，减少候梯时间，节约能源。

微机控制系统由 CPU（运算器和控制器构成的中央处理器）存储器、输入输出接口等主要部分组成。CPU 主要完成各种召唤信号处理，逻辑和算术运算，安全检查和故障判断，发出控制指令和速度指令等。存储器用于存放各种运行速度指令曲线数据、楼层数据、运行控制程序等。输入输出接口电路用于 CPU 与外围设备或电路的信号传送、电平转换，并通过光电耦合隔离外界干扰。

3. 可编程序控制器（PLC）控制

PLC 是以微处理器为核心的工业控制器。它的基本结构由 CPU、输入输出模块、存储器、编程器等组成。与微机相比，它具有下述主要特点：

（1）编程方便，易懂好学：PLC 虽然采用了计算机技术，但许多基本指令类似于逻辑代数的与、或、非运算，亦即电气控制的触点串联、并联等。程序编写采用梯形图，梯形图与继电接触控制原理图相似，因而编程语言形象直观。

（2）抗干扰能力强，可靠性高：PLC 的结构采取了许多抗干扰措施，输入输出模块均有光电耦合电路，可在较恶劣的环境下工作。

（3）构成应用系统灵活简便：PLC 的 CPU、输入输出模块和存储器组合为一体，根据控制要求可选择相应电路形式的输入输出模块。用于电梯控制时，可将 PLC 看作为内部由各种继电器及其触点、定时器、计数器等电器构成的控制装置。PLC 的输入输出可直接与交流 220 V、直流 24 V 等信号相接，无需再进行电平转换与光电隔离，因而可以方便地构成各种控制系统。

（4）安装维护方便：PLC 本身具有自诊断和故障报警功能。当输入输出模块有故障时，可方便地更换单个插入模块。

（二）电气控制系统主要装置

电梯电气控制由各种电器和电子元件组成。根据元件的作用分为若干个基本线路，如指层线路、定向选层线路等。这些元器件又分别安装在控制柜、操纵箱等装置中。从结构上，电气控制系统由以下主要装置或部件构成。

1. 操纵箱

一般位于轿厢内，常有按钮操作形式或手柄开关形式，它是操纵电梯上下运行的控制中心。操纵箱的结构形式以及所包括的电气元件种类数量与电梯的控制方式、停站层数有关。常用电气元件有以下几种：

(1) 控制电梯工作状态的钥匙开关（手柄或手指开关），如“自动”“检修”“司机”等运行状态控制。

(2) 轿内指令按钮与记忆指示灯。

(3) 开关门按钮。

(4) 上下慢行按钮。

(5) 厅外召唤指示灯。

(6) 停止、电风扇、照明灯开关等。

2. 召唤按钮箱

安装在候梯厅门口，是厅外乘用人员召唤电梯的装置。上下端站分别只设下召唤与上召唤按钮。中间层站设上行与下行召唤两只按钮，基站还设有厅外控制自动开门钥匙开关。

3. 位置显示装置

轿内与厅门指层灯箱，以灯光或数字（数码管或发光二极管等）显示电梯轿厢所在楼层，以箭头灯显示电梯运行方向。有的电梯轿厢内和厅门指层灯分别与轿厢内操纵箱和厅外召唤按钮箱安装在一起。

4. 控制柜

电梯实现各种控制功能的主要装置，安装在机房内。控制柜中装配的电气元件种类、数量、规格与电梯的停站层数、运行速度、控制方式、额定载荷、托运类型等有关。大部分继电器接触器均安装在控制柜中。

5. 换速平层装置

是在电梯运行将到达预定停靠站时，提前一定距离把快速运行切换为慢速运行。平层时，自动停靠的控制装置，由安装在井道和轿厢顶部的隔磁板、磁感应器以及传感器等组成。

6. 轿顶检修箱

安装在轿厢顶，内有控制电梯慢上、慢下按钮，点动开门按钮，轿顶检修转换开关与检修灯开关，停止按钮等电气元件，用于检修人员方便地检修电梯。

7. 限位开关和极限开关等保护装置。

（三）电梯电气控制系统基本电路

电梯控制系统采用继电器等电气元件组成时，有以下电路：

1. 基本线路

（1）轿厢内指令线路。

（2）厅门外召唤线路。

（3）指层线路。

（4）定向选层线路。

（5）启动运行线路。

（6）换速线路。

（7）平层线路。

（8）开关门控制线路。

（9）安全保护线路。

（10）直流梯（G—M 系统）的原动机控制线路等。

2. 运行方式

（1）有/无司机操作。

（2）全集选运行。

（3）下行集选运行。

（4）消防运行。

（5）检修运行。

（6）并联运行等。

二、轿厢内指令线路

轿厢内的操纵箱上对应每一层站设一个带灯的按钮，即为内选按钮。按动其中一个按钮，只要电梯不在按钮所对应的楼层，该按钮灯便亮，称为内指令记忆。

内指令是电梯司机和乘用人员在轿厢内操纵电梯，进行选层定向运行的控制指令。电梯关门运行后，将在亮灯按钮所对应的楼层停靠，并消除该指令，按钮灯熄灭，即消号。

内指令线路包括信号记忆、按钮灯控制、消号三部分。

（一）内指令信号登记与消号

内指令记忆方法常用继电器自锁保持电路。

1. 按钮内指令线路

按钮内指令线路原理图如图 3—13 所示。

这种线路常用于交流梯、直流快速梯等梯型。

2. 触摸按钮内指令线路

如图 3—14 所示，当手触碰到金属触片 *i*CNL 时，感应信号经放大驱动微型继电器 *i*JWN 动作，它起着内指令按钮的作用。

3. 消号方法

内指令信号登记方法大部分梯型均采用自锁线路，直控原理。消号方法比较多，图 3—13 所示为选层器触点直控方式消号，此外还有选层器触点旁路方式消号等方法。

（二）内指令记忆灯（按钮灯）控制

采用内指令继电器 *i*JNL 的常开触点控制。当 *i*JNL↑→指令登记，按钮灯亮；当 *i*JNL↓→指令消号→，按钮灯熄灭，如图 3—15 所示。

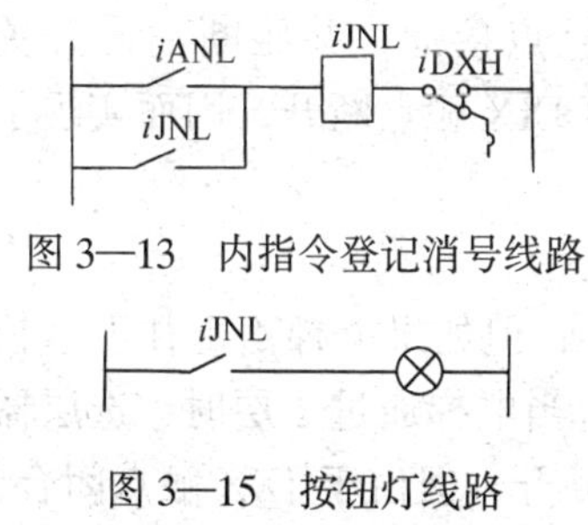

图 3—13　内指令登记消号线路

图 3—15　按钮灯线路

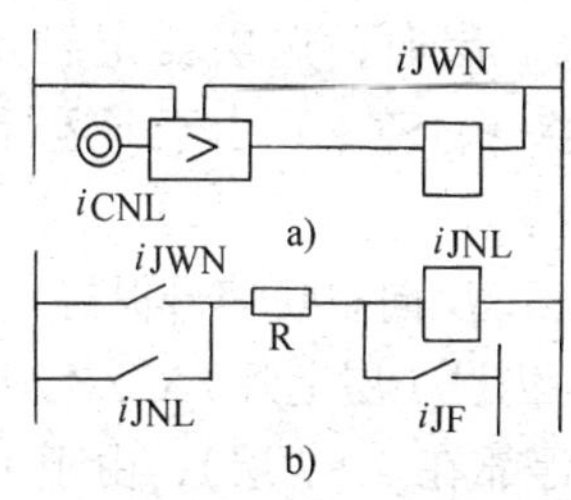

图 3—14　触摸按钮线路

三、厅召唤线路

乘用人员按动设在电梯候梯厅召唤按钮箱上的按钮，发出使电梯上行或下行响应召唤服务的召唤信号。

每个按钮在电气线路上对应接入一个继电器，分别称为第 i 层的上呼（上召唤）继电器 iJSZ 和下呼继电器 iJXZ。其作用是分别对上、下厅召唤信号进行登记。

(一) 厅召唤信号登记、消号、反向保持线路

线路如图 3—16 所示，具有厅召唤信号登记、选层器消号、反向召唤信号保持和直驶等功能，常用于集选控制、有司机乘客电梯。

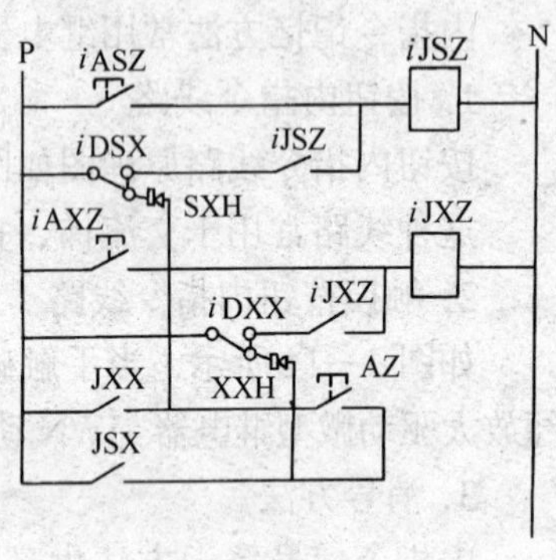

图 3—16　厅召唤信号登记、消号、反向保持线路

1. 召唤信号登记

如在第 i 层按上呼按钮 iASZ↑→iJSZ↑，只要此时轿厢不在该层，iDSX 选层器上行消号开关仍闭合，通过 iJSZ 触点实现自锁，完成上召唤信号登记。

2. 消号

如电梯停在 j 层（$j<i$），现响应上召信号，从下向上运行，上运行继电器 JSX↑，而下运行继电器 JXX 状态不变。当电梯到达 i 层时，选层器定触点与动触点接通，并压断消号开关 iDSX→iJSZ↓，由于下运行继电器 JXX 触点断开，因而实现了消号。

3. 反向召唤信号保持

仍设 i 层上呼 iASZ↑→iJSZ↑，但如果电梯由上往下运行（原停靠在 $j>i$ 层），由于 JXX↑，当电梯通过 i 层时，选层器动触点与静触点接通，并使 iDSZ 断开。但由于 JXX 触点闭合，

构成 JXX→SXH→iJSZ 通路，使 iJSZ 保持吸合，i 层上召信号保持。

这一集选功能是通过上运行继电器、下运行继电器（有的线路为上行、下行方向继电器）与选层器触点配合而实现的。

4. 直驶（所有召唤信号保持）

当电梯需直驶通过某层站而不停靠时（顺向召唤信号与反向召唤信号均不响应），该层厅召唤信号应保持。这一过程通过直驶按钮实现。

当直驶按钮 AZ↑，不管此时电梯是上行还是下行，只要 JXX 或 JSX 有一触点闭合，通过选层器触点 SXH 与 XXH，就可使 iJSZ 或 iJXZ 原已吸合的继电器在 iDSX 或 iDXX 断开时仍维持吸合，使所有厅召唤信号保持，而不被消号。

5. 本线路特点

(1) 通过上、下召唤继电器及其触点实现召唤信号登记。

(2) 选层器消号开关完成消号。

(3) 上、下运行继电器保持反向召唤信号。

(4) 直驶按钮保留所有上、下召唤信号。

(二) 触钮厅召唤线路

图 3—17 所示为采用触钮召唤方式的直流梯厅召唤线路。除了图 3—14 所示采用微型继电器触点取代召唤按钮，以及使用上、下方向继电器触点保持反向召唤信号外，工作原理上同样具有召唤信号登记、消号、反向召唤信号保持、直驶等控制功能。

(三) 楼层继电器消号的厅召唤线路

本线路通过楼层继电器触点消号。如图 3—18 所示，电梯的运行方式是顺向响应召唤信号。

1. 召唤信号登记

i 层上召，iASZ↑→iJSZ↑→，自锁保持。

2. 消号

当电梯上行应召服务时，上行方

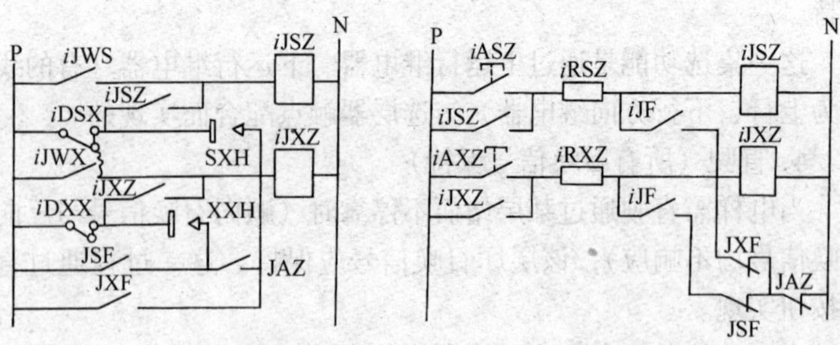

图 3—17　触钮厅召唤线路　　　图 3—18　楼层继电器消号厅召唤线路图

向继电器 JSF↑，而下行方向继电器 JXF 状态不变，其常闭触点仍闭合。电梯上行到 i 层，楼层继电器 iJF↑→iJF 触点闭合。P→iJSZ→iRSZ→iJF→JXF→JAZ 构成通路，上召唤继电器 iJSZ 被旁路，iJSZ↓→iJSZ 触点断开，完成消号。

3. 反向召唤信号保持

在上行时应保留厅下呼信号，下行时保留上呼信号。如 i 层厅外上呼，iASZ↑→iJSZ↑，设电梯从 $j>i$ 层下行，由于 JXF↑→常闭触点断开，当通过 i 层时，iJSZ 保持吸合，上召唤信号保持。同理，上行时，可保留下召唤信号。

4. 直驶

当 AZ↑→JAZ↑→常闭触点断开，不管是上召唤还是下召唤，旁路通道均断开，iJSZ 或 iJXZ 继电器不被旁路，保持吸合状态，所有召唤信号保持。

5. 线路特点

（1）上、下召唤继电器及其触点实现上、下召唤信号登记。

（2）楼层继电器触点消号，采用旁路原理，需接入限流电阻 iRSZ 与 iRXZ。

（3）上、下方向继电器触点保持反向召唤信号。

（4）直驶继电器触点断开旁路通道，保持所有召唤信号。

（四）厅召唤与轿内指令组合线路

这是一个厅召唤与轿内指令合一线路，其特点是省略了内指令继电器。根据电梯运行方向，通过下行继电器 JXF 触点，分别用上呼或下呼继电器进行内指令登记。厅上召唤、下召唤信号仍分别用 *i*JSZ、*i*JXZ 登记，线路如图 3—19 所示。下面简要分析其工作原理。

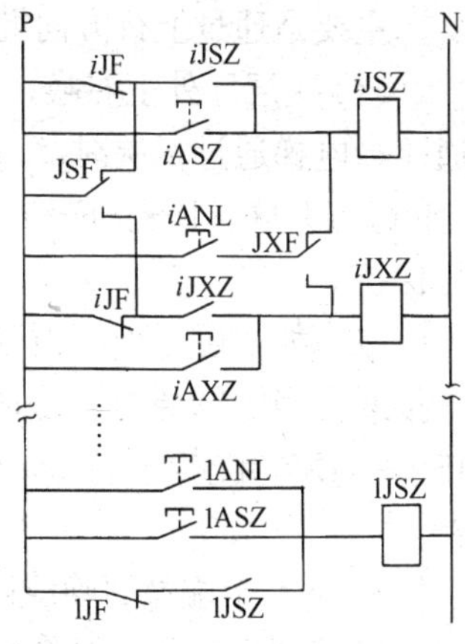

图 3—19 厅召唤与内指令组合线路

1. 厅召唤信号登记

如有上召唤，*i*ASZ↑→*i*JSZ↑→触点闭合，通过 P→*i*JF→*i*JSZ→*i*JSZ→N 自锁。

如有下召唤，*i*AXZ↑→*i*JXZ↑→触点闭合，并通过 P→*i*JF→*i*JXZ→*i*JXZ→N 自锁。

2. 内指令登记

轿内按内指令按钮 *i*ANL 后：

（1）如电梯停靠在某层或正处于上行，下行方向继电器 JXF 触点向上接通，*i*ANL↑→*i*JSZ↑→自锁，通过 *i*JSZ 继电器进行内指令登记。

（2）如电梯正处于下行，JXF 触点向下接通，*i*ANL↑→*i*JXZ↑→自锁，通过 *i*JXZ 继电器进行内指令登记。

3. 消号

消号由楼层继电器触点断开自锁通路来实现。

电梯顺向应召服务；如 *i* 层厅召唤，电梯上行，JSF↑，其触点向下接通，到 *i* 层时，*i*JF↑→*i*JF 触点断开，*i*JSZ 自锁通路，完成消号。同理电梯下行响应 *i* 层厅下召时，到 *i* 层 *i*JF↑→*i*JF触点断开，*i*JXZ 自锁通路，完成消号。

4. 反向召唤信号保持

主要是通过上行方向继电器 JSF 触点实现。

(1) i 层厅外上召唤，电梯由 $j>i$ 层下行，JSF 触点向上接通。当电梯通过 i 层时，iJF↑→触点断开。但由于 JSF 触点与 iJF 触点并联，P→JSF→iJSZ→N，形成自锁通路，上行召唤信号保持。

(2) 如 i 层厅外下召唤，电梯由 $j<i$ 层上行，JSF 触点向下接通。当电梯通过 i 层时，iJF↑→触点断开，但仍形成 P→JSF→iJXZ 触点→iJXZ→N 自锁通路，厅外下召唤信号保持。

5. 下、上端站召唤线路

下端站只有厅上召唤按钮，与其内指令按钮并联，通过同一继电器 iJSZ 进行信号登记。同时上端站厅下召唤按钮与内指令按钮并联，通过同一继电器 iJXZ 进行信号登记。

上、下端站均没有反向召唤信号保持问题。

消号，通过楼层继电器 1JF 触点断开自锁通路来实现。

6. 线路特点

(1) 根据电梯的运行方向，通过下行方向继电器 JXF 触点，分别由 iJSZ 或 iJXZ 继电器进行内指令登记。

(2) 由上行方向继电器 JSF 触点进行反向召唤信号保持。

内指令与厅召唤线路部分应掌握的基本概念和方法是：召唤信号登记、消号、反向召唤信号保持、直驶（保持所有召唤信号)、信号灯控制、两端站特殊召唤线路等。

四、定向选层线路

电梯的运行方向由曳引电动机的旋转方向决定，改变电动机旋转方向，即改变了电梯的运行方向。电动机旋转方向由定向电路决定。不同拖动类型的电梯，其曳引电机旋转方向改变的方法是不一样的。

(一) 交流电动机拖动电梯

通过改变交流电动机三相定子绕组中的两相电压相序（即任意对调定子绕组两根接线），使定子产生的交流旋转磁场方向变化，转子旋转方向改变。常采用上、下行方向继电器触点控制上、下行接触器，使定子绕组电压相序改变。如图 3—20 所示，CSX 闭合电梯上行，CXX 闭合（CSX 释放）电梯下行。

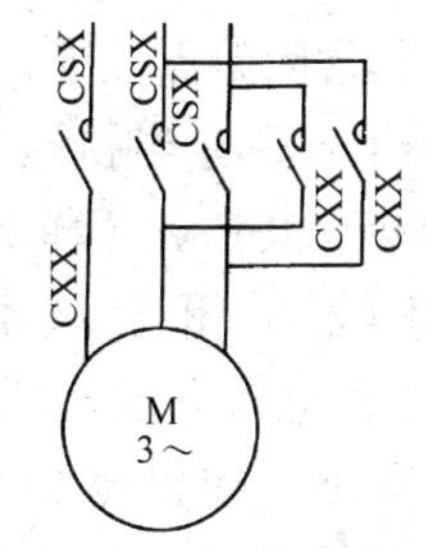

图 3—20　交流电动机改变旋转方向

（二）司机操纵定向选层线路

图 3—21 所示为有司机操纵信号控制的电梯定向选层线路，其主要特点是通过内指令继电器与楼层继电器进行自动定向，是一个比较简单和基本的线路，其主要功能如下：

1. 自动定向

当电梯停在某层时，该楼层继电器吸合，两个常闭触点均断开，如其他层有指令时，可自动选定上行或下行方向。

（1）电梯停在上端站或下端站：如电梯停在一层，1JF↑→，其两个常闭触点断开，使 JXF 所在的下行方向支路断开。当不管是哪一层有指令时，如 iJNL↑，形成 P→iJNL→iJF→（i+1）JF→…→nJF→JXQ→CXX→JXF→JSF→N 通路，JSF↑，选上行方向。

同理，如电梯停在上端站 n 层，nJF↑，断开上行方向支路，当任意层有指令时，JXF↑，自动定下行方向。

（2）电梯处在中间层站时：由召唤指令先后决定电梯运行方向。

如电梯在 i 层，iJF↑，常闭触点断开。当 $j>i$ 层有指令时，如（i+1）JNL↑，由于 iJF 触点断开，只能使 JSF↑，定上行方向。

假设 $i-1$ 层亦有指令，（$i-1$）JNL↑，但由于 JSF 已吸合，

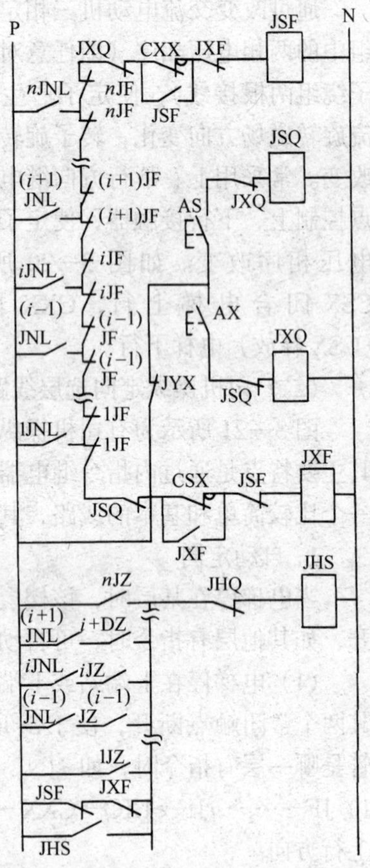

图 3—21　定向选层线路 1

通过其常闭触点互锁，JXF 不能吸合。只有当执行完上召唤指令，JSF↓（释放），其常闭触点闭合，才能使 JXF↑，电梯下行应召。

同理，如果电梯停靠站下方先有指令，则先下行服务，再上行应召。

2. 司机定向优先

图中 AS、AX 分别为司机上、下定向按钮，JSQ、JXQ 为司机上、下启动继电器。

（1）电梯停靠时才能进行司机定向：如果电梯正在运行，运行继电器 JYX↑，常闭触点断开，AS、AX 不起作用。当电梯停车后 JYX 释放，AS、AX 可起作用，如 AS↑→JSQ↑。

（2）司机定向对召唤指令具有优先权：如果电梯已定上行方向，JSF↑，但未关门启动运行，此时司机按 AX↑→JXQ↑→，其常闭触点使JSF↓，可优先选下行方向。

3. 选层

选层是指在有轿内指令或厅召唤信号情况下，电梯根据所处位置和运行方向由控制方式（如集选功能等）选择停靠站，并发出换速信号。

最基本的控制方式是，当某层有指令信号，且电梯将运行到该层时，发出换速停车信号。因而只有具备了既有指令信号，又有位置信号时，才能选层换速停车。

本线路是通过 i 层内指令继电器触点 iJNL 与 i 层信号继电器触点 iJZ 串联实现选层换速的。当运行到（$i-1$）层时，（$i-1$）JZ↑→JHS↑，发出换速信号并自锁。JHQ 为换速消除继电器，电梯停车后使 JHS 释放，为下次选层换速做准备。

4. 无方向换速

无方向换速是指在电梯运行过程中，由于人为或其他原因使召唤指令信号（包括内指令与厅召唤）全部消失，此时电梯应立即进行换速，并在就近层停靠。

在此是通过 JSF 与 JXF 常闭触点串联实现的。当 iJNL↓（$i=1, \cdots, n$），JSF↓或 JXF↓，常闭触点闭合，变为无运行方向状态，使 JHS↑，发出换速信号。

5. 上、下端站换速

只要电梯运行至上端站 nJZ↑，或下行至下端站 1JZ↑，不管有无指令，均进行换速。

6. 线路特点

（1）按召唤（指令）先后自动选定运行方向。

（2）顺向召唤可自动响应服务，选层换速。

（3）执行完同向指令后，自动执行反向召唤指令。

（4）司机定向优先。

（三）选层器定向选层线路

图 3—22 所示为采用选层器进行定向和换速的线路。该线路具有“有/无司机”操作功能，通过轿厢内操纵箱上的钥匙开关或转换开关进行选择。

1. 有司机操作

司机继电器 JSJ↓，图中 JSJ 触点断开。

（1）定向

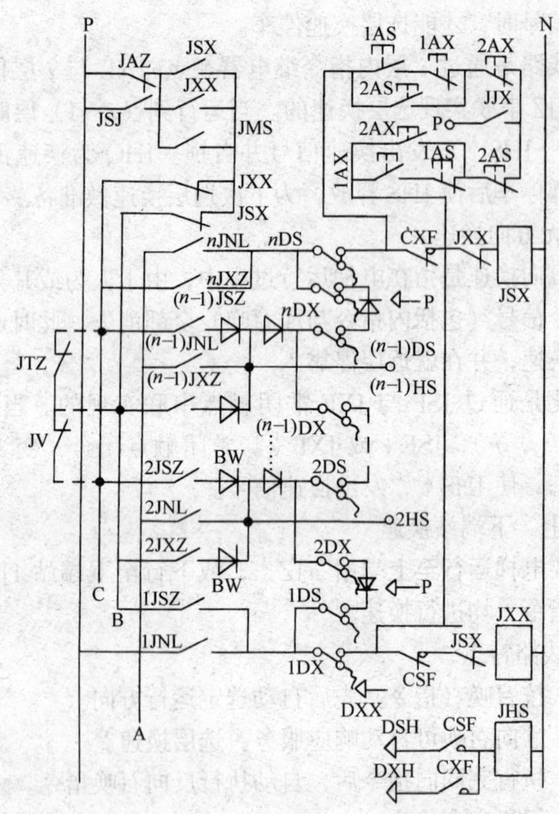

图 3—22 定向选层线路 2

1）司机定向：当轿厢停在某一层（如 $n-1$ 层）时，则第（$n-1$）层的定向触点（$n-1$）DS、（$n-1$）DX 断开。当按下 iANL↑→iJNL↑，如果 $i<n-1$，则 JXX↑，选下行方向；如果 $i>n-1$，则 JSX↑，选上行方向。如果 2JNL↑，则通过 P→2JNL→2DX→1DS→1DX→CSF→JSX→JXX 支路使 JXX↑，定下行方向。

2）厅召唤定向：当轿厢停止时，如没有关门，门锁继电器JMS↓，图3—22中触点断开，JSX↓，JXX↓，此时上召唤与下召唤定向支路断开，厅召唤不能定向，由内指令进行定向。只有当关门JMS↑，上、下召唤支路通过厅上、下召唤继电器iJXZ或iJSZ触点形成定向通路，其原理同司机定向。

当电梯运行时，方向已定，由于JXX与JSX互锁，厅召唤不能定向，但可用于顺向截梯（见后述）。

（2）选层换速：当i层有内指令时，不管电梯上行还是下行，当经过i层时，均要换速停靠。假设（$n-1$）层（$n-1$）JNL↑，则通过P→（$n-1$）JNL触点，使（$n-1$）HS换速触点带电。如电梯上行，选层器滑动装置也上升，CSF↑，上行换速炭精块在轿厢接近（$n-1$）层时，DSH与（$n-1$）HS换速触点提前接触，换速继电器JHS↑，发出换速停车信号。同理，当电梯下行时，下行换速炭精块DXH提前与i层换速触点iHS接通，JHS↑。

（3）顺向截梯：厅召唤信号具有顺向截梯功能。所谓顺向截梯，是指与电梯运行方向相同的厅召唤信号使电梯到达有召唤的层站时，换速停车。如设电梯上行，且（$n-1$）层厅上召（$n-1$）JSZ↑，由于JSX↑，JXX↓，常闭触点仍闭合，上行换速支路通过P→JAZ→JSX→JXX常闭触点→（$n-1$）JSZ→（$n-1$）HS，使（$n-1$）层换速触点（$n-1$）HS提前接通，JHS↑，发出换速信号。

而对厅下召唤信号（$n-1$）JXZ触点虽然闭合，但换速支路断开，（$n-1$）HS不带电，所以电梯对反向信号暂不应召，仍继续上行。在执行完同向召唤信号后，再执行反向召唤指令。

各层换速点与定向触点之间串接了隔离硒堆，其作用是保证未选楼层的换速点不带电，以免造成错误换速。

（4）直驶：当按下直驶按钮，AZ↑→JAZ↑→，其常闭触点断开，厅外呼梯信号都不能使选层器的换速触点带电（除上、下端站外）。图 3—22 中，竖线 A、B、C 分别表示内指令、厅下行召唤、厅上行召唤定向换速支路的一部分。当直驶时，B、C 支路均由于 JAZ↓而断开，因此轿厢通过有厅召唤信号的楼层时，不进行换速停车，直驶而过。

但内指令定向换速支路（A 线）仍导通，按内指令信号，换速停车，而外召唤信号仍保持。

（5）检修运行定向：当检修继电器 JJX↑，图 3—22 中其触点闭合，通过 1AS、2AS 或 1AX、2AX 可进行上、下定向运行。

2. 无司机操作（自动运行）

JSJ↑，其触点闭合，除无直驶功能外，同样具有上述各项功能。此外，可进行厅召唤自动定向。

当无司机操作时，电梯具有自动关门功能。当无内指令定向运行，电梯待机时，自动关门，JMS↑，触点闭合，通过 JSJ—JMS—JXX 或 JSX 使厅上、下召唤定向换速支路带电。当有厅上召唤或下召唤时，自动定向。如电梯在下端站待机，$(n-1)$JXZ↑，通过 P→JSJ→JMS→JSX，并通过 $(n-1)$JX2→$(n-1)$DS→nDX→nDX→CXF→JXX→JSX，使 JSX↑，定上行方向，并使 $(n-1)$HS 带电。电梯运行至 $(n-1)$ 层，DSH 与 $(n-1)$HS 接通。发出换速信号，平层停靠，自动开门，然后再由内指令或厅召唤决定运行方向。

3. 线路特点

（1）通过选层器定向触点 iDS、iDX 与 DXX 进行定向，换速触点 iHS、DXH 选层换速。

（2）可分为内指令、厅上召唤、厅下召唤三条定向换速通路。内指令通路直接与 P 端连接，不受运行状态限制，定向、换速优先。当上行时 JSX↑，其常闭触点断开，厅下召唤通路断开，只能对上召唤信号进行换速停靠。同理，下行时 JXX↑，其常闭触点断开，厅上召唤通路断开，只能对上召唤信号进行换速停靠。即只有顺向截梯功能，无反向截梯功能。

如在一定条件下将厅上、下召唤定向换速通路连接，即可实现反向截梯。

(3) 由门锁继电器 JMS、司机操作继电器 JSJ 可实现自动开门、关门，自动定向、换速，顺向截梯等无司机操作运行。

(四) 有/无司机操作定向选层线路

本线路具有“有/无司机”操作功能。当选择有司机操作时，无司机继电器 JWS 释放，如图 3—23 所示状态。当自动运行 (无司机操作) 时，使 JWS 吸合。

1. 有司机操作

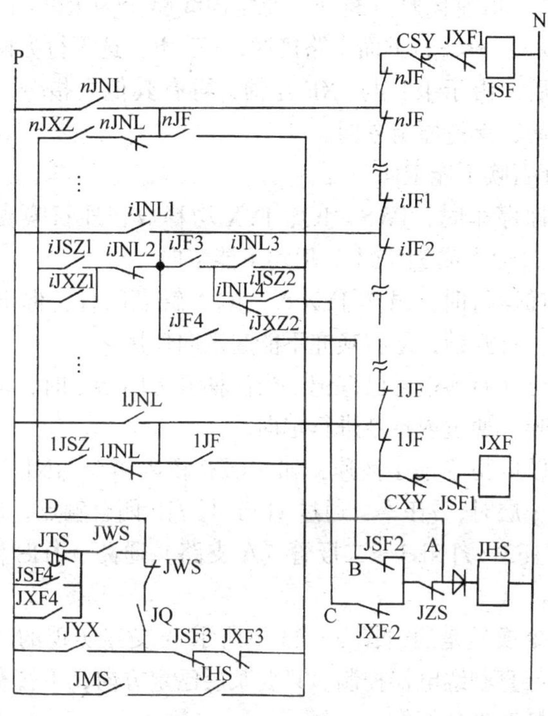

图 3—23　定向选层线路 3

（1）定向：有司机操作时，JWS 释放，常开触点断开。停车时，启动继电器 JQ 释放，运行继电器 JYX 释放，两者的触点均断开。因而图 3—23 中左下角部分线路均处于开路状态，此时定向原理与图 3—21 基本相同。

1）轿内指令定向：当电梯停靠在某层时，该层的楼层继电器 JF 吸合，其在上、下方向继电器支路上的常闭触点断开。如电梯停在 1 层，1JF↑，其两个常闭触点断开，此时不管哪一层有内指令，均不能使下行方向继电器 JXF 吸合。如 iJNL↑，则通过 iJNL→iJF→$(i+1)$JF→…→nJF→CSY→JXF→JSF↑，定上行方向。一般情况，如电梯停靠在 i 层，j 层有内指令 jJNL↑，由于 iJF↑，其常闭触点断开，使定向线路分为 JSF 与 JXF 上、下两部分。当 $j<i$，下面支路接通，JXF↑，选下行方向。

定向后，由于 JSF 与 JXF 互锁，再有其他内指令，不能再选其他方向，保持原定方向。

2）厅召唤不能定向

①电梯停车时，JWS、JQ、JYX 均释放，外召唤支路不通电，虽然 iJSZ↑或 iJXZ↑，但均不能定向。

②电梯运行时，虽然 JYX↑、JQ↑触点闭合，但电梯运行方向已定，且互锁，厅召唤亦不能起定向作用。

③由于厅召唤信号已登记，当停梯且无内指令时，可由司机根据厅召唤并通过内指令进行定向。

（2）轿内指令选层换速：如 i 层有轿内指令 iJNL↑，当电梯运行至 i 层时，iJF↑，通过 iJNL 与 iJF 闭合触点，形成 P→iJNL1→iJF3→iJNL3→二极管（A 支路）通路→JHS↑，发出换速信号。

内指令换速是通过图 3—23 中所示 A 支路实现的，不受方向继电器与直驶继电器控制。只要某层已定方向，不管有无直驶要求，均换速平层停靠。

（3）顺向截梯：有司机操作状态下，厅召唤信号不参与定向，但可实现顺向截梯功能。

电梯运行时，JYX↑，JQ↑，图 3—23 中 D 支路接通可起作用。如电梯从下面向上运行时，i 层有厅上召，iJSZ↑。当电梯将到达 i 层时，iJF↑，通过 P→JYX→JQ→JWS→iJSZ1→iJNL2→iJF3→iJNL4→iJSZ2→JXF2→JZS→JHS↑，发生换速信号，实现顺向截梯。

如果电梯由上向下运行，i 层仍为厅上召，iJSZ↑，但由于 JXF↑，JHS 支路的 JXF2 常闭触点断开，因而不能换速停车，即不能进行反向截车。

如果电梯下行时，i 层有厅下召唤，iJXZ↑，则通过 P→JYX→JQ→JWS→iJXZ→iJNL2→iJF4→iJXZ2→JSF2→JZS→JHS↑，为下行下召顺向截梯。

当厅召唤信号（上召唤或下召唤）与电梯运行方向相同时，为顺向截梯，可进行换速停靠，当厅召唤信号与电梯运行方向相反时，为反向截梯，本线路不能进行换速。图中 C 支路为上行顺向截梯换速通路，B 支路为下行顺向截梯换速通路，A 为内指令换速通路。

（4）直驶功能：当轿内满载或其他原因，在有司机操作时，如不想让厅召唤信号使电梯在某层停靠，可进行直驶。当按“直驶”按钮时，JZS↑，常闭触点断开，厅召唤上、下行换速，通路 C、B 均断开，因而厅召唤不能进行截车换速。但 A 支路始终接通，电梯根据内指令换速停靠。

2. 无司机操作

（1）具有上述有司机操作的四项主要功能：轿内指令定向、内指令换速、顺向截梯、直驶。因为无司机操作状态 JWS↑，图3—23 中 JWS 常开触点闭合，在停车和运行时，D 支路均接通。

停车时，停车时间继电器 JTS 释放，其触点闭合，由 JTS→JWS 形成 D 通路。

运行时，JSF4、JXF4之一闭合，作用如同JYX→JQ→JWS支路，同样可起顺向截梯的作用。

(2) 厅召唤定向：由于JWS↑，其常开触点闭合，当无其他召唤信号而停车时，停车继电器JTS释放，触点常闭，因而支路D可以形成厅召唤信号定向通路。

如电梯停在一层，1JF↑，其常闭触点断开JXF支路。当上面有厅召唤，如 i 层厅下召，iJXZ↑，通过P→JTS→JWS→iJXZ1→iJNL2→iJF1→…→nJF→CSY→JXF1→JSF↑，定上行方向。

同理，如电梯在上面楼层，其下有厅召唤，电梯可定下行方向。

(3) 厅召唤信号换速：由于运行时下面D支路接通，电梯可根据厅召唤顺向截车，换速停车。

如 i 层上召，iJSZ吸合，当电梯上行将到达 i 层时，通过P→JSF4→JWS→iJSZ1→iJNL2→iJF3→iJNL4→iJSZ2→JXF2→JZS→JHS↑，发出换速信号。

(4) 反向截梯及无方向换速：电梯停靠在一层，1JF↑，当只有 i 层厅下召 iJXZ↑，通过P→JTS→JWS→iJXZ1→iJNL2→iJF1→…→nJF→CSY→JXF1→JSF↑，定上行方向。

电梯上行将至 i 层，iJF↑，iJF1断开JSF支路，JSF↓，JSF2闭合，通过P→JSF4→JWS→iJXZ1→iJNL2→iJF4→iJXZ2→JSF2→JZS→JHS↑。如JSF4断开，则通过P→JYX→JSF3→JXF3→JHS↑，无方向换速。

(5) 最远反向截梯：同上面情况，电梯停在下面某层，i 层厅下召唤 iJXZ↑，如上面同时还有其他厅下召唤信号，nJXZ↑，电梯选上方向，并向上行运行。当到达 i 层时，虽然 iJF↑，但由于 nJXZ↑，使JXF继续保持吸合，通过P→JSF4→JWS→iJXZ→iJNL→iJF→CSY→JXF1→JSF↑，JSF2断开，下召唤换速通路断开。因而电梯在 i 层不进行换速，继续上行。只有当运行至最远的反向召唤楼层时，nJF↑，常闭触点才断开，JSF↓，换速通路接通，发出换速信号。

同理，如电梯在上面楼层停靠时，下面同时有多个厅上召信号，电梯将先响应最下层的上召信号，然后再上行，顺向响应各层厅上召唤信号。

(6) 反向截梯轿内指令优先：停车时间继电器 JTS 在电梯运行时吸合，其常闭触点断开，换速停车继电器 JTS 释放，图 3—23 中触点延时闭合时，其整定时间为开门后延时几秒钟，JTS 触点再闭合。

启动继电器 JQ 运行时吸合，换速时释放，其触点断开。因而，从电梯开始换速到开门后几秒钟这段时间内，JTS、JQ 触点断开，D 支路断开，全部外召唤信号均不起定向作用。这时可由轿内指令确定电梯的运行方向，称为轿内指令优先。

如电梯在 i 层停靠时，n 层厅下召唤 nJXZ↑，但如在 JTS 触点闭合前，司机或乘用人员轿内先按内指令，则由内指令定向而厅召唤 nJXZ 信号不能先定向，如 1JNL↑→JXF↑定下行方向。

内指令定向优先的前提条件是：

1) 按内指令按钮时，已无其他内指令信号登记，JSF、JXF 释放。

2) JTS、JQ 断开厅召唤定向支路。

本线路还有无方向换速的功能，如在运行中，由于某种原因使召唤信号消失，JSF↓，JXF↓，通过 P→JYX→JSF3→JXF3→JHS↑→N，发出换速信号。线路的特点主要有轿内指令定向优先，最远反向截梯等。

（五）反向召唤截梯线路

图 3—24 所示反向召唤截梯线路与图 3—22 结合，可构成具有反向截梯的定向选层线路。

图 3—24 中 XD 反向截车换速触点，其先于 HS 接通。如上行至 i 层时，iXD 断开，然后 iHS 与 DSH 接通。

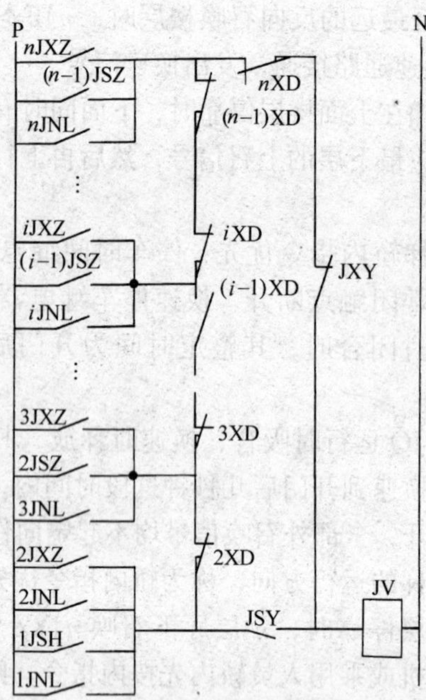

图 3—24 反向召唤截梯线路图

1. 反向截梯

如电梯在 1 层，i 层厅下召唤 iJXZ↑，从图 3—22 所示，1JSX↑，确定上行方向，电梯上行。由于运行继电器 JTZ↑，其触点断开，通过 iJXZ→iXD→…→($n-1$)XD→nXD→JXY→JV↑。常闭触点断开，所以 i 层换速触点不带电。只有当电梯运行将到达 i 层时，iXD 才断开，如无其他召唤信号，JV↓，触点闭合，则通过 P→JAZ→JMS(JSX)→JXX→JV→iJXZ→iHS 通电。当 DSH 与 iHS 接通时，发出换速信号(图 3—22 中没有画出 i 层线路，可设 $i=n-1$ 层分析)。

同理，对下行上召，如电梯下行，2 层上召 2JSZ↑，通过 2JSZ→2XD→JSY→JV↑。当运行将至 2 层时，2XD 断开，JV↓，其触点闭合，使 2HS 带电，当 DXH 与 2HS 接通时，发出换速信号。

2. 最远反向截梯

如$(n-1)$层厅下召，$(n-1)$JXZ↑，电梯上行，通过$(n-1)$JXZ→$(n-1)$XD→nXD→JXY→JV↑。$(n-1)$HS不带电。如运行将至$(n-1)$层时，$(n-1)$XD断开，如果此时n层还有召唤，nJXZ↑，虽然$(n-1)$XD断开，但通过nJXZ→nXD→JXY→JV↑，继续吸合，其触点仍断开，$(n-1)$HS不能带电。当DSH与$(n-1)$HS相接时，支路不通电，不能换速。只有当继续上行至n层，nXD断开，JV释放，触点闭合，才发出换速信号。即为最远反向截梯。

同理，下行上召时，先运行至最下层的有召唤信号楼层，再上行顺向响应上召信号。

五、运行速度控制线路

电梯运行速度控制包括启动升速、匀速运行、减速平层三个主要过程。这部分介绍电梯的换速线路。

（一）运行速度曲线

1. 开环控制与闭环控制

自动控制系统有开环控制与闭环（反馈）控制两种主要方式，如图3—25所示。电梯的运行速度通过换速线路控制，可进行开环调节或闭环调节。

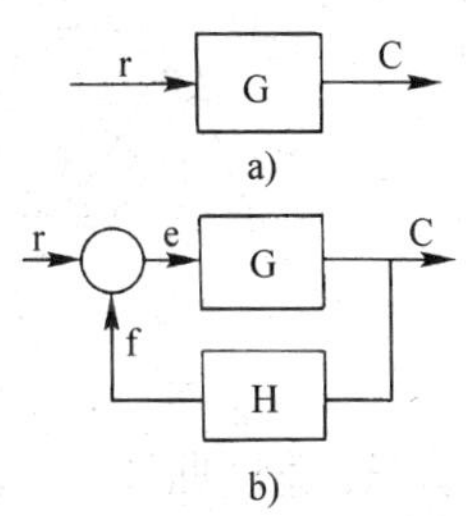

图3—25 自动控制系统

a）开环控制 b）闭环控制

开环调速系统，是给定一个参考输入（速度指令）信号后，系统将在输入信号控制下使被控制对象G的输出按输入要求运行。电梯的被控对象是曳引电动机转速，即轿厢运行速度。由于外界干扰影响，或被控对象参数变化，往往使输出不能完全按输入信号变化，有时误差较大。

运行速度要求较高的系统，常采用闭环控制。闭环系统增加了反馈回路，在比较器中将反馈信号f（反映系统的实际运行情况）与输入信号r进行比较，如有误差，误差信号e将控制系统的输出 c 跟随输入信号变化，最终消除或减小误差。如直流梯的励磁闭环调速系统，晶闸管调速系统等，闭环控制使电梯按照给定的速度指令运行。

2. 运行速度指令曲线

电梯按照速度指令曲线运行。根据运行速度和距离情况，电梯可有不同的运行速度指令曲线。

快速梯和高速梯在长距离运行（如双层以上）时，速度可达到额定值（稳定值），如图 3—26a 曲线 1。在短距离运行（如单层运行）时，由于运行距离短，没有足够的时间使速度上升到稳定值就开始换速，如图 3—26a 曲线 2、3。电梯的判断电路，通过检测运行速度，判断是单层（短矩）运行，还是多层（长距）运行，然后通过改变换速点及速度指令修正。如图 3—26b，曲线 1 用于长距运行，曲线 2 用于短距运行，使短距运行时达到稳定速度的时间及稳速值均较小，这样短距离运行时也有稳定过程，提高了乘坐舒适感和运行效率。

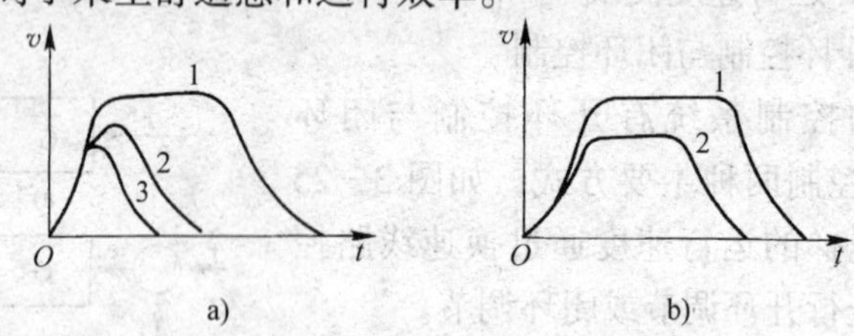

图 3—26　运行速度指令曲线

3. 速度曲线

图 3—27 所示为交流电梯的一种典型运行速度曲线，采用变极调速和涡流制动。

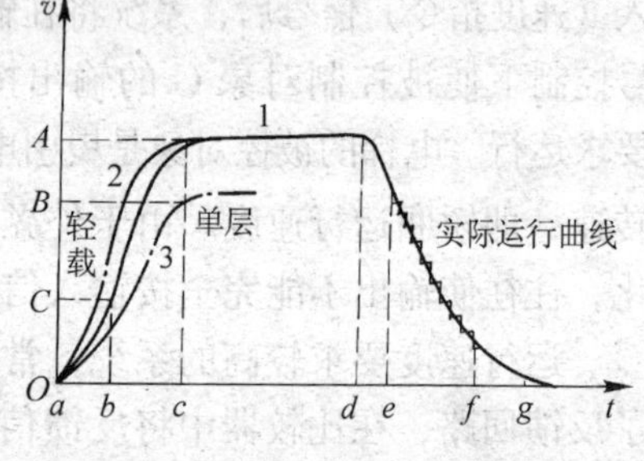

图 3—27　交流电梯运行速度曲线

图中曲线 1 为长距运行速度曲线，曲线 3 为短距（单层）运行速度曲线，曲线 2 为轻载运行曲线。A 值为 4 极额定运行速度，B 值为 6 级（多极数）额定运行速度。C 值为 6/4 极切换（由多极数切换为少极数，升速运行）点。O—a 段为关门启动；b 点为极对数切换；c 点为稳速运行；d 点为一相断电；e 点为三相断电；$e-f$ 段为涡流制动控制，在这一过程中不断检测实际运行速度，并与给定速度指令比较，如高于给定值，则加大涡流，反之减小涡流，通过调节涡流导通角，控制减速制动过程；f 点为提前开门；g 点为平层抱闸。

（二）交流双速电梯速度控制

1. 交流双速电梯速度控制

（1）交流双速电梯调速原理：由电动机原理知道，交流电动机的同步转速 $n_o=60f/P$。

P 为定子极对数，f 为电源频率。

转子旋转速度 n 低于磁场旋转速度 n_o，速度差（n_o-n）与 n_o 之比的百分值为转差率。

$$n=(60f/P)(1-S)$$

$$S=(n_o-n)/n_o\times 100\%$$

由此可知，对固定电源频率 f，电动机的转速与定子绕组的极对数 P 成反比。极对数越多，转速越慢。改变 P 也就可以改变电动机的转速。

（2）改变电动机定子绕组极对数是整数增减，因而这种调速方法是有级调速，不是连续调速。改变极对数涉及到定子结构，不易实现多级调速。最常用的为两级调速，只改变一次定子极对数，即为双速电动机，还有实现三级调速的三速电动机。

（3）改变定子绕组极对数的方法

1）电动机有两套定子绕组（快速绕组和慢速绕组）：快速绕组通常有 6 极、4 极等；慢速绕组有 24 极、16 极等，快、慢速比为 4∶1；另外还有 6/4 极对数切换等。

2）单绕组：通过改变绕组内部接法，实现变极数。每相定子绕组中间有多个抽头，以组合不同的接法。

两种改变定子绕组极对数的方法如图 3—28 所示。

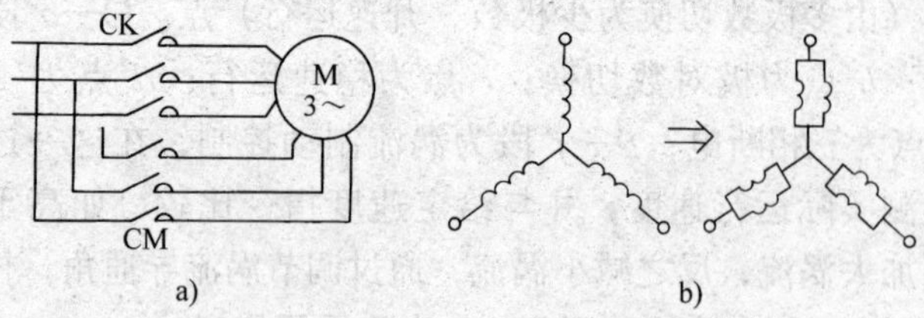

图 3—28　交流双速电动机变极数原理

a）两套定子绕组　b）单绕组改变接法

2. 交流双速电梯运行过程

交流双速电动机为有级调速。如果用它直接拖动轿厢，必然会在换速时产生剧烈振动。为了改善乘坐舒适感，常采用串电阻、电抗启动，以及涡流制动、能耗制动等方法。

交流双速电梯运行过程是：启动绕组（慢速）加缓松机械抱闸启动，切换到工作（快速）绕组，升速至稳定速运行，切断曳引电动机三相电源，涡流制动控制，平层抱闸。或以快速绕组串电阻电抗启动，切除电阻电抗升速至稳速运行，以慢速绕组串电阻电抗切换为低速运行，逐级切除电阻、电抗减速，停车。

3. 快、慢速绕组切换线路

图 3—29a 所示为基本启动控制线路，图 3—29b 所示为快速与慢速控制线路。

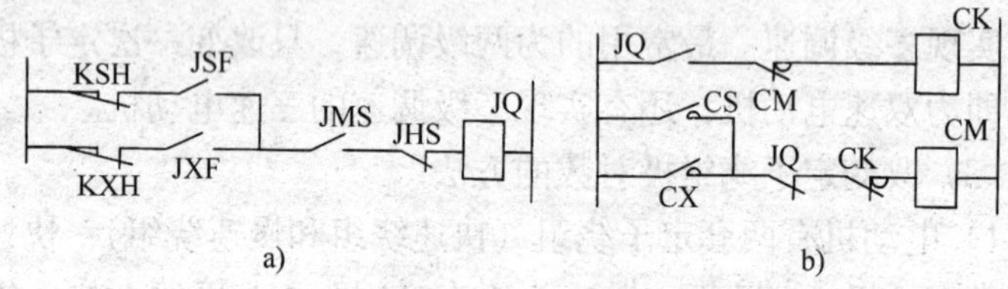

图 3—29　交流双速电梯速度控制线路

a）启动线路　b）快、慢速线路

（1）启动：JQ 为启动继电器，当满足下述条件时：

1）定向后，JSF 或 JXF 之一触点闭合。

2）关好门，门联锁继电器 JMS 触点闭合。

电梯启动，JQ 吸合，CK 吸合接通快速绕组，电动机以快速绕组启动（如需串电抗降压启动，则另接控制线路）。

（2）换速：当电梯选层换速时，JHS↑，图 3—29 中 JHS 触点断开→JQ↓→CK↓。不论原来是上行还是下行，上、下运行接触器 CS 或 CX 之一吸合，电动机接通慢速绕组开始减速。为了提高舒适感，在快慢速绕组切换时，定子串入电抗，或采用涡流制动，以及能耗制动。图 3—29 中 KSH、KXH 分别为上下强迫换速开关。

4. 速度法长、短距运行换速线路

（1）选层器换速触点：对长距（多层）运行，速度可达到额定值。对短距（单层）运行，速度还未达到稳定值，可能就开始换速。因而长距运行换速距离就比较长、换速时间较早；短距离运行换速距离可短些，开始时间可晚些。

采用选层器换速，选层器上对应每一楼层有四个定触点。

SHS 为上行长距换速触点，SDH 为上行短距换速触点，XHS 为下行长距换速触点，XDH 为下行短距换速触点。

上行时，长距换速触点先于短距换速触点与定触点接通，发出换速信号，即长距运行时换速要早些。同理，下行时长距换速触点早于短距换速触点与定触点接通，如图 3—30 所示。

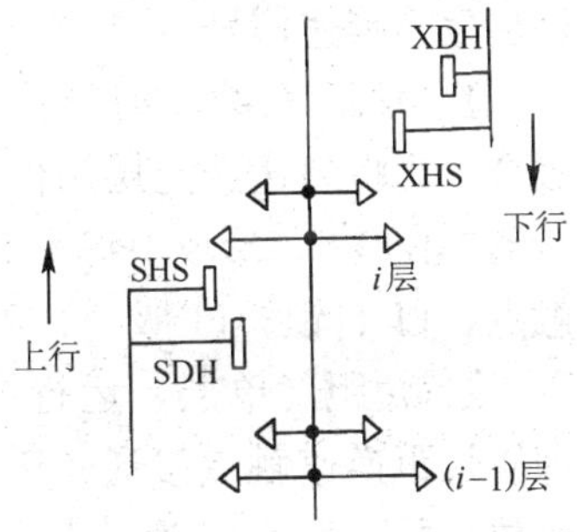

图 3—30　长、短距运行换速触点示意图

（2）长、短距（单、多层）运行判断：电梯运行每通过一层（上行或下行），依次接通 SHS→SDH 或 XHS→XDH 一组两个触点。

这两个触点是否有效（带电接通换速继电器），取决于选层线路。需在该层换速平层停靠时，一组中两触点哪个起作用？如上行时是 SHS，还是 SDH 接通换速继电器，取决于是长距（多层）运行，还是短距（单层）运行。

首先需确定电梯长、短距运行状态。由于长距运行时电梯有足够的加速距离达到稳速（额定速度）运行，而短距运行时则达不到额定稳速。因而可根据速度的快慢来判断长距运行，还是短距运行。

可采用图 3—31 所示原理，测速发电机与曳引电动机连接，电动机速度越快，发电机输出电压越高。输出电压经分压后接入速度灵敏继电器。当电梯速度达到额定值的 80%～90%时，判断为长距运行，JSD 速度灵敏继电器吸合，速度小于额定值的 80%为短距运行，JSD 处于释放状态。

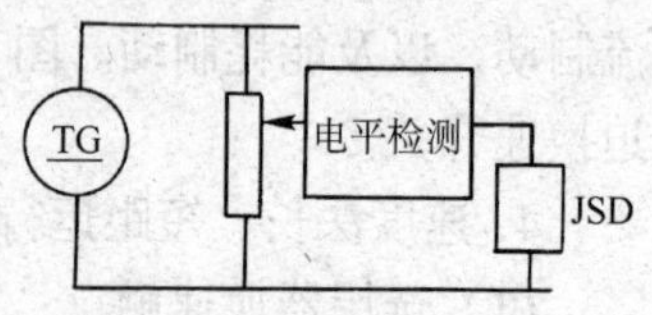

图 3—31　速度判断长短运行

（3）换速控制：图 3—32 所示为根据运行速度进行长、短距运行换速的线路，用于直流快速梯。JHS 为正常换速（多层运行）继电器，JDH 为短距换速继电器。JT 为停车继电器，其吸合后发出换速信号。

1）长距（多层）运行：长距运行时，速度灵敏继电器 JSD 吸合。当将到达选定层站停靠时，如上行则长距换速触点 SHS 接通，JHS↑，形成 JHS→JSD→JP→JT↑通路，并由 JYX→JT 触点→JT 自锁，JT 吸合，JQ↓，改变速度指令，开始换速。

2）短距（单层）运行：短距运行时，JSD 处于释放状态，即使长距换速触点接通，JHS 吸合。但由于 JSD 触点断开，JT 释放，并不发生换速信号。只有当短距换速触点（如上行时 SDH）接通，JDH↑，由 JDH→JP→JT↑开始换速，JQ↓，切换运行速度给定值。

（4）强迫换速：图 3—32 中 KSH、KXH 分别为长距离运行

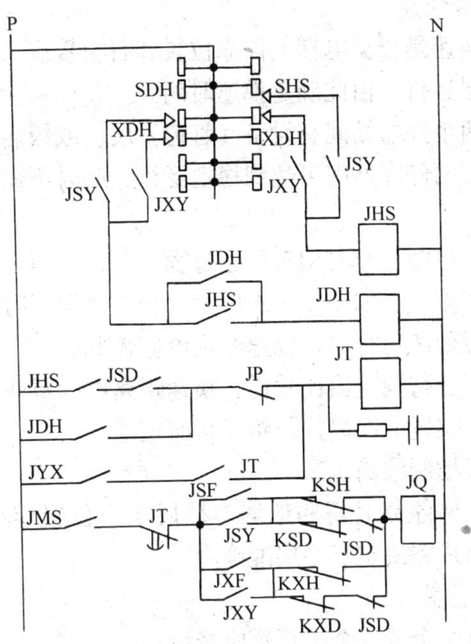

图 3—32　长、短距运行换速线路

上、下强迫换速开关；KSD、KXD 分别为短距离运行上、下强迫换速开关。

1）长距运行：JSD 常闭触点断开，上行时如 KSH 动作，JQ↓，强迫换速。

2）短距运行：JSD 常闭触点闭合，上行时在 KSH 动作后，KSD 动作，JQ 释放换速，如图 3—32 所示。

（5）停车继电器 JT 延时释放：长距运行 JSD↑，当换速时，JHS↑，通过 JHS—JSD—JP—JT↑。短距运行时，JSD↓，只有当 JDH↑，通过 JDH—JP—JT↑，换速时间才推迟。

当进入平层区时，平层继电器 JP↑，JT↓，由于轿门打开，JMS↓，JT 常闭触点延时闭合，以免在 JMS 触点未打开时，JT 触点闭合，JQ 重新启动。

5. 距离法换速

距离法换速是根据电梯的停靠位置和召唤楼层，判断是单层运行还是多层运行，由此确定换速时间。

有的楼两个停靠站间有设备（管道）层，或饭店、商业楼层间距离大，在两停靠站间可达到稳定运行，此时不做短距运行换速。

为使长、短距运行时均有稳速过程，对长、短距运行应有不同的速度指令曲线。如图 3—26 所示，长距离运行时，稳速给定值应较高；短距离运行时，稳速给定值应较低。

由于短距运行稳速值比较低，换速距离可以短些，因而减速切换点距平层位置的距离比长距运行时短。

六、平层控制线路

平层指电梯停靠时轿厢地坎与楼层地面位置应在同一水平面，平层控制线路决定了平层准确度。

（一）平层器

平层器由两个或三个干簧感应器组成，一般安装在轿顶上。三个感应器间的距离，直流电梯约为 15 cm。隔磁板安装在井道，在平层位置，隔磁板插入三个感应器中，如图 3—33 所示。

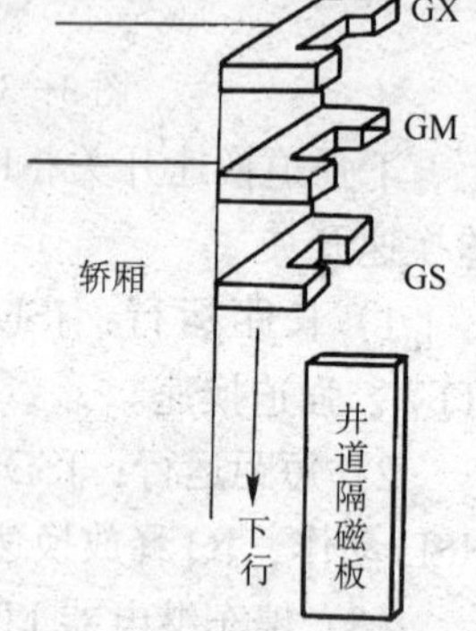

图 3—33　平层感应器

GX 为下行停车感应器，又称为上平层感应器，或记为 SPG（不同梯型记法不同）。

GM 为提前开门感应器，又称为门区感应器，或记为 MQG。

GS 为上行停车感应器，又称下平层感应器，或记为 XPG。

电梯上行时，井道隔磁板依次插入 GX(SPG)→GM(MQG)→GS(XPG)三个感应器。

电梯下行时,井道隔磁板依次插入 GS(XPG)→GM(MQG)→GX(SPG)三个感应器。

电梯处在平层位置时，隔磁板应同时插在这三个感应器中。

三个感应器的触点分别与 JGX（JSP）、JGM（JMQ）、JGS（JXP）三个继电器相接。如图 3—34 所示，当隔磁板不在感应器中时，感应器的触点断开，继电器为释放状态；当隔磁板插入感应器，则相应的触点闭合，对应的继电器吸合；平层位置时，隔磁板插入三个感应器，因而三个继电器均吸合。

（二）交流电梯平层控制线路

图 3—35 所示为交流梯平层控制线路，这种线路具有反向平层功能。上行平层过程如下：

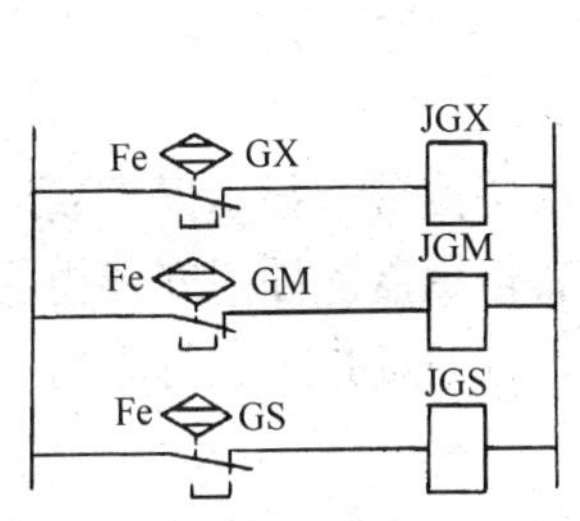

图 3—34　平层继电器线路

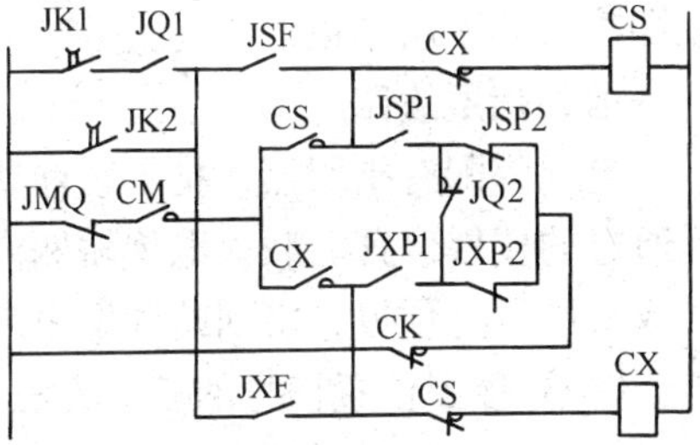

图 3—35　交流电梯平层控制线路

1. 启动运行

启动继电器 JQ↑，快车继电器 JK↑，上行方向继电器 JSF↑，形成 JK1→JQ→JSF→CX→CS 通路，上行接触器CS↑，电梯上行。

2. 换速（减速）运行

JQ↓→CK(JK)↓→CM↑。在 CM 吸合前,JK 延时断开,形成 JK2→JSF→CX→CS 过渡通路。当慢车接触器 CM 吸合时,形成 JMQ→CM→CS→CX→CS 通道,电梯减速继续上行。

3. 进入平层区

上平层感应器 SPG 被隔磁板插入，JSP↑，形成平层通路 CK→JXP2→JQ2→JSP1→CX→CS↑，电梯以慢速度（由换速线路切换）继续上升。

4. 停车

当隔磁板先后插入 MQG 和 XPG，JXP↑→JXP2 断开，图 3—35 中的平层通路切断，CS↓，电梯停车。

5. 超程反向平层

如上行超过平层位置，SPG 上平层感应器离开隔磁板，JPS↓→JSP1 断开→平层通路断开→CS↓。同时由于 JSP2 闭合，形成 CK→JSP2→JQ2→JXP1→CS→CX 通路，反向运行接触器 CX↑，电梯下行。

当隔磁板重新插入 SPG，JSP2 断开，平层通路断开，电梯立即停车，平层结束。

七、指层线路

电梯都配有指层器，指示轿厢所处楼层位置，显示停靠或运行通过的楼层位置。载人电梯轿厢内安装指示器。厅门安装指层器或采用声光预报，由到站钟发出声音，方向灯指示运行方向。

（一）楼层位置信号的获取方法

带有机械选层器的电梯，指层常是由选层器触点接通楼层灯来实现的。无选层器的电梯，通过感应器获取楼层位置，在每一层井道上分别安装一个感应器，隔磁板装在轿厢上。轿厢每过一楼层，隔磁板插入感应器使该楼层的感应器磁路断开，使相应的楼层信号继电器吸合。

采用感应器获取层数位置的方法：由于隔磁板较短，在插入感应器时，触点就接通，而不在感应器时触点断开，所以楼层信号是断续的。通过附加继电器线路可使楼层信号连续，在感应器触点断开时，使信号保持接通。

（二）楼层显示

1. 指层灯

轿厢内及厅门上对应每一层站有一指示灯。当轿厢运行至某层时，相应的选层器触点或通过感应器相应的楼层信号继电器触点闭合，接通各层及轿内对应楼层的指示灯。

2. 数码管

数码管的显示方式通常有三种。

(1) 字形重叠式：将不同字符的电极重叠起来，需显示某字符时，将相应的电极发亮，如辉光放电管等。

(2) 分段式：数码是由分布在同一平面上若干段发光的笔画组成，通常有七段和八段数码显示，如荧光数码管、液晶分段数码显示屏等。

(3) 点矩阵式：由按一定规律的可发光的点阵组成，利用光点的不同组合可显示不同的数码，如发光记分牌等。

3. 发光二极管

由发光二极管排列构成，采用分段显示方式，原理同七段数码显示，只是每段由多个发光二极管组成。

图 3—36 所示为由七段数码显示一位数字的指层字形图。

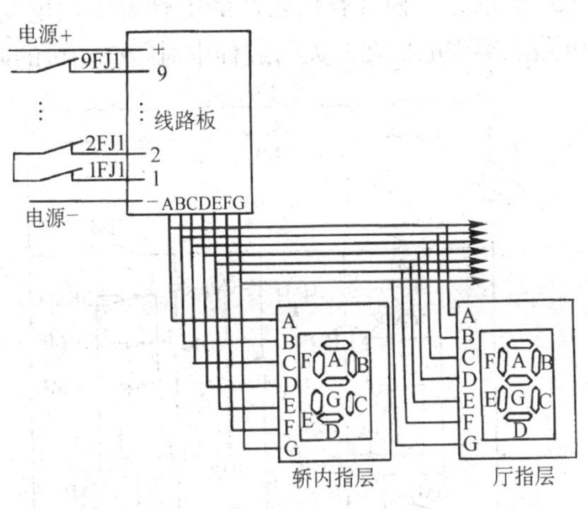

图 3—36　一位数字指层

八、开关门线路

为了实现电梯自动开、关门，在电梯电路中，设置了电梯开关门电路。

电梯开关门电路，通常由驱动自动开、关门的门电动机，以及为实现开关门而设置的电气控制线路等组成。

电梯开关门电路中，有直流门电动机控制系统和交流门电动机控制系统。

直流门电动机控制系统，是采用小型直流伺服电动机作为开关门机构的驱动装置，电动机调速常采用电阻的“串、并联”(也称为电枢分流)。具有传动机构简单、调速方法简便等特点。轿门低速运行时，门电动机不易发热。

交流门电动机控制系统，自动门电动机的驱动采用的是三相交流异步电动机。常用与门电动机同轴的涡流制动器和调速电阻等方法进行调速，具有门传动机构和调速方法简单等特点。但门电动机低速运行时，门电动机容易产生过热现象，所以在门电动机内装有过热保护装置，其绝缘性能要求较高。

图 3—37 所示为一种具有代表性的电梯直流门电动机主控制电路，该电路能实现电梯在开关门过程中对门电动机的调速要求。

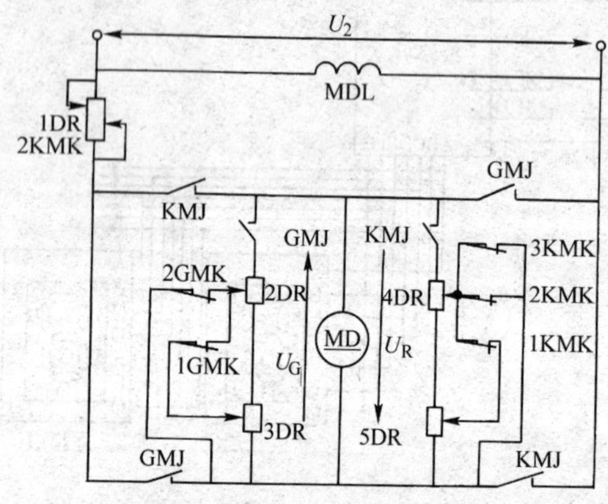

图 3—37　直流门电动机主控制线路

电梯轿门及厅门在开关门时，对门电动机控制电路要求是：

关门时，快速—减速—慢速—停。

开门时，慢速—快速—减速—停。

图3—37中，门电动机MD的激磁绕组MDL中流过的电流的方向和大小是保持不变的。要想改变门电动机MD的旋转方向，只要改变门电动机MD电枢电压的极性，就可改变电动机转向，从而完成开、关门的功能。

1. 关门

当GMJ关门继电器通电吸合，其动合触点闭合，电路中MDF门电动机电枢电压极性是：下面为正，上面为负，使电动机MD向关门方向旋转，实现关门。在关门过程中，直流门电动机MD转速的改变，是通过改变电枢电压的方法实现的，从而使关门时速度变化。关门过程中，因门开关机构的运动依次压合关门减速行程开关1GMK、2GMK，电枢上电压依次降低，使MD门电动机逐渐减速，最后碰断控制关门继电器GMJ吸合的行程开关，使MD电动机停止旋转，门靠惯性和强迫关门弹簧关好。

2. 开门

当开门继电器KMJ通电吸合，其动合触点闭合，门电动机MD电枢电压极性上面为正，下面为负，使门电动机MD向开门的方向旋转，实现开门。开门时，开始由于行程开关3KMK在2KMK压合之后已被压合，使门电动机MD此时转速较慢，以便于打开门锁。而在3KMK打开后，2KMK未闭合时，MD电动机转速较高，快速开门。当1KMK动作时，4DR和5DR接入电路，并联于DM电动机电枢两端（开门时门速的变化，也是通过改变门电动机电枢电压实现的），电枢电压下降，开门速度降低。当2KMK压合，5DR被短接，只有4DR并联于电枢两端，使MD电动机的电枢电压再次下降，开门速度再次降低。最后KMJ失电，MD电动机断电，开门过程结束。

3. 运行自动关门

假定轿厢停靠在一层，现欲去三层。按下选层按钮 3A，其动合触点闭合。因电梯尚未运行，则 YXJ 常闭触点闭合，因而 GMJ 和 1GMJ 线圈得电，其动合触点闭合，使门电动机 MD 和激磁绕组 MDL（见图 3—38）均得电，电动机 MD 转动使电梯轿厢门及本层厅门开始关闭。当门将完全闭合时，1GMK 行程开关压合，使门电动机转速下降。当再将 2GMK 压合时，使门电动机速度再一次下降，变成爬行运行状态，直到把行程开关 GK 压开时使 GMJ、1GMJ 失电，MD 门电动机断电，关门过程完毕。

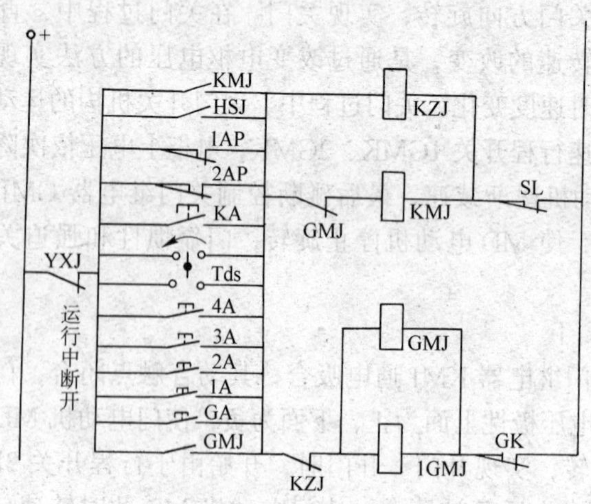

图 3—38　直流门电动机辅助控制电路

4. 手动关门

轿厢停止运行时，要求关门，此时只要按下 GA 关门按钮即可，其关门过程同运行关门相同。

5. 运行到站自动开门

当电梯快运行到欲去的层站时，开始减速运行，此时电梯运行速度的变化，是由于 HSJ 换速继电器吸合，使电梯由快速运动变化为慢速运动。图 3—38 中的 HSJ 动合触点吸合，为开门做准备。当轿厢运行到达目的层站时，因 YXJ 电梯运行继电器失电，使动断触点闭合，使 KZJ 开门中间继电器吸合，其动断触点断开，使关门继电器电路不通。开门继电器 KMJ 吸合，使门电动机 MD 转动开门。因 3KMK 行程开关在关门时已闭合，电动机的电枢并入 4DR 一部分，又因 2GMK 行程开关动断触点仍断开，串入 1DR 一部分电阻，从而使门电动机 MD 慢速转动，以便于打开门锁。然后，进入快速开门，其开门过程中的减速靠 1KMK、2KMK 动作来实现。最后门全开时，开门限位开关断开，门电动机 MD 电枢断电，电动机停止转动。

6. 手动开门

按下 KA 开门按钮时，即可实现电梯开门功能，其过程与上述自动开门过程一样。

7. 基站轿外开关门

在底层基站，设有电梯厅门外专用钥匙开锁送电的专用开关 Tds。该开关的作用是：使电梯投入工作时，先在厅门外用专用钥匙将 Tds 旋转，接通开门继电器 KMJ，使轿、厅门打开。不用电梯时，用专用钥匙将 Tds 旋转（设左旋），接通关门继电器 GMJ，使轿、厅门关闭。

第三节　电梯常用电气元件

一、电气元件的作用与分类

1. 电气元件的作用

电气元件是一种控制电能的器具或电气设备。电气元件在电梯中广泛应用于电力拖动和信号控制设备中，如通过接触器对曳引电动机的启动、制动、正、反转运行控制；使用按钮、继电器等对呼梯召唤信号进行登记、显示、消号；采用热继电器或电流继电器对电动机进行过载过流保护等。

2. 电器的分类

电器的种类及分类方法很多，通常将工作在交流 1 200 V或直流 1 500 V以下电路中的电气设备称为低压电器，工作在高于上述电压电路的电气设备称为高压电器。电梯控制系统中使用的都是低压电器。

低压电器根据其动作性质可分为以下几种。

(1) 手动电器：通过手或杠杆，直接拨动或旋转操作手柄来完成接通、分断电路等动作，如主令电器、刀开关及转换开关等。

(2) 自动电器：给电器的操作机构输入一个信号，通过电磁力来完成接通、分断、启动、反向、停止等动作，如继电器、接触器等。

电梯信号控制和拖动控制系统所使用的电器均属工业用低压电器，其中既有手动电器，也有自动电器。

二、电梯常用控制电器的结构原理与性能参数

(一) 接触器

接触器是用来接通或切断电动机或其他负载主回路的一种控制电器。在电梯中，它作为执行元件频繁地控制曳引电机的启动、运转、反向和停止。

接触器按其所控制的电流种类分为交流接触器和直流接触器。接触器的基本参数有主触点的额定电流、触点数、主触点允许切断电流、线圈电压、操作频率、动作时间、电寿命和机械寿命等。

1. 接触器的结构与动作原理

一般接触器的基本结构由下列几部分组成：电磁机构，主触点与灭弧装置，释放弹簧或缓冲装置，辅助触点，支架与底座。图 3—39 所示为交流接触器的外形结构。

交、直流接触器的动作原理基本相同。当控制电路接通接触器的工作线圈时，则套在铁心或磁轭上的电磁线圈通过电流，并产生磁势吸引活动的衔铁，直接或通过杠杆传动使动触头与静触

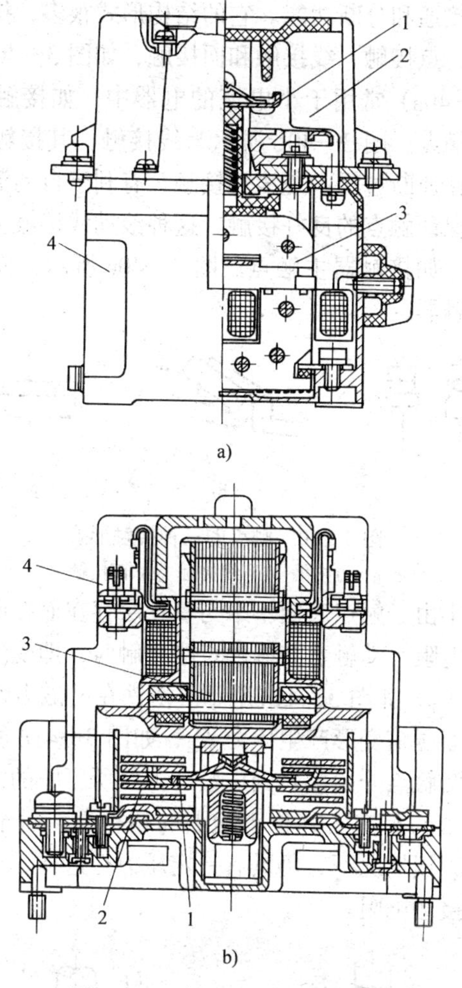

图 3—39　交流接触器外形结构

a）正装直动式交流接触器外形结构　b）倒装直动式交流接触器外形结构

1—触头系统　2—灭弧系统　3—磁系统　4—躯壳

头接触，接通主电路。线圈失电后，靠释放弹簧的反力使动触头恢复原位，从而切断主电路。

（1）触点（触头）：触点包括动触点和静触点，用来完成被控制电路的接通和分断功能。它的结构形式很多，按其接触形式可分为三种：点接触、线接触和面接触，如图 3—40 所示。点接触（见图 3—40a）常用于小电流的电器中，如接触器的辅助触点或继电器触点。图 3—40b 所示为线接触，其接触区域是一条直线，触点在通断过程中是滚动接触，有利于自动清除触点表面的氧化膜，保证触点的良好接触。这种滚动线接触主要用于中等容量的触点，如接触器主触点。图 3—40c 所示为面接触，用于大容量的接触器。

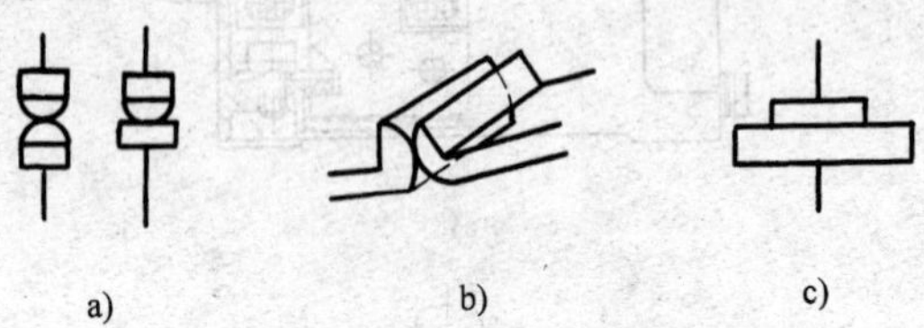

图 3—40　触点的三种接触形式

a）点接触　b）线接触　c）面接触

为了减小由于触点表面不平与氧化层存在而在两接触触点间产生的接触电阻，动触点与静触点刚接触时，即受到触点弹簧的一个初压力 F_1，如图 3—41a 所示。衔铁在电磁力作用下继续吸合，弹簧继续压缩变形产生压力 F_2，如图 3—41b 所示，使两触点压紧。从两触点开始接触到压紧，弹簧所压缩的距离，即触点系统向前压紧的距离 L，称为触点的超行程。由于超行程的作用，在触点磨损情况下，仍具有一定压力。这样，提高了接触效果，减小了接触电阻。

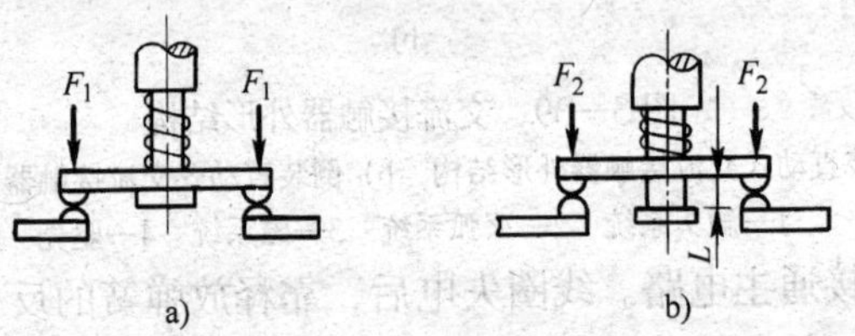

图 3—41　触点接触示意图

a）刚接触位置　b）最终闭合位置

（2）电弧与灭弧装置：当接触器触点切断电路时，如电路中电压超过 12 V 和电流超过 80 mA，在拉开两个触点瞬间将出现火花。电压越高，电流越大，火花越强烈。这是因为在触点分离瞬间，其间隙很小，电路电压几乎全部降落在触点之间，在触点间形成很强的电场，因而将空气击穿、电离，使气体中大量的带电粒子作定向运动，形成气体放电现象，通常称为“电弧”。

使电弧熄灭，即为灭弧。根据降低电弧温度和电场强度的灭弧原则，常用的灭弧装置有：

1）磁吹式灭弧装置：是通过吹弧线圈将电弧拉长，并吹入灭弧罩中，将热量传给罩壁，促使电弧熄灭，其广泛应用于直流接触器。

2）灭弧栅：电弧吸入栅片，并被各栅片分割成许多段短电弧，由于栅片的散热作用，电弧自然熄灭。这是一种常用的交流灭弧装置。

3）灭弧罩：用陶土和石棉水泥做成耐高温的灭弧罩，用以降温和隔弧，可用于交流和直流灭弧。

4）多断点灭弧：采用多对串联触点来分断电路，使每一对触点间的电场强度降低，有利于灭弧。

（3）电磁机构：电磁机构由吸引线圈、铁心、衔铁等构成，是接触器的重要组成部分。它的作用是将电磁能转换为机械能，使触点闭合或断开，并兼有失压保护作用。电磁机构种类较多，可根据不同方法分类：

1）衔铁的运动方式：衔铁绕棱角转动，如图 3—42a 所示，适用于直流接触器。

衔铁绕轴转动，如图 3—42b 所示，用于交流接触器。

衔铁在线圈内作直线运动，如图 3—42c 所示，多用于交流接触器。

2）磁系统形状：分为 U 形和 E 形。

3）线圈连接方式：有并联（电压线圈）和串联（电流线圈）

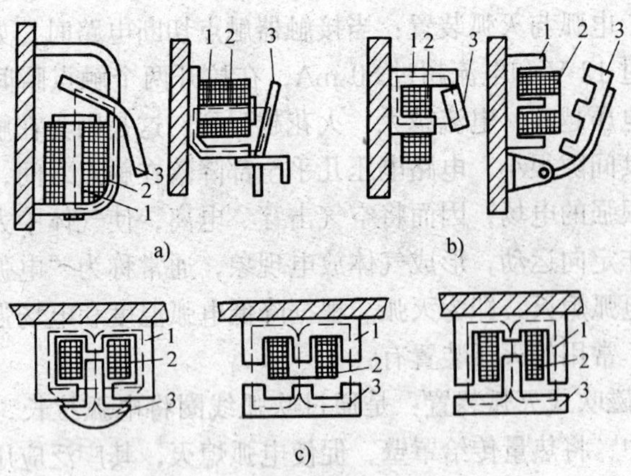

图 3—42　常用电磁机构的形式

1—铁心　2—线圈　3—衔铁

两种。

4）吸引线圈种类：分为直流线圈和交流线圈两种。

（4）辅助触点：接触器除主触点外，通常还有两对以上常开（线圈不通电时断开）和两对以上常闭（线圈不通电时闭合）辅助触点，用于自保持（即启动按钮断开后，由并联的一对常开辅助触头来代替按钮闭合，使线圈保持带电）、传送信号或与其他电器联锁。辅助触点与主触点相联动，辅助触点与灭弧装置在结构上分开安装，以防止电弧的危害。

2. 接触器的基本参数

（1）额定电压：接触器铭牌额定电压是指主触点上所能承受的最大电压，与额定电流共同决定接触器使用条件，并与通断能力、工作类型和使用类别有关。

如额定电压为 380 V 的三相异步电动机，则应选 380 V 以上的交流接触器。

（2）额定电流：铭牌上的额定电流指主触点的额定电流。通常用的电流等级为 10 A、20 A、40 A、60 A、100 A、150 A 等。

（3）工作类型：工作类型指额定工作制。标准的额定工作制有四种。

1）间断—长期工作制：接触器的主触点保持闭合并通过稳定电流足以达到热平衡，但长于 8 h 必须分断。

2）长期工作制：接触器的主触点保持闭合并通过一稳定电流超过 8 h 而不分断。

3）反复短时工作制（或间断工作制）：主触点保持闭合的周期与无负载的周期间有一定比值，此两种周期均很短，使接触器不能达到热平衡。电梯常运行于此工作制。

4）短时工作制：接触器的主触点保持闭合的时间不足以使其达到热平衡，而在两次通电间隔的无载时间足以使接触器的温度恢复到环境温度。

（4）接通与分断能力：接触器在规定的条件下，接通分断的最大电流值，且不产生过大的电弧或严重的触头磨损。

（5）机械寿命与电寿命：机械寿命指接触器的抗机械磨损能力，由接触器在需要维修或更换机械零件前所能承受的无负载操作次数来表示。

电寿命指抗电气磨损能力，在正常操作条件下，由接触器不需修理或更换零件的带负载操作次数来表示。

现在生产的接触器，其允许接通次数为 150～1 500 次/小时，电寿命 50 万～100 万次，机械寿命 500 万～1 000 万次。

（6）线圈额定电压：

常用的电压等级为直流线圈：24 V、48 V、110 V、220 V。

交流线圈：36 V、127 V、220 V、380 V。

（7）额定操作频率：

指每小时接触器接通次数。

3．接触器的技术数据

（1）交流接触器有 CJ0、CJ1、CJ2、CJ3、CJ10 和 CJ12 等系列。

常用的交流接触器的型号如 CJ10—20，其意义如下：

C—表示接触器；J—表示交流；10—表示设计序号；2—表示有两对常开主触头；0—表示无辅助触头。

例如，CZ0—40/20 为 CZ0 系列直流接触器，额定电流 40 A，两个常开主触点。

（2）常用的国产接触器有 CJ0、CZ0、CJ10 等系列，分别见表 3—5、表 3—6、表 3—7。

我国引进西门子公司 3TB 系列和 BBC 公司的 B 型系列，生产了 B 型系列产品，并用于电梯控制。B 型系列接触器优点是：产品品种全，适用于各种电流，便于选用；技术经济指标高，体积小，重量轻，安装面积小，能耗低；有多种附件供应，能扩大使用功能和触点数，易于安装，可靠性高。B 型交流接触器主要技术数据见表 3—8。

表 3—5　CJ0 系列交流接触器技术数据

<table>
<tr><th rowspan="2">型　号</th><th rowspan="2">额定电流（A）</th><th rowspan="2">额定电压（V）</th><th rowspan="2">频率（Hz）</th><th rowspan="2">常开触头极数</th><th colspan="2">辅助触头</th><th rowspan="2">吸引线圈电压（V）</th><th rowspan="2">吸收线圈消耗功率（VA）</th><th rowspan="2">最大操作频率（次/h）</th></tr>
<tr><th>数量</th><th>额定电流（A）</th></tr>
<tr><td>CJ0－10</td><td>10</td><td>500</td><td>50～60</td><td>3</td><td>2 动合
2 动断</td><td>5</td><td rowspan="4">交流 50～60 Hz：360、110、127、220、380、420、440 及 600</td><td>14</td><td>1 200</td></tr>
<tr><td>CJ0－20</td><td>20</td><td>500</td><td>50～60</td><td>3</td><td>2 动合
2 动断</td><td>5</td><td>33</td><td>1 200</td></tr>
<tr><td>CJ0－40</td><td>40</td><td>500</td><td>50～60</td><td>3</td><td>2 动合
2 动断</td><td>5</td><td>33</td><td>1 200</td></tr>
<tr><td>CJ0－10</td><td>10</td><td>500</td><td>50～60</td><td>3</td><td>2 动合
2 动断</td><td>5</td><td>14</td><td>600</td></tr>
<tr><td>CJ0－75</td><td>75</td><td>380</td><td>50～60</td><td>3</td><td>2 动合
2 动断</td><td>10</td><td>交　流 60 Hz：110、127、220、380、440；</td><td>55</td><td>600</td></tr>
<tr><td>CJ0－120</td><td>120</td><td>380</td><td>50～60</td><td>3</td><td>2 动合
2 动断</td><td>10</td><td>交流 50 Hz：36、110、127、220、380
直流 110、220</td><td>68</td><td>60</td></tr>
</table>

表 3—6　　　　CZ0 系列直流接触器技术数据

型　　号	额定电压（V）	额定电流（A）	额定频率（次/h）	主触头形式及数量		分断电流（A）	辅助触头形式及数量		吸引线圈电压（V）	吸引线圈消耗功率（W）
				常分	常合		常分	常合		
CZ0－40/20	400	40	1 200	2	—	100	2	2	24、48、110、220、440	22
CZ0－40/02		40	600	—	2	100	2	2		24
CZ0－100/10		100	1 200	1	—	400	2	2		24
CZ0－100/01		100	600	—	1	250	2	1		180/24
CZ0－100/20		100	1 200	2	—	400	2	2		30
CZ0－150/10		150	1 200	1	—	600	2	2		
CZ0－150/01		150	600	—	1	375	2	1		300/25
CZ0－150/20		150	1 200	2	—	600	2	2		40
CZ0－250/10		250	600	1	—	1 000	（其中 1 对常开，另 4 对可任意组合成常开或常闭）			220/31
CZ0－250/20		250	600	2	—	1 000				290/40
CZ0－400/10		400	600	1	—	1 600				350/28
CZ0－400/20		400	600	2	—	1 600				430/43
CZ0－600/10		600	600	1	—	2 400				320/50

表 3—7　　　　CJ10 系列交流接触器技术数据

型号	额定电流（A）	被控三相电动机最大功率（kW）		主触头	动作时间（ms）	释放时间（ms）	辅助触头					吸引线圈			最大操作频率（次/h）
		220 V	380 V				最多数量	持续电流（A）	电压（V）	接通电流（A）	分断电流（A）	电压（V）	消耗功率 启动	消耗功率 吸合保持	
CJ10－5	5	1.2	2.2	三常开	15	14.3	一常开、二常开、二常闭	5	380	50	5	36、110、（127）、220、380	35 VA	6 VA 2 W	≤600
									500	40	4				

续表

型号	额定电流(A)	被控三相电动机最大功率（kW）		主触头	动作时间	释放时间	辅助触头					吸引线圈			最大操作频率(次/h)
		220 V	380 V		(ms)	(ms)	最多数量	持续电流(A)	电压(V)	接通电流(A)	分断电流(A)	电压(V)	消耗功率 启动	消耗功率 吸合保持	
CJ10－10	10	2.2	4	三常开	17	21	一常开、二常开、二常闭	5	380	50	5		65 VA	11 VA	≤600
									500	40	4			5 W	
CJ10－20	20	5.5	10		16	18			380	50	5		140 VA	22 VA	
									500	40	4			9 W	
CJ10－40	40	11	20		23	22			380	50	5		230 VA	32 VA	
									500	40	4			12 W	
CJ10－60	60	17	30		65	40			—	—	—		490 VA	70 VA	
CJ10－100	100	29	50		32	15			—	—	—		—	—	
CJ10－150	150	43	75		—	—			—	—	—		—	—	

表 3—8　　B型交流接触器主要技术数据

型　号		B9	B12	B16	B25	B30	B37	B45	B65	B85	B105	B170
主触头数		3 或 4					3					
最大工作电压（V）		660										
额定绝缘电压（V）		660										
额定电流（A）		16	20	25	40	45	45	60	80	100	140	230
AC-3 额定工作电流	380 V	8.5	11.5	15.5	22	30	37	44	65	85	105	170
	660 V	3.5	4.9	6.7	13	17.5	21	25	45	55	82	118
AC-3 控制功率	380 V	4	5.5	7.5	11	15	18.5	22	33	45	55	90
	660 V	3	4	5.5	11	15	18.5	22	40	50	75	110
最多辅助触头数		5			4		8					
机械寿命（百万次）		10									6	
电寿命（百万次）		1										
操作频率（次/h）		600										
线圈额定功率（W）		9.5/2.3			22/5		32/5		30/8		32/9	60/15
重量（kg）		0.26	0.27	0.28	0.48	0.6	1.06	1.08	1.9	1.9	2.3	3.2

（二）继电器

继电器是一种根据特定形式的输入信号而动作的自动控制电器。主要用于反映控制信号，接通与分断交、直流控制电路，也可作为传递信号的中间元件。它具有输入和输出回路。当输入量（电量或非电量，如电压、温度）达到预定值时，继电器即动作，输出量发生与原状态相反的变化（如常开触点闭合）。

1. 继电器的种类与工作原理

（1）继电器的分类：继电器常用的种类有以下几种。

按输入量的物理性质分有电压继电器、电流继电器、时间继电器、速度继电器等；

按动作原理分有电磁式继电器、感应式继电器、热继电器、电子式继电器等；

按动作时间分有快速继电器、延时继电器、普通继电器；

按使用范围分有控制继电器、保持继电器、专用继电器等。控制继电器主要用于电力拖动系统的控制与保护；专用继电器指专门为适应通信、航空和航海特点而设计生产的继电器。

电梯控制系统常用电磁式（电压、电流、中间）继电器、时间继电器、热继电器等。

（2）电磁式继电器的结构与原理：电磁式继电器常用的是电压继电器、电流继电器、中间继电器和时间继电器。

电磁式继电器的基本结构与接触器类似，主要由电磁机构、触头系统和反力系统三个部分组成。由于用在控制回路，接通和分断电流小，所以无需灭弧装置。

1）电磁机构：由衔铁、铁心及线圈组成，并构成继电器输入回路。磁系统结构常用 U 形拉合式、E 形直动式或转动式、螺管直动式三种。

图 3—43 所示为典型的 U 形拉合式结构图。铁心通常做成整体，减少了非工作气隙。衔铁多为板状，以棱角转动方式完成拉合动作。线圈不通电时，衔铁由反力弹簧拉开。当线圈通电后，

衔铁吸合，并使触点闭合或断开。为了减少铁心闭合时的剩磁，在衔铁上加装一个非磁性垫片。

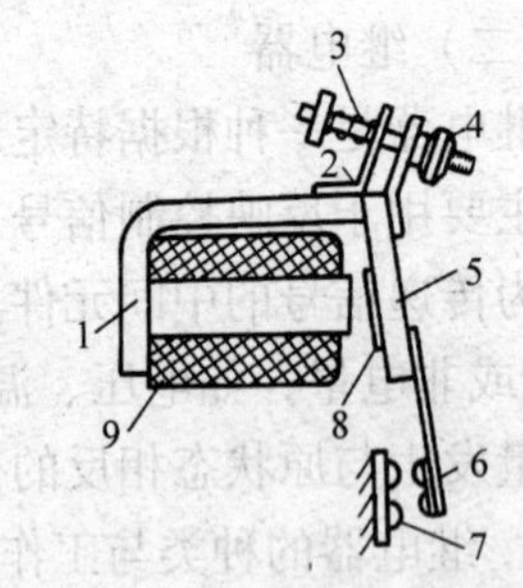

图 3—43　电磁式继电器原理图

1—铁心　2—旋转棱角　3—释放弹簧　4—调节螺母　5—衔铁　6—动触点　7—静触点　8—非磁性垫片　9—线圈

U 形磁系统用于对灵敏度、返回系数及动作时间无特殊要求的控制继电器。在这种结构基础上，可以加装不同的线圈或阻尼线圈即可成为电压、电流、中间继电器或延时继电器。

E 形及双 E 形磁系统多做成返回系数较高的控制继电器。螺管直动式，其铁心与衔铁多做成圆锥形接触面，因而获得较大的初始吸力及较大的动作行程。

2）触头系统：有动触点、静触点及有关附件，构成继电器的输出。

3）反力系统：一般用弹簧，也有靠衔铁自身重力来获得反力，或两者兼而有之。当线圈失电时，通过反力使衔铁拉开，触点恢复原状态。反力的大小与继电器结构和工作环境有关，它是继电器可靠动作的重要因素。

电磁线圈接受输入信号(电压或电流)—电磁铁吸合动作—触点动作输出信号,这就是继电器的工作步骤与动作原理。

2. 电压继电器

当电路的电压达到规定值时，电压继电器动作，根据用途，电压继电器可分为过电压继电器与欠电压继电器。前者电压超过规定值时铁心吸合，后者电压低于规定值时铁心释放。电压继电器的线圈与负载并联反应负载电压，其线圈匝数多且导线细。

3. 电流继电器

其线圈通常是作为感应元件串联在负载电路中的。当电路中通过的电流达到规定值时，电流继电器动作。电流继电器亦可分为过电流继电器和欠电流继电器。多用于电动机的过载和短路保护、直流电动机的磁场控制或失磁保护。

电流继电器与电压继电器在结构上的区别主要是线圈不同。电流继电器线圈与负载串联以反应负载电流，匝数少且导线粗，因而线圈上压降小，不会影响负载电路的电流。

4. 中间继电器

它是用来增加控制电路中的信号数量或将信号放大的继电器，实质上也是一种电压继电器。由于它的触点数量较多，容量也较大，通过它可起到中间放大（触点数量增加及容量增大）的作用。

5. 时间继电器

指从接受信号到执行元件（如触头）动作之间有一定时间间隔的继电器。这段延时区别于一般电磁继电器从线圈通电到触点闭合的固有动作时间。时间继电器种类很多，常用的有电磁式、空气阻尼式 、电子式、电动式等。

（1）直流电磁式时间继电器：这种继电器和直流电磁式电压继电器相比只是在铁心上增加了一个阻尼铜（铝）套。在线圈通断电过程中铜套内将感应产生涡流，它将阻止穿过铜套的磁通变化，因而对原吸合磁通起了阻尼作用，使触点动作延时。

由于当线圈失电时磁通变化量大，铜套阻尼作用大，通常这种继电器仅用作断电延时（通电延时不明显）。延时触点也只有常开触点延时打开、常闭触点延时闭合两种。

（2）电动式时间继电器：具有较高的延时精度和较长的延时范围（从0.5秒至几十小时），而且有通电延时和断电延时两种类型，调节方便。

一般结构是由同步微型电动机和电磁传动机构等组成。工作原理是，当继电器内的同步电动机通电后，通过减速齿轮带动动触点，经一定延时后与静触点闭合并发出信号。

(3) 空气阻尼式时间继电器：又称气囊式时间继电器。除具有电磁式继电器基本结构外，增加了空气室、活塞和橡皮膜等气动机构。触点的动作是通过电磁铁吸动和气动机构驱动的，瞬时动作触头由电磁机构直接驱动，延时触头由活塞带动。延时时间可通过调节螺钉调节进气孔气隙，以改变进入空气室的空气流量。

这种继电器的延时范围宽，可用于通电延时，也可方便地通过改变电磁机构位置获得断电延时，因而具有各种延时闭合、断开触点。

(4) 电子式时间继电器：又称半导体或晶体管时间继电器。是一种新型的有触点与无触点相结合的时间继电器。它延时范围宽、精度高、调节方便，具有通电延时和断电延时功能。

基本结构和原理为阻容式和计数器式。阻容式是利用 RC 电路的充放电原理构成延时电路，适用于中等延时时间（0.5 s～1 h)。计数器式是通过对振荡脉冲计数实现延时，其精度高，但线路较复杂，主要适用于长延时。

常用产品有 JSJ、JSB、JS20、JS14、JS15 等系列。

晶体管时间继电器工作原理如图 3—44 所示。图中 C1、C2 为滤波电容器。当电源变压器接上电源，正、负半波由两个二次绕组分别向电容器 C4 充电，A 点电位按指数规律上升。原始状态 V_{T1} 管导通、V_{T2} 管截止。当 A 点电位高于 B 点电位时，V_{T1} 管截止、V_{T2} 管导通，V_{T2} 管集电极电流通过高灵敏继电器 K 的线圈，由图中右侧继电器 K 的触点输出信号，同时 K 的常闭触点断开充电电路，K 的常开触点闭合使电容器放电，为下次工作做好准备。调节电位器 R_{W1} 的数值，可以改变延时时间的长短，该电路延时可达 0.2～300 s。

JS20 系列晶体管时间继电器主要技术数据见表 3—9。这种继电器具有通电延时和断电延时多个触点。使用时应按照接线图选择相应管脚接线。

6. 舌簧继电器与干簧感应器

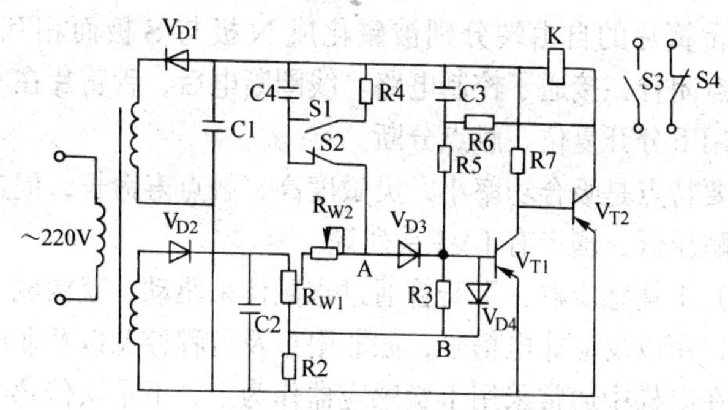

图 3—44　JSJ 系列晶体管时间继电器工作原理图

表 3—9　　JS20 系列晶体管时间继电器主要技术数据

产品名称	额定工作电压（V）		延时等级（s）	触点控制电压（V）		接通与分断电流（A）		
							感性负载	
	交流	直流					$\cos\varphi=0.4$	$t=0.007$ s
通电延时继电器	36、110、127、220、380	24、48、110	1、5、10、30、60、120、180、240、300、600、900	交流	220	5	2	
				交流	380	2	1	
瞬动延时继电器	36、110、127、220、		1、5、10、30、60、120、180、240、300、600	直流	6	5		4.6
				直流	12	4.6		4.3
断电延时继电器	36、110、127、220、		1、5、10、30、60、120、180	直流	24	3		2.4
				直流	220	1		

（1）舌簧继电器结构及原理：舌簧继电器包括干簧继电器、水银湿式舌簧继电器、铁氧体剩磁式舌簧继电器等，泛指干簧继电器。它的触点密封在玻璃管中，防止尘埃污染，减小触点的电腐蚀，增强可靠性。其结构如图 3—45a 所示。当线圈通电后，

管中两舌簧片的自由端分别被磁化成N极与S极而相互吸引，因而触点闭合，接通了控制电路。线圈断电后，舌簧片在本身的弹力作用下分开复位，触点分断。

主要特点是吸合功率小，灵敏度高，触点寿命长，但过载能力低，耐压低，国产有JAG系列等。

（2）干簧感应器：干簧管通过永磁体来驱动，就构成了干簧感应器，用以反应非电信号，如非限位及行程控制以及非电量检测等。在电梯中通常采用干簧感应器作为上、下平层传感器或换速传感器。

其主要结构由非导磁外盒、永久磁铁和干簧管三部分组成。如图3—45a所示，未放入永久磁铁3时，由于没有受外力的作用，干簧管2常开触点断开，常闭触点闭合。当把永久磁铁放入感应器时（见图3—45b），舌簧片受磁化作用使常开触点闭合，常闭触点断开，这相当于电磁继电器得电吸合动作。当把一块具有高导磁系数的铁板（称为隔磁板）插入永久磁铁与干簧管之间时，由永久磁铁产生的磁场被隔磁板旁路，如图3—45c所示，干簧管触点失去外力作用，恢复原状态，如图3—45c所示。这相当于电磁继电器失电复位。因此原理上干簧感应器相当于永磁式继电器。

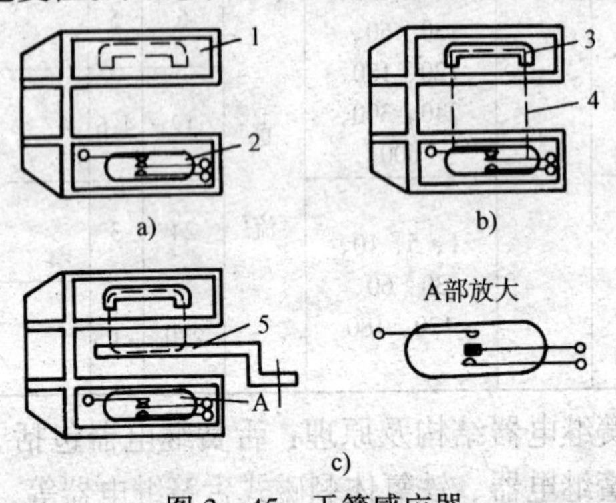

图3—45　干簧感应器

a）放入永久磁铁之前　b）放入永久磁铁之后　c）插入隔磁板之后

1—外盒　2—干簧管　3—永久磁钢　4—磁力线　5—隔磁板

电梯的平层装置通常是利用固定在轿厢上和井道中的上下平层干簧感应器和隔磁板之间的相互组合而成的，从而进行位置检测，实现轿厢的准确平层停靠。常用的有 YG—2 型永磁感应器。

7. 热继电器

热继电器是依靠电流通过发热元件产生热效应而动作的一种电器。在电梯控制中主要用于电动机的过载保护。

热继电器的形式主要有：双金属片式、热敏电阻式、易熔合金式。双金属片热继电器的工作原理，如图 3—46 所示。热元件（双金属片）由膨胀系数不同的两种金属片压轧而成。上层采用膨胀系数高的铜板制成，称为主动层；下层采用膨胀系数低的铁镍合金制成，称为被动层。加热元件串在主回路中。当负载电流超过允许值时，双金属片（热元件）被加热超过一定温度，发生弯曲变形压下螺钉 4，锁扣机构 5 脱开，触点 8、9 切断控制电路使主电路停止工作。双金属片冷却后，按下复位按钮 7 可以复位。动作电流的调节可通过改变压动螺钉 4 的位置进行。

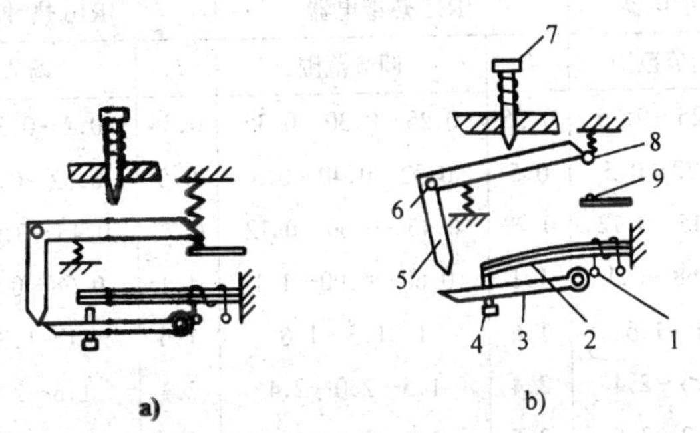

图 3—46　热继电器工作原理图

1—加热元件　2—双金属片　3—扣板　4—压动螺钉　5—锁扣机构　6—支点　7—复位按钮　8—动触点　9—静触点

JR1、JR2 系列基本采用上述原理。JR0、JR15、JR16 采用了双金属片与热元件同时串联在负载电路的复合加热方式，并加入温度补偿元件，工作性能较高。

热继电器有两相或三相（指热元件数）结构。用于三相交流电动机过载与断相保护时，可使用带断相保护的两相或三相结构的热继电器。

热继电器的型号含义：

通常有 JR0、JR10、JR16 等系列。热继电器的主要技术数据是整定电流，即热元件通过的电流和经过多少时间动作，这就是热继电器的保护特性。当电流是整定值时，热继电器长期不动作。当通过的电流为整定电流的 1.2 倍时，热继电器应在 20 min 内动作。JR10 型的整定电流从 0.25 A 到 10 A，热元件编号有 17 个。JR0—40 型的整定电流从 0.6 A 到 40 A，热元件有 9 种规格。型号含义以 JR10 型为例：

J 表示控制继电器，R 表示热，10 表示设计代号。

JR14、JR15、JR16 系列热继电器技术数据见表 3—10。

表 3—10　JR14、JR15、JR16 系列热断电器技术数据　A

JR14 热继电器		JR15 热继电器		JR16 热继电器	
I_n	调节范围	I_n	调节范围	I_n	调节范围
0.35	0.25～0.35	0.35	0.25～0.30～0.35	0.35	0.2～0.30～0.35
0.5	0.32～0.5	0.5	0.32～0.40～0.5	0.5	0.32～0.40～0.5
0.72	0.45～0.72	0.72	0.45～0.60～0.72	0.72	0.45～0.60～0.72
1.1	0.68～1.1	1.1	0.68～0.90～1.1	1.1	0.68～0.90～1.1
1.6	1～1.6	1.6	1～1.3～1.6	1.6	1～1.3～1.6
2.4	1.5～2.4	2.4	1.5～2.0～2.4	2.4	1.5～2.0～2.4
3.5	2.2～3.5	3.5	2.2～2.8～3.5	3.5	2.2～2.8～3.5
5.0	3.2～5	5.0	3.2～4.0～5	5.0	3.2～4.0～5
7.2	4.5～7.2	7.2	4.5～6.0～7.2	7.2	4.5～6.0～7.2
11.0	6.8～11	11.0	6.8～9.0～11	11.0	6.8～9.0～11
16	10～16	16	10～13～16	16	10～13～16

续表

JR14 热继电器		JR15 热继电器		JR16 热继电器	
I_n	调节范围	I_n	调节范围	I_n	调节范围
22	14～22	22	14～20～22	22	14～18～22
		35 50	22～28～35 32～40～50	32 45	20～26～32 28～36～45
		72	45～60～72	63	40～50～63
100 150	64～100 96～150	100 110	60～80～100 68～69～110	85 120	53～70～85 75～100～120
		150	100～125～150	160	100～130～160

(三）主令电器

主令电器是一种专门发送动作命令的电器，用于切换控制电路。主令电器可以直接控制，或通过中间继电器间接控制电梯的运行状态（如检修、自动运行等），或控制电动机的启动、运转、停止等。

1. 主令电器分类

主令电器按其功能分为五类：

(1) 按钮开关（控制按钮）。

(2) 行程开关。

(3) 万能转换开关。

(4) 主令控制器。

(5) 其他主令电器，如倒顺开关等。

主令电器多数是手动，选用时要注意其电气性能、机械性能、结构特点和使用场合等基本要求。主要技术数据有额定电压、额定电流、通断能力、允许操作频率、电气和机械寿命、控制触点的编组和触头的关合顺序等。

2. 按钮开关

按钮开关的结构由按钮、复位弹簧、触点、外壳及支持连接部分组成，用于发出信号及电气联锁线路。按钮开关的种类主要有：

（1）启动（K）：适于嵌装式控制柜或控制面板。

（2）护式（H）：带保护外壳。

（3）钥匙式（Y）：带有钥匙的按钮。

（4）防水式（S）：带密封的外壳。

（5）旋转式（X）：以旋转方式操作触头。

（6）紧急式（J）：用于紧急时切断电源。

（7）带灯式（D）：钮内带有指示灯，兼作工作状态显示。

国产控制按钮有 LA2、LA10、LA18、LA19、LA20 等系列。LA2 型是一个单元按钮开关元件，有一组常闭触头和一组常开触头。LA10 为盒式按钮。

3. 行程开关

行程开关是一种根据运动部件的行程位置而切换电路的电器，按照其安装位置和作用的不同，也称为限位开关或极限开关等。

其主要结构有滚轮式（如 LX2、JLXKI 系列）、直动式（如 LX1、JLXKI 系列）和微动式（如 LXW—11，LXK—11 型）三种。工作原理是：当运动部件碰撞行程开关的顶杆（或滚轮）时，便使触点状态变化。图 3—47 所示为滚轮式行程开关的结构及动作原理图。

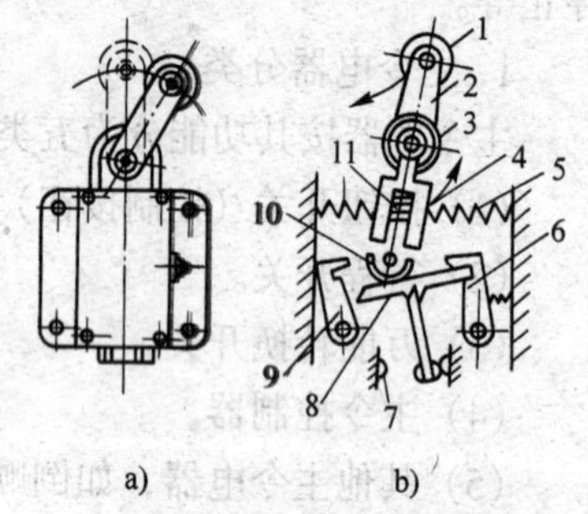

图 3—47 滚轮式行程开关

a）外形图 b）原理图

1—滚轮 2—上转臂 3、5、11—弹簧 4—套架 6、9—压板 7—触点 8—触点推杆 10—小滑轮

电梯的上、下强迫缓速开关常用滚轮式行程开关。

（四）熔断器

1. 结构与分类

熔断器是一种当流过熔体的电流超过限定值时，利用熔体熔化作用而切断电路的保护装置。主要用于短路和过载保护。

熔断器由熔断体（简称熔体）和熔断管两部分组成。额定电流较大的熔断器还有触点插座和绝缘底板。熔体是主要部分，常做成丝状或片状，它既是敏感元件又是执行元件。

熔断器种类很多，按结构可分为开启式、封闭式、半封闭式。

按支架结构分为有填料管式、无填料管式及有填料螺旋式等。填料采用石英砂等材料以增强灭弧能力。

2. 动作原理

熔断器使用时，熔体串联在电路中，负载电流流过熔体。当发生电路短路或过载时，电流大于熔体允许的正常发热电流，使熔体温度急剧上升，超过其熔点而熔断，因而分断电路，保护了电路和设备。

3. 熔断器的选择

熔断器的主要技术参数是额定电压、额定电流、分断能力、熔断特性等。

根据不同的负载及不同的过载能力，熔断器额定电流的选择方法也不同。

4. 常用熔断器

(1) 无填料熔断器有 RCIA 系列瓷插式、RM7 系列封闭管式等。

(2) 有填料熔断器有 RL1 系列螺旋式、RLS 系列螺旋式快速熔断器、RTO 系列封闭管式、RSO 和 RS3 系列封闭管式快速熔断器等。

三、常用电气元件图形符号

电梯控制电气原理图中常用电气元件的图形符号见表 3—11。由于新标准刚实施，而且以前的电梯控制线路图均为按旧国标绘制，为阅图方便，表中还列出了与新国标对应的旧国标图形符号。

表 3—11　　　　电气元件图形符号

元件名称	图形符号（GB 4728）	说　明	图形符号（旧）（GB 312—64）
直流电	——		——
直流电	====	上面符号可能引起混乱，也可用本符号	====
交流	∼		∼
交直流	≂		≂
正极	+		+
负极	−		−
接地	⏚		⏚
接机壳 接地板	形式1: ⊥/// 形式2: ⊥		⊥///
导线	单线：—— 多线形式1: ——///—— 多线形式2: ——/—— 3	三线	—— ——///—— ——/—— 3
导线连接	●或○		●或○
可拆卸端子	⌀		⌀
柔软导线	∼∼		∼∼
导线的交叉连接 （1）单线表示法 （2）多线表示法	(1)　(2)	三线连接	注：GB 312—64 图形符号与GB 4728相同

续表

元件名称	图形符号（GB 4728）	说　明	图形符号（旧）（GB 312—64）
导线的不连接 （1）单线表示法 （2）多线表示法	(1)　(2)	三线不连接	注:GB 312—64 图形符号与 GB 4728相同
电缆终端头		不需示出电缆芯数	注:GB 312—64 图形符号与 GB 4728相同
多极开关		三相开关	
极限开关		如：三相铁壳开关	
两极开关		如：二相铁壳开关	
断路器		（1）二极自动开关 （2）三极高压断路器	(1)　(2)
隔离开关		（1）三极高压隔离开关 （2）高压快速分离的隔离开关	(1)　(2)
接触器（在非动作位置触点断开）		（1）常开触点 （2）带灭弧装置的触点	(1) (2)

续表

元件名称	图形符号（GB 4728）	说　明	图形符号（旧）（GB 312—64）
接触器（在非动作位置触点闭合）		（1）常闭触点 （2）带灭弧装置的触点	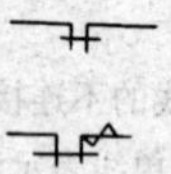
动合触点一般符号	形式1: 形式2: 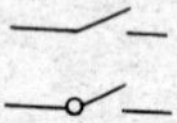	如：继电器常开触点	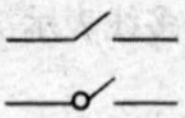
动断触点一般符号		如：继电器常闭触点	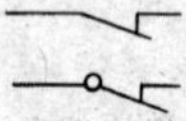
先断后合转换触点	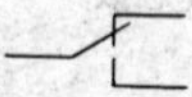		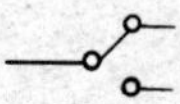
中间断开双向触点	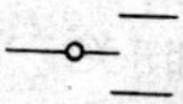		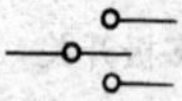
当操作器件被吸合时延时闭合的动合触点	形式1: 形式2: 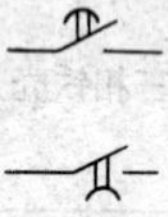	如：时间继电器通电延时闭合触点	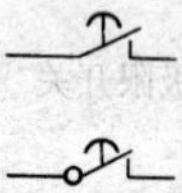
当操作器件被释放时延时断开的动合触点	形式1: 形式2: 	如：时间继电器断电延时断开触点	
当操作器件被释放时延时断开的动断触点	形式1: 形式2: 	如：时间继电器断电延时闭合触点	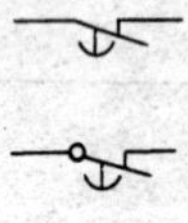
当操作器件被吸合时延时断开的动断触点	形式1: 形式2: 	如：时间继电器通电延时断开触点	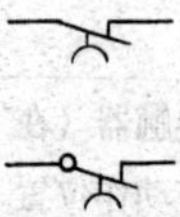

续表

元件名称	图形符号（GB 4728）	说　明	图形符号（旧）（GB 312—64）
吸合时延时闭合和释放时延时断开动合触点			
手动开关一般符号	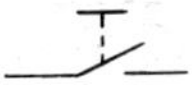		
按钮（不闭锁）	形式1: 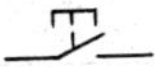 形式2: 		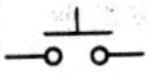
拉拨开关（不闭锁）	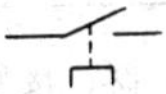		
旋钮开关、旋转开关（闭锁）	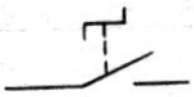		
钥匙开关	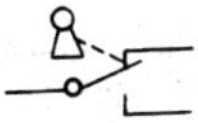		
停止按钮		非自动复位	
安全钳、断绳……开关	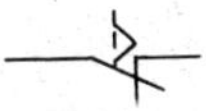	非自动复位	
单刀单投手指开关	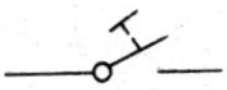		
单刀双投手指开关	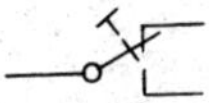		

续表

元件名称	图形符号（GB 4728）	说　明	图形符号（旧）（GB 312—64）
位置开关动合触点		限位开关常开触点	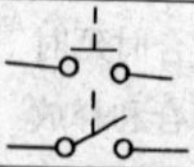
位置开关动断触点	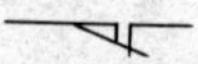	限位开关常闭触点	
热继电器触点			
熔断器一般符号			
熔断器式开关			
避雷器			
操作器件一般符号	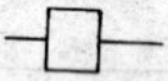	如：继电器、接触器电磁线圈	
缓慢释放继电器的线圈			
缓慢吸合继电器的线圈	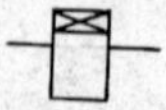		
缓吸和缓放继电器的线圈			
交流继电器的线圈	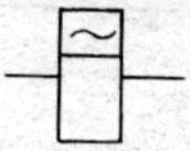		
热继电器的驱动器件	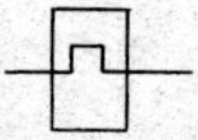		

续表

元件名称	图形符号（GB 4728）	说　明	图形符号（旧）（GB 312—64）
接近传感器			
接触传感器			
接近开关动合触点			
接触敏感开关动合触点			
铁接近时动作的接近开关，动断触点	Fe	Fe 为铁的符号	
传感器干簧管常闭接头	Fe	如：平层干簧管感应器触点	S N
磁铁接近时动作的接近开关，支合触点			
单极多位开关		如：楼层指示器、选层器接点组	或
照明、指示灯		如：召唤记忆灯	
二相插头			
警铃			

续表

元件名称	图形符号（GB 4728）	说　明	图形符号（旧）（GB 312—64）
蜂鸣器			
二极管			
三极管		NPN 型	
电阻器			
可调式电阻器			
电容器			
电抗器扼流圈			
原电池或蓄电池			
双绕组变压器			
电流互感器脉冲变压器			
三相变压器			

续表

元件名称	图形符号（GB 4728）	说　明	图形符号（旧）（GB 312—64）
旋转电机绕组	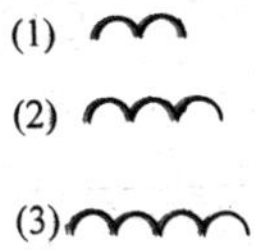 (1) (2) (3)	（1）换向绕组或补偿绕组 （2）串激绕组 （3）并励或他励绕组	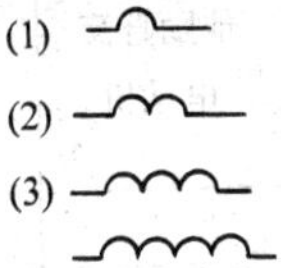 (1) (2) (3)
集电环或换向器上的电刷		仅在必要时标出电刷	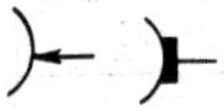
旋转电机一般符号	 *	符号内的星号必须用下述字母代替： C　同步交流机 G　发电机 GS　同步发电机 M　电动机 MG　能作为发电机或电动机使用的电机 MS　同步电动机 SM　伺服电机 TG　测速发电机	
直流发电机	 G		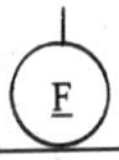 F
直流电动机	 M		
交流电动机	 M ~		 D
交流测速发电机	 TG ~		
直流测速发电机	 TG		

续表

元件名称	图形符号（GB 4728）	说　　明	图形符号（旧）（GB 312—64）
他励直流电动机	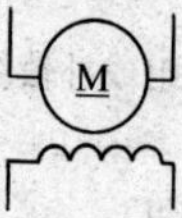 M		
永磁式直流测速发电机	 TG		
三相笼型异步电动机	 M 3～		 D

新国标中没有的图形符号，可延用原图形符号，GB 4728 为新国标，GB 312—64～GB 314—64 为旧国标。

第四章

微型计算机基础知识

第一节 微型计算机系统组成

微型计算机（简称微机）由硬件子系统和软件子系统两大部分组成（有关数字逻辑电路及其相关器件参阅其他书籍）。

一、硬件子系统

所谓硬件子系统（简称硬件系统）系指构成微型计算机系统的实体，或称物理装置。它包括组成微型计算机的各部件和外围设备。

微型计算机与传统的计算机并无本质区别。它也是由运算器、控制器、存储器和输入/输出接口等部分组成的。其不同之处在于，微型计算机是把运算器和控制器集成在一片或几片大规模集成电路中，并称之为微处理器（或微处理机、中央处理机）。以微处理机芯片为中心，再加上存储器芯片和输入/输出（接口）芯片等大规模集成电路组成的超小型计算机或整个计算机只用一片大规模集成电路组成的超小型计算机，称为微型计算机，简称微机。只用一片大规模集成电路构成的微型计算机，又称为单片机。微型计算机配以输入/输出设备，就构成了微型计算机硬件子系统或称微机硬件系统。微型计算机硬件系统组成如图 4—1 所示。

二、软件子系统

所谓软件子系统（简称软件系统）系指微型计算机系统所使

用的各种程序的集合。它包括不需用户干预的各种系统程序（又称为系统软件）、用户使用的各种程序设计语言以及使用程序设计语言编制的各种应用程序（又称为应用软件）。程序设计语言分为高级语言、汇编语言和机器语言。

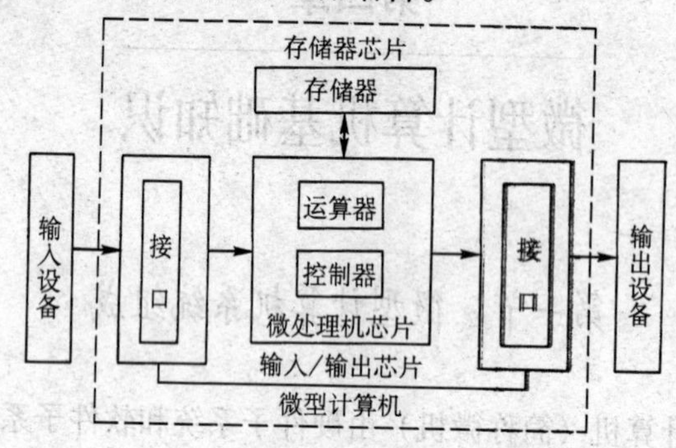

图 4—1 微型计算机硬件系统组成

第二节 微型计算机的硬件系统结构

所谓微型计算机硬件系统结构，系指由各部件构成系统的连接方式。一种典型的微型计算机硬件系统结构如图 4—2 所示。

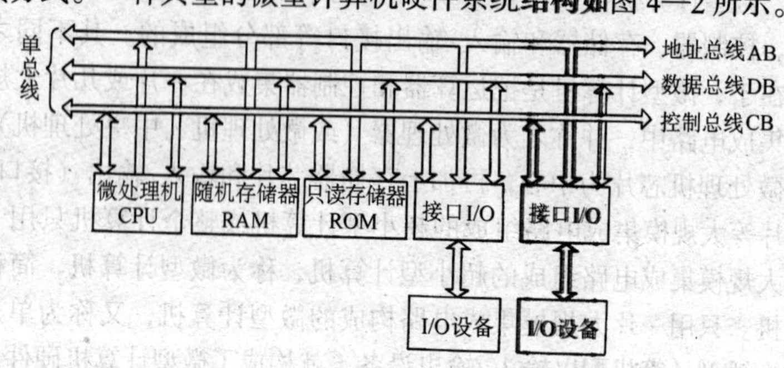

图 4—2 微型计算机硬件系统结构

这是一种典型的微型计算机硬件系统结构——单总线（或称系统总线）系统结构。单总线是一组用来进行信息传递的公共信号线。它由地址总线、数据总线和控制总线组成。系统中各部件均挂在单总线上，构成微型计算机硬件系统，所以又称为面向系统的单总线结构。

在微型计算机中有两股信息流（数据信息流和控制信息流）在流动。在单总线系统中，通过单总线实现微处理机、存储器和所有 I/O 设备之间的信息交换。

一、总线结构

微型计算机多采用以总线为中心的计算机结构。总线是指计算机中传送信息的公共通路，是一些通信导线。计算机的工作过程可概括为信息传送和信息加工的过程，信息都是通过总线传送的。总线传送信息的方式是同一时刻发送端只能有一个部件发送信息，接收端可以有一个或多个部件同时接收信息。图 4—3 所示为微型计算机总线结构示意图。

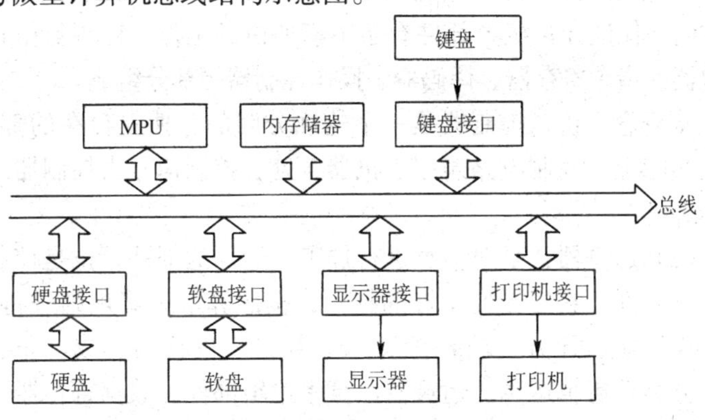

图 4—3　微型计算机的总线结构

微型计算机的外围设备比较简单，输入设备主要是键盘、鼠标，输出设备主要是显示器、打印机，外存储器主要是软磁盘、硬磁盘、光盘。

外围设备不是直接与 CPU 连接的，而是通过相应的接口电路再与 CPU 连接。接口是在两个计算机部件或两个系统之间，按照一定的要求传送数据的部件。例如，键盘通过主机板上的接口电路与 CPU 连接；显示器通过显示器适配器（显示卡）与 CPU 连接；打印机通过打印机适配器（打印机卡）与 CPU 连接；软、硬磁盘通过各自的适配器（驱动器卡）与 CPU 连接。这些适配器都是一块带有插头的线路板，可插在主机板插槽上，再通过电缆与各自的外围设备相连。

二、中央处理器

中央处理器（CPU）是计算机的核心部件，对微型计算机来讲，核心部件是微处理器（MPU），它包括控制器和运算器两个部件。

1. 控制器和运算器

（1）控制器：是计算机的控制指挥中心，它协调和指挥整个计算机系统的操作。它的主要功能是识别和翻译指令代码，安排操作的先后顺序，产生相应的操作控制信号，指挥控制数据的流动方向，保证计算机各部件有条不紊地协调工作。控制器由指令计数器、指令寄存器、译码器、操作控制器等部分组成。

从概念上讲，控制器是一个轮廓分明的、独立存在的部件。但是实际上，控制电路遍布于机器各处，控制信号由控制器送到各个部件。

（2）运算器：是对信息进行加工、运算的部件，也是控制器的执行部件，它接受控制器的指示，按照算术运算规则进行加、减、乘、除、开方、求幂等算术运算，还进行与、或、非、比较、分类等逻辑运算。运算器由算术逻辑部件、数据寄存器、累加器等部分组成。

2. 存储器

存储器是计算机的记忆部件，用来存放计算机进行信息处理所必需的原始资料、中间数据、最后结果，以及指示计算机如何工作的程序。计算机中的全部信息，都存放在存储器中。按照控制器的信号，可以向存储器中指定位置存入信息或从指定位置取出信息。计算机的存储器分为主存（内存）和辅存（外存）两类。

（1）内存储器：是直接受 CPU 控制的存储器。其内部分为许多存储单元，每个单元都有唯一的编号（称为地址，类似于门牌号码）。从存储单元读取信息后，该单元中的信息仍保留不变，可以再次读取；向存储单元写入信息时，原存在该单元中的信息被新存入信息取代。存取信息都是按单元地址进行的。

现代的内存储器多是半导体存储器，采用大规模集成电路或超大规模集成电路器件。

按照信息存取方式分类，内存储器可分为随机存取存储器和只读存储器。

1）随机存取存储器：简称随机存储器，或 RAM。它允许随机地按任意指定地址向该存储单元存入或从该单元取出信息，对任一地址的存取时间都是相同的。由于信息是通过电信号写入存储器的，所以掉电（关机或非正常停电）时 RAM 中的信息就会消失。用户上机时，程序存入 RAM，如果对程序或数据进行了增、删、改操作，则需存盘，否则关机后信息将消失。

2）只读存储器：简称 ROM，是只能读出而不能随意写入信息的存储器。ROM 中的信息是在厂家制造时用特殊方法写进去的，掉电后信息也不会消失。ROM 中一般都是存放一些至关重要的、经常要使用的程序及其他信息，以避免其受到破坏。在需要使用这些程序时，计算机将其调入 RAM。

（2）外存储器：随着科学技术和计算机技术的发展，要解决一些大型的复杂的问题，不仅要求计算机高速有效地工作，还要求其有很大的存储容量。内存容量的扩充受到技术上的限制而且价格较高，所以计算机系统都要配置外存储器。微型计算机常用的外存是软磁盘、硬磁盘，这些都属于磁表面存储器，都是将磁性材料喷涂在一些塑料、非导磁金属或其他基体的表面，用磁化信号记录信息，由磁头对信息进行读写的存储器，有点类似于电唱盘。随着计算机技术的发展，光盘日益广泛地用作外存储器。

1）软磁盘：有 5.25 英寸（现已不用）和 3.5 英寸两种。为起保护作用，软磁盘都封装在保护套内。保护套上开有若干个孔，读写槽可供磁头进行读写，轴孔供驱动轴穿过，连接软盘随驱动轴旋转。在保护套上还有写保护口，对磁盘中数据进行保护。在软磁盘保护套上都贴有标签，注明盘内信息的内容。

2）硬磁盘：微型计算机的硬盘是一个封闭式的结构，固定在计算机内。硬盘和硬盘驱动器是一个整体，不像软盘那样可以单片零售。硬盘和主机之间也是靠接口连接，多采用各种标准接口。

硬盘的信息存储格式与软盘类似，但它的存储容量比软盘大得多，一般为几十兆或几百兆字节，甚至达到几百 GB。硬盘的读写操作原理与软盘基本相同，但速度比软盘快，可以是软盘的几十倍。

3）光盘：用于计算机系统的光盘有三类：只读型光盘、一次写入型光盘、可抹型光盘。

3. 输入/输出设备

输入设备是指向计算机输入程序和数据的设备。如键盘、鼠标、光笔等。输出设备是指计算机的信息送出的设备。如打印机、显示器、绘图仪、扬声器等。

第三节　微型计算机的软件系统

微型计算机的软件系统包括系统软件和应用软件两部分，这些软件都是用程序设计语言编写的程序。

一、程序的概念

要使计算机按照人们的意愿工作，目前还要借助程序设计语言，将解决实际问题的方法、公式、步骤等编写成程序，然后将它输入计算机，由计算机执行这个程序，解决问题。程序，就是为解决某一问题而设计的一系列指令或语句，它们具有计算机可接受的形式。而设计和书写计算机程序的过程，即是人们常说的程序设计，或称编程序。

用户使用计算机的方法有两种：一种是选择适合的程序设计语言，自己编程序，以解决实际问题；另一种是使用别人编制的程序，如购买软件，这往往是为了解决某些专门问题而采用的办法，例如使用 WPS 文字处理软件。

二、系统软件

系统软件包括操作系统、语言处理程序和一些服务性程序。其核心是操作系统。

1. 操作系统

计算机执行程序、处理信息是一个复杂的、自动的过程，需要有一个统一指挥者来协调各部分的功能，这个统一的指挥者就是操作系统（OS）。操作系统是计算机系统资源的管理者，管理包括硬件（如 CPU、存储器、外围设备）和软件（如各种程序和数据）在内的一切资源。操作系统为用户使用计算机提供了方便，它的一系列管理程序简化了用户编写、装入、调试、运行程序的手续。操作系统是人与计算机打交道的桥梁，用户通过使用操作系统提供的显示目录命令、复制文件命令、文件改名命令、磁盘格式化命令等来实现各种操作。

操作系统的功能主要是处理机管理、存储管理、文件管理、设备管理。对微型计算机来讲，上述功能主要体现在文件管理和设备管理方面。而微型计算机的主要外存储器是磁盘，文件一般都存放在磁盘上，故微型计算机的操作系统多称为磁盘操作系统（DOS）。例如，我们经常听到的 PCDOS、UCDOS、CCDOS 等。随着微型计算机功能的迅速提高，处理机管理和存储管理方面也日益发达。

2. 语言处理程序

如前所述，语言处理程序包括汇编程序、编译程序和解释程序，其作用是将汇编语言和各种高级语言编写的程序翻译成计算机能够直接识别和执行的机器代码。

3. 其他系统软件

系统软件中还包括一些服务性程序，例如，软件调试工具、错误诊断和故障检查程序、测试程序、开发软件等，这些程序为用户使用计算机提供了方便。

三、应用软件

应用软件是为解决计算机应用中的实际问题而编制或购买的软件。前面介绍的计算机在各个领域的应用，就是通过应用软件来实现的。为提高软件的质量和效益，应用软件日益向着产业化、商品化、集装化发展，社会上有很多为满足各种专门需要而开发的软件包，如文字处理软件、财会软件、辅助教学软件、图像图形处理软件、检查消除病毒软件等。

第四节　计算机网络系统

随着计算机科学技术的迅猛发展和信息化社会的到来，仅仅依靠单个的计算机“孤军作战”很难发挥重大作用，人们的观念已经发生变化，不再认为计算机联网是可有可无的事了。

1. 计算机网络

简单地说，计算机网络是指在地理上分散布置的多台独立计算机，通过通信线路互联构成的系统。计算机网络是计算机技术和通信技术结合的产物。

2. 计算机网络的类型

计算机网络可以有很多种分类方法，一般按网络的覆盖范围（通信距离）分为两类：一类是广域网（WAN），又叫远程网；另一类是局域网（LAN），简称局网。

3. 计算机网络的功能

计算机网络具有以下几个主要功能。

（1）实现资源共享：实现数据资源共享、软件资源共享和硬件资源共享。

（2）提高系统的性能：资源共享的实现，使各网络用户相当于拥有一台比其计算机本身的软硬件功能高得多的计算机系统。而且，某些依靠单机系统不能解决的问题，可以利用联网在多台计算机上协同处理。

（3）分担负荷：网络上各用户都在独立进行自己的工作，但各用户在各不同时期，可能有的负担很重，有的机器闲置。网络用户可在本地终端送入他的作业，经网络传输到另一台计算机中，并启动他的作业运行并对其进行控制，实现均衡负荷。

（4）电子邮递。

（5）网络技术与多媒体技术相结合：计算机网络不仅能传送和处理数据信息，而且能传送和处理声音、图形、图像等多媒体信息，进入多媒体世界。

4. 网络的组成

计算机网络由通信子网和在通信子网支持下组织起来的资源子网组成。

第五节　微型计算机控制电梯基础知识

在电梯控制上采用微型计算机，取代传统的继电器控制方式越来越受到人们的重视。使用微型计算机控制电梯，已在国内外电梯行业中进行了大量的研究，并已装配在各种类型的电梯上，使得电梯控制系统体积减小，成本降低，节省能源，可靠性提高，通用性强，灵活性大，可以实现复杂功能的控制。

因此，要提高我国的电梯技术水平，跟上高速发展的形势，就必须下大力气开发研制微型计算机在电梯上的应用。微型计算机不但可以装配新的电梯产品，还可以用来改造旧电梯，使之实现“现代化”，并能取得良好的经济效益和社会效益。

一、微型计算机在电梯上应用的功能及特点

1. 功能

微型计算机的功能是很多的，运用到电梯控制系统主要是用来：一取代全部或大部分的继电器；二取代选层；三解决调速问题；四实现复杂的调配管理系统。

2. 特点

(1) 采用无触点逻辑线路，以提高系统的可靠性，降低维修费用，提高产品质量。

(2) 可改变控制程序，灵活性大，可适应各种不同要求，实现控制自动化，人性化。

(3) 可实现故障显示，使维修简便，减少故障时间，提高运行效率。

(4) 用微型计算机调速，提高电梯的舒适感。

(5) 用微型计算机控制变频变压调速，省去复杂的控制系统，使电梯实现现代化。

(6) 用微型计算机实现群控电梯管理，合理调配电梯，可以提高电梯运行效率，节约能源，缩短候梯时间。

(7) 用微型计算机控制电梯，可减少控制装置的占地面积。

二、微型计算机控制的主要方式及组成

微型计算机控制电梯的方式是根据电梯功能的要求，以及电梯的不同类型进行设计的，因此，控制方式各有不同。

1. 单微型计算机控制方式——即只有一个 CPU

(1) 单板机控制方式：例如用 TP801 组成的控制系统控制调速系统（见图 4—4），或用来控制管理系统等。

(2) 单片机控制方式：即用单片机组成的电梯控制系统，如图 4—5 所示。

2. 双微型计算机控制方式

在交流调压调速电梯中，采用双微型计算机组成交流电梯控制系统，可使电梯的性能大大改善，使舒适感提高，平层准确，误差小，可靠性高，使故障率大大下降，功能增加，其控制原理如图 4—6 所示。

此种方式是由控制系统的 CPU 和拖动系统的 CPU 以及部分继电器组成整个电梯的控制系统。此种线路可以实现起制动闭环控制，稳速开环控制，使电梯的舒适感和平层精度大大提高。

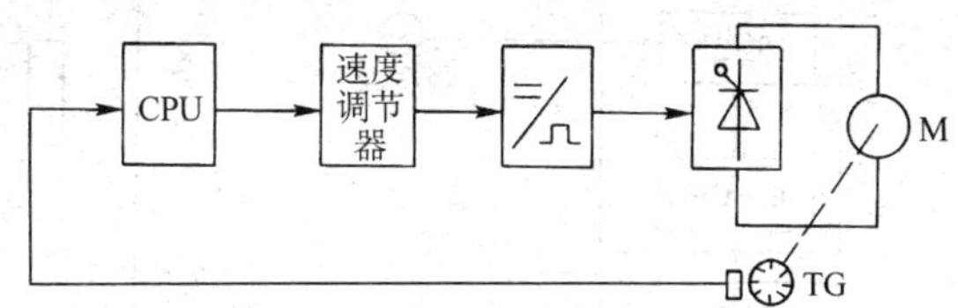

图 4—4　单板机控制系统

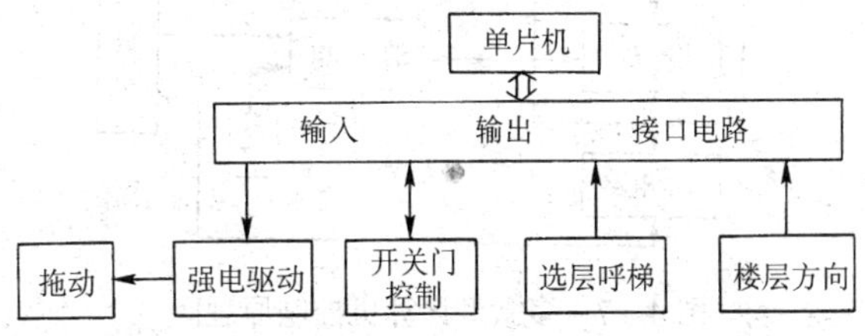

图 4—5　单片机控制系统

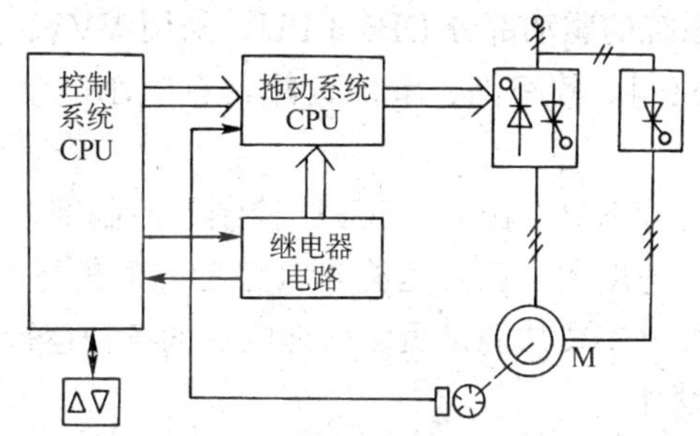

图 4—6　双微型计算机控制原理图

3. 三微型计算机控制方式

三微型计算机控制方式，也称多微型计算机控制方式。例如，上海三菱电梯厂生产的 VVVF 电梯中的 VFCL 系统，即采用三个 CPU 来控制电梯，它的基本控制原理如图 4—7 所示。

三个 CPU 的作用为：DR—CPU 驱动部分；CC—CPU 控制

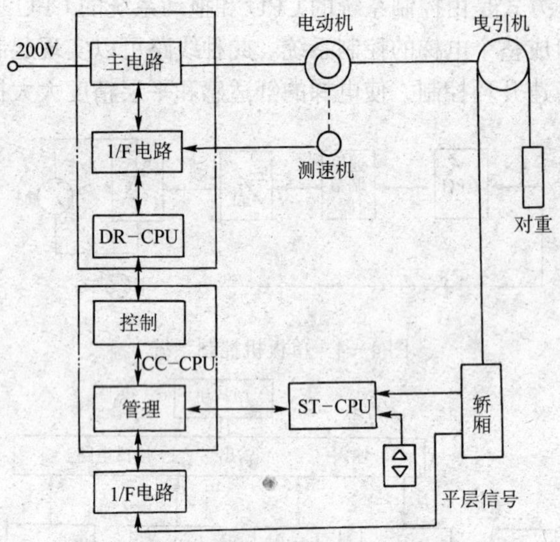

图 4—7　多微型计算机控制原理图

和管理部分；ST—CPU 串行传输部分。

VFCL 系统的驱动部分 DR—CPU，采用 VVVF 方式对曳引机进行速度控制。效率高、节能、并具有减小电动机发热等优点。

控制和管理部分均由 CC—CPU 控制，控制部分的主要功能是对选层器、速度图形和安全检查电路三方面进行控制。VFCL 系统的管理部分主要功能是负责处理电梯的各种运行，以及标准设计和附加设计。

（1）标准设计内容

1）根据厅外召唤运行。

2）根据轿内指令运行。

3）楼层检查。

4）低速自动运行。

5）返基站运行。

6）特殊运行。

7）选层器修正动作及手动运行等。

（2）附加设计内容

1）有司机运行。

2）到站预报。

3）厅外停止开关动作。

4）停电自平层。

5）停电手动运行。

6）火灾时的运行。

7）地震时的运行。

8）其他运行等。

VFCL 系统的 ST—CPU 系统是串行传输系统，它的优点是无论楼层多高，传输线只有 6 根。主要是利用载波传输。

4. 群控电梯的微型计算机控制方式

使用微型计算机对群控电梯进行控制，方式也各有不同，使用微型计算机的数量也有所不同。

例如，天津奥的斯电梯公司引进的 E401 电梯的控制系统，使用 16 位微处理机，使用计算机的数量是根据每组电梯轿厢的数量，按 $2n+1$ 的比例增加的（n 为电梯轿厢数）。如果再加上人工语言合成和直观显示等，计算机数量还要增多。

此套控制系统共分为三部分：一是群控装置；二是运行控制装置；三是轿厢操作控制。

群控装置在整个运行中负责合理的分配轿厢，对呼梯进行登记和显示，主要是分派和调度的作用。此部分由一台计算机和部分接口电路组成。

运行控制装置，主要用于控制轿厢运行的速度、方向和制动。它由一台 16 位计算机、接口电路及功放等部分组成。

操作控制部分，主要是对轿厢的负荷、命令、位置进行处理，包括语音合成等。使用一台 8 位计算机和相应的接口电路组成。如果将语音合成和直观显示部分包括进去，每个轿厢又增加了两台计算机。

此种控制还包括，位置传感器，转速传感器，负荷传感器，以便向控制系统、拖动系统提供信息，使电梯平稳运行，并完成各种特殊功能的控制。

三、微型计算机控制的实现

微型计算机控制电梯使电梯实现自动化、智能化。各种功能主要是通过软件和硬件两部分来完成。

1. 主电路

此系统是电梯的主要控制部分，它包括晶闸管三相对称反并联电动组和由两个晶闸管、两个二极管接成的单相半控桥式整流电路组成的制动组。制动时，使电梯电动机的低速绕组实现能耗制动，如图 4—8 所示。

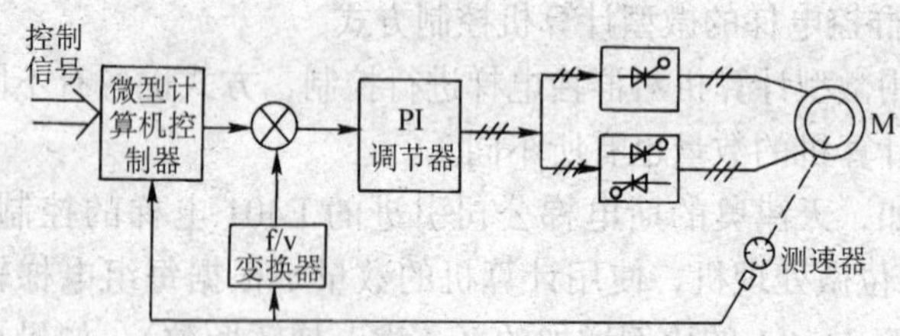

图 4—8 微型计算机控制电梯原理图

2. 控制部分

此部分包括计算机控制器、调节器、触发电路。微型计算机控制器是按理想速度曲线计算出启动及制动时的给定电压，时实计算电动机速度及电梯运行行程，实现对系统的控制。

调节器是将微型计算机控制器产生的给定电压与测速器的反馈电压相比较后，输出信号电压以控制触发电路，使晶闸管导电角变化（移相），达到改变交流电压的目的。此调节器采用比例积分调节器，即 PI 调节器。

(1) 控制过程：此系统采用启、制动闭环，稳速时开环控制。

1）启动加速过程：当系统接收到启动信号后，微型计算机控制器输出一定的给定电压，此时电梯抱闸已打开，调节器输出电压为正，使电动组晶闸管触发电路移相，输出电压，电动机高速绕组得电开始转动。此时制动组晶闸管触发电路被封锁。

当电动机转动后，电动机轴上的测速装置（光电装置为好）发出脉冲。此时，微型计算机按理想速度曲线计算给定电压值，并定时地变化给定速度和实际速度的比值。这个电压与反馈电压比较后有一个差值，一般这个差值总是使调节器的输出为正值。这样，电动组晶闸管的导电角不断加大，电动机的转速也逐渐加快。当输出电压接近 380 V 时，启动过程结束，见图 4—9 的 t_1～t_3 段。

2）稳速过程：如图 4—9 所示的 t_3～t_4 段。当电动组晶闸管全导通时，整个系统处于开环状态。此时，微型计算机的任务是测速和查减速点以及监控。

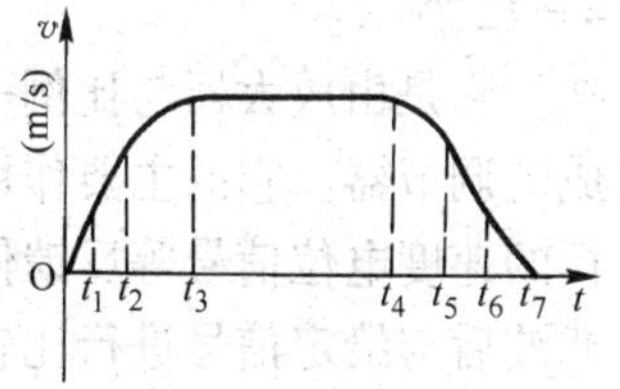

图 4—9　电梯运行曲线图

3）制动减速过程：如图 4—9 所示的 t_4～t_7 段。当电梯运行至减速点时，微型计算机开始计算行程和确定电梯此时的运行速度，此时，微型计算机将以实际速度按距离计算出制动时的给定电压作为系统调节器的输入值。由于制动时给定电压小于反馈电压，所以使调节器输出为负值，电动组晶闸管被封锁。而制动组晶闸管触发电路移相输入为正，该组晶闸管导通，电动机的速度按理想速度曲线变化。当转速等于零或很低时，电梯也相应地平层停靠。

（2）调速的主要环节及原理

1）给定电源是一个典型的稳压电源，一般稳压精度较高。输出电压值根据不同要求有所不同。

输出电压要形成一个电梯的运行曲线，就要求稳压电源输出不同等级的电压值，以便输出不同的阶跃信号。主要方法就是将稳压电源的输出电压经过电阻分压，根据现场需要定出高速、中速、低速等运行的给定电压值，如图 4—10 和图 4—11 所示。

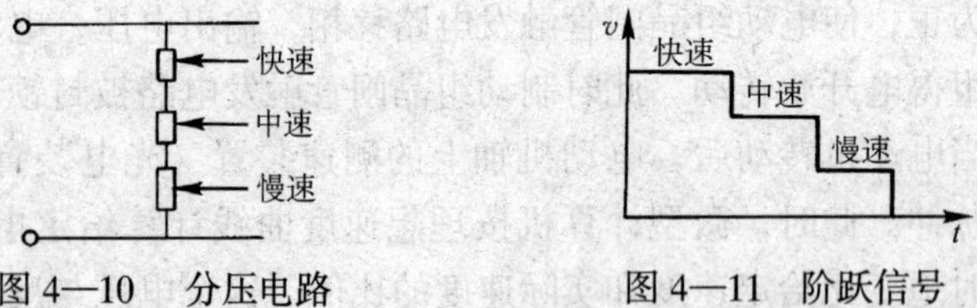

图 4—10　分压电路　　图 4—11　阶跃信号

2）调节器的组成有许多种，可以根据不同的用途来选择，例如，比例调节器（P 调节器）、积分调节器（I 调节器）和微分调节器（D 调节器）等。在电梯调速系统中，一般都采用比例积分调节器，利用 P 调节器的快速性和 I 调节器的稳定性，如图 4—12 所示。

它是由放大器与比例—积分环节构成的调节器。它的主要作用是将电梯运行的速度电位信号等反馈信号经分压和滤波后与给定信号进行比较，再将差值送入调节器放大、调节，使电梯轿厢的运行速度跟随给定速度曲线。

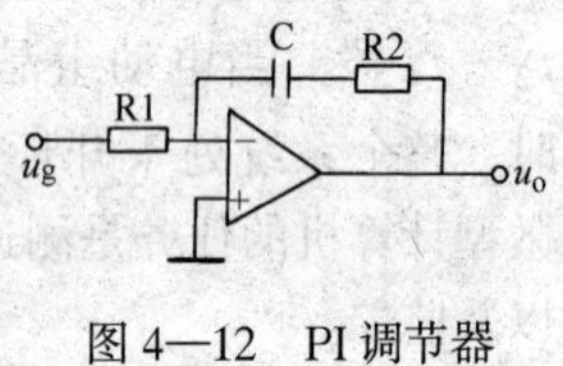

图 4—12　PI 调节器原理图

3）反馈环节包括反馈种类和反馈方法。

反馈的种类：在电梯的调速系统中，为得到理想的调速，大都采用闭环调速系统。在闭环调速系统中又分为单闭环、双闭环、三闭环等。在三闭环控制系统中又分带电流变化率调节器的三闭环调节系统；带电压调节器的三闭环系统，以及电流、速度、位置三环控制系统。

反馈的方法：反馈的方法有许多种，可根据不同的目的采用不同的方法。如以测速发电机的电压信号作为反馈电压信号；光码盘反馈、光带反馈的脉冲数字信号；以及旋转变压器反馈和电流互感器反馈等。

4）微型计算机系统中，对输入、输出信号是有一定要求的，如果不能满足，就得通过接口电路来转换。例如：

传送方式的转换：由于传送方式有串行也有并行输入，这就要求与微型计算机协调。如果微型计算机是并行接收数据，那么串行输入的信号就得通过移位寄存器记数，然后并行输入微型计算机进行处理。

电平转换：如果电梯控制系统中有许多电平较高的信号，就需要将这些信号通过接口电路转换成微型计算机能接受的电平信号。

抗干扰：常用的接口电路有两种：一是光电耦合电路，也称光电隔离器；另一种是施密特触发器；光电耦合电路，是通过光电隔离作用把外部信号送入微型计算机的，如图 4—13 所示，把微型计算机内信号输出，如图 4—14 所示。

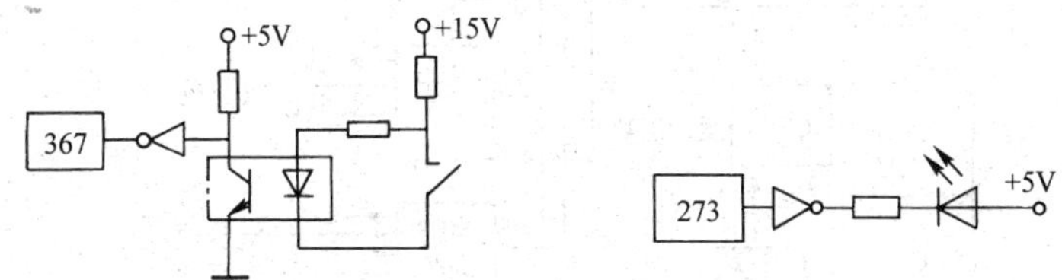

图 4—13　光电输入电路图　　图 4—14　光电输出电路图

5）微型计算机控制电梯运行的选层，大部分电梯都取消机械选层器，而用光码盘或其他方法选层。它将电梯运行的距离换成脉冲数，只要知道脉冲数，就知道电梯运行的距离。

在调速系统中，如果采用数字式调节方式，脉冲数可直接输入。而如果采用模拟量调节方式，则脉冲数要通过数/模转换输入调节器。

在脉冲记数选层方法中，为了避免因钢丝绳打滑等其他原因造成的误差，在电梯井道顶层或基站设置了校正装置，即感应器或者开关。它起到对微型计算机计数脉冲进行清零的作用，保证了平层精度或换速点的准确。

6）电梯的开关门控制系统。微型计算机控制的电梯，开关门系统可以实现多功能化。此部分可以有速度给定、调节、反馈、减速、安全检查、重开等功能，使电梯门的控制系统达到理想状态。

7）微型计算机控制电梯的系统结构。微型计算机控制电梯主要是通过接口电路把输入输出信号送入微型计算机进行计算或处理，控制电梯的速度及管理系统。其方法有查表法、计算法等，原理图如图4—15所示。

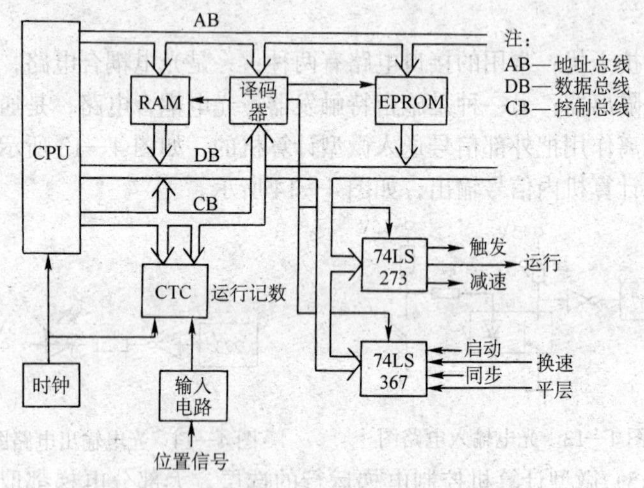

图4—15　微型计算机控制电梯原理图

四、微型计算机控制系统抗干扰

利用微型计算机控制电梯，它的功能和优点是很多的，是电梯实现现代化的主要方法。但是，对于微型计算机控制的电梯，重要的是如何提高可靠性，排除干扰的问题。干扰是影响整个系统安全、可靠、稳定运行的主要原因，例如电源的波动，电动机的启动，晶闸管的导通与截止，接触器的工作等，对微型计算机都是干扰源。处理不好，微型计算机就不能正常工作，它的功能就不能发挥。如何解决干扰问题呢？一是阻挡干扰脉冲窜入微型计算机系统，二是提高微型计算机使用模块固有的可靠性，来抵抗脉冲的破坏作用。其方法是：

1. 光电隔离

通过光电耦合，全部的信息都是通过光电信号来传递，抗干扰能力提高。

2. 屏蔽与接地

把微型计算机的机箱金属壳接地形成屏蔽。对部分电源线、信号线屏蔽接地。

3. 微型计算机电源采用抗干扰措施

由于电源电压波动较大，再加上电梯启制动的压降和晶闸管大幅值尖脉冲的干扰，所以要采取一定的抗干扰措施。

（1）抗干扰开关电源：此开关电源与 LC 网络配合，对高、低频滤波达到抗干扰的目的。

（2）电源变压器隔离屏蔽

4. 模块及元器件的筛选

（1）逻辑功能的检测。

（2）温度筛选。

（3）震动筛选。

（4）电压拉偏筛选。

电压拉偏后再看静态、动态和程序工作是否正常。

第六节　可编程序控制器控制电梯

可编程序控制器（PLC），是采用微型计算机技术制造的通用的自动控制设备。它不但能控制开关量，还能控制模拟量，可靠性高，抗干扰能力强，并具有完成逻辑判断、定时、计数、记忆和算术运算等功能，可以取代以继电器为主的各种控制设备。它不仅能用于控制机械设备、流水线和各种设备的运行过程，实践证明 PLC 用于控制电梯各种操作和处理信息也是可行的，并得到普遍的推广。

PLC的结构采用计算机结构，由中央处理单元、存储器、输入输出接口电路和其他一些辅助电路组成，如图 4—16 所示。利用 PLC 控制电梯，各厂家均有不同的控制方案，不再叙述。

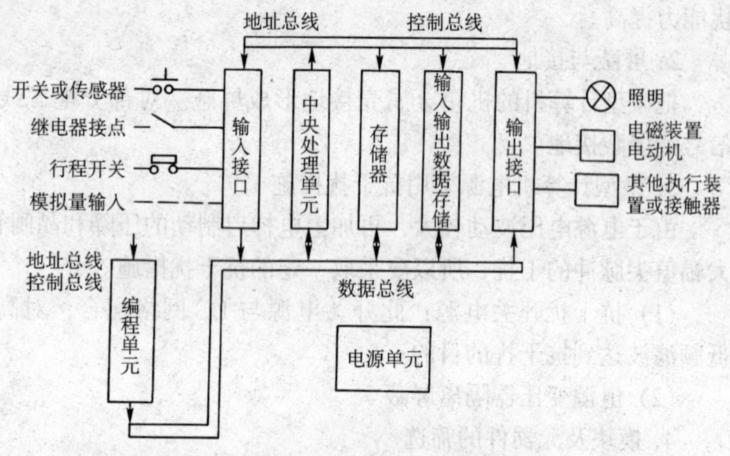

图 4—16　PLC结构示意图

第五章

液压电梯

第一节　液压电梯的结构

液压电梯以液体的压力为动力源，通过柱塞直接或间接地作用于电梯的轿厢上，轿厢在固定的导轨之间运行。因此，液压电梯的运行主要依靠油泵和液压系统。

一、油泵站装置

油泵站系统是由电动机、油泵、油箱组成的。油泵站的作用就是为油缸提供动力，即使油缸升降，并为其储存油液。

液压电梯泵站的电动机和油泵一般都安装在油箱内，即潜油泵。油泵一般用螺杆泵，输出压力一般在 0～10 MPa 之间，油泵的功率与油的压力和流量成正比。

油箱除能储油外，还可以起到冷却电动机和油泵，以及隔音的作用。

二、液压电梯的顶升方式

液压电梯的顶升方式一般分为直接顶升和间接顶升两种。

直接顶升就是柱塞直接与轿厢结构相连，将轿厢顶起。柱塞与轿厢的运行速度是相同的。柱塞与轿厢连接的部位可以是轿厢的底部中间位置，也可以是轿厢的侧面的结构位置。直顶式有单缸直顶式和双缸侧置直顶式，如图 5—1 至图 5—4 所示。还有单缸侧置直顶式和双缸侧置直顶式以及双缸侧置倍率式等。

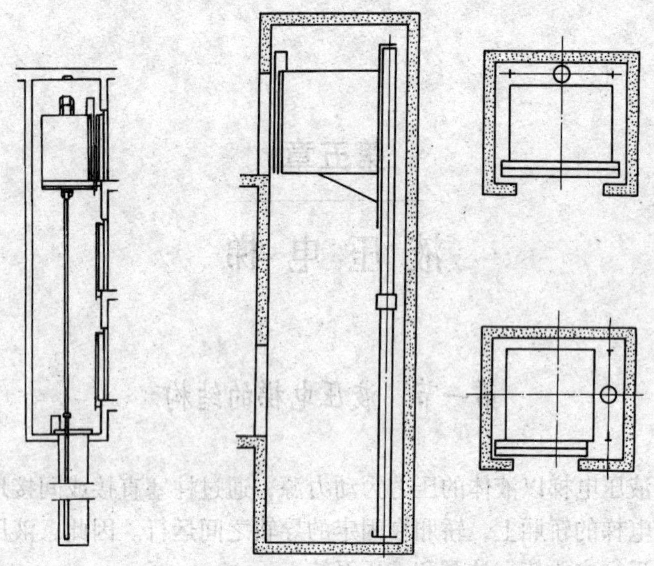

图 5—1　单缸直顶式　　　　图 5—2　单缸侧置直顶式

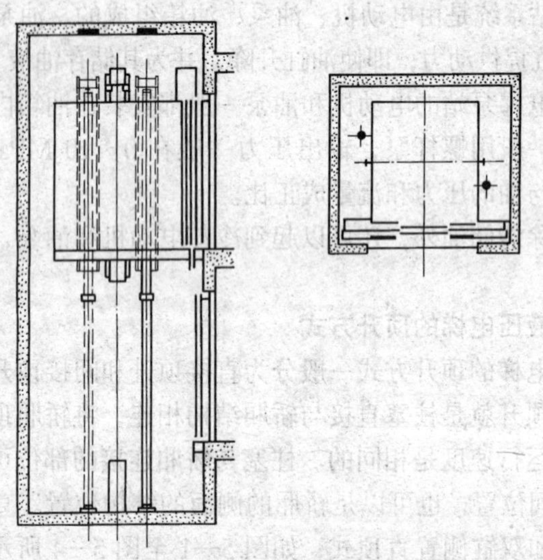

图 5—3　双缸侧置直顶式

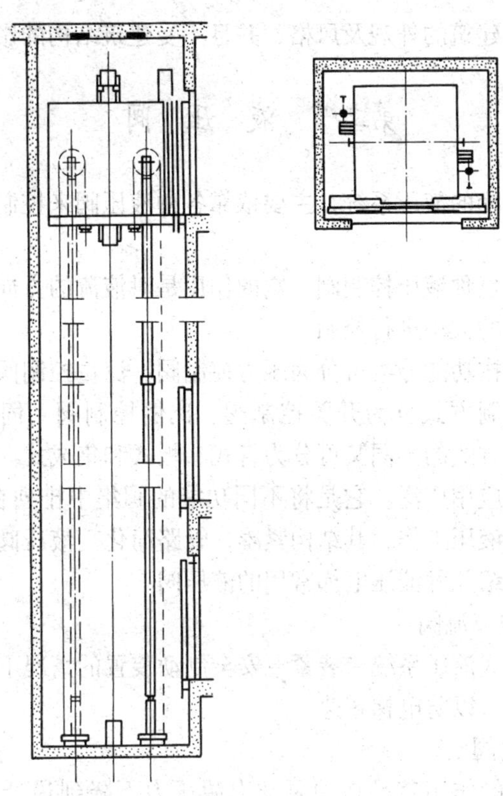

图 5—4　双缸侧置倍率式

三、液压电梯结构及性能特点

(1) 液压电梯在运行方式上可节能。即在下降时靠轿厢的重量驱动。液压系统只起阻尼和调控作用。

(2) 安全性好、可靠性高。液压电梯失速、冲顶、蹾底的情况很少。

(3) 顶升载荷大，在短行程、重载荷（4 000 kg 以上）的场合，最适合使用液压电梯。

(4) 不需要在井道上方设立机房道是建筑结构上的特点，降低了建筑成本。在有价值的艺术和古典建筑物内加装液压电梯，可不破坏原建筑的外观及风格，并且不受建筑结构的影响。

第二节 液 压 阀

液压电梯的液压系统，主要依靠各种液压阀来控制电梯完成各项作业。

液压阀也称液压控制阀，它的作用是对液流的方向、压力高低以及流量的大小进行控制。

液压阀按功能分类可分为压力控制阀、流量控制阀、方向控制阀；按控制方式分为开关控制阀、比例控制阀、伺服控制阀等；按连接方式的不同又可分为管式、板式和集成式。集成式在液压系统中应用广泛。它是将不同功能的阀集中排列在阀块中，以完成各种液压工作，其结构紧凑，管路简化。液压阀的种类较多，以下介绍几种液压电梯常用的液压阀。

1. 单向节流阀

在直顶式液压系统未装紧急安全制动装置的情况下，应设置单向节流阀，以防电梯超速。

2. 单向阀

单向阀的作用就是在油泵动力源压力下降到最低工作压力时，能使载有额定负载的电梯在任何位置加以制停并保持静止状态。

3. 溢流阀

溢流阀的作用是，当油的压力超过一定值时，能使油回流到油槽内。溢流阀的动作压力一般调节在满负荷压力的140%，但不得超过170%。

4. 安全、限速切断阀

为防止液压电梯超速或自由坠落，应设置安全阀，或称管道破裂安全阀。当液压系统出现较大的泄漏，电梯速度达到额定速度再加上0.3 m/s时，安全阀必须能够将超速的电梯制停，并保持静止状态。如果有多个油缸工作时，其设置的安全阀均应同时动作。

5. 复合控制阀组

将流量控制阀、安全阀、手动下降阀组成一体的阀可称为复合阀组。通过调节阀的流量来改变油缸柱塞的动作速度，以适应电梯的上升和下降。此种阀与电气控制装置连在一起，可以控制电梯的启动、停止以及连续动作的全过程。此阀内设有流量计。油量变化反映了电梯的上下运行，并通过流量计将变化量转换成电信号反馈给控制系统，形成了闭环的控制系统，以此达到控制速度的目的。

6. 手动下降阀和手动泵

当液压电梯电源发生故障，轿厢不能运行时，利用手动阀门操纵电梯轿厢下降到最近的楼层层站上。

当电梯装有安全钳装置时，应设置一个手动泵，可使轿厢上升。

第三节　液压缸（油缸）及管路

1. 液压缸（油缸）

液压缸（油缸）和柱塞是液压缸的主要组成部分。油缸和柱塞一般用厚壁钢管制成，油缸的壁承受液体的压力，而柱塞承受着电梯的重量。

液压电梯常用单作用柱塞缸，对单方向起作用，常用一级柱塞。为提高顶升高度，也有用二级或多级伸缩缸的。

油缸的油是从下部进入缸内，压力使柱塞克服阻力和负载向上升起。油缸的返回是靠柱塞的自重和负载的重量将油缸内油压出，使柱塞回落。

2. 管路

管路是液压油的通道，同时承受着压力。管路一般采用刚性管件，尽量少用柔性管件。

管路承受的压力应是满负荷压力的 2～3 倍，安全系数不小于 1.7。管壁厚应在设计厚度加 0.5～1 mm。刚性管件应采用无缝钢管制作。柔性管件采用高压橡胶管，其满负荷压力相对于爆裂压力的安全系数应不小于 8。其他软管及管接头必须能经得住 5 倍的额定负荷压力而不致损坏。

第四节　液压电梯速度控制

液压电梯速度的控制，从其工作原理及特征可以知道，要改变电梯的运行速度必须调节油泵向油缸输出的油量。因此，对液压电梯速度的控制就是对液压系统的液压油流量的控制。液压系统流量控制的方法有：容积调速控制、节流调速控制和复合控制。

1. 容积调速

主要是调节泵的输出流量达到调节速度的目的。其方法是采用变量泵、流量传感器和电磁比例调节阀进行闭环控制。还可以利用改变电动机转速来改变泵的输出流量达到调速的目的。主要是采用变频变压调速技术对电动机的转速进行调节。

容积调速方法具有功率损耗小、效率高、系统发热量少等优点。

2. 节流调速

主要是利用定量泵作动力元件，调节主油路/油缸和旁油路，使一部分压力油从旁路返回油箱，从而改变进入油缸的油量，实现速度调节。

此种方法具有调速回路结构简单，但能耗高，系统发热，效率降低。

3. 复合控制

是将以上两种方法复合使用，既调节泵输出量，又进行节流调节，以达到对液压电梯调速的目的。

液压电梯产品以采用节流调速方式为主。因为这种调速方法已相当成熟，控制方式比较简单而且控制精度也较高。在节流调速液压系统中，还分为开环控制、闭环控制和比例控制三种。在开环开关控制的液压系统中没有反馈回路，因此负载刚度及系统性能相对较差。闭环开关控制的液压电梯带有流量—力反馈控制，因此比开环控制系统在负载刚度性能方面有了提高。此类系统又分为上行流量反馈和全程流量反馈。图 5—5 所示为典型的上行流量反馈液压控制系统。

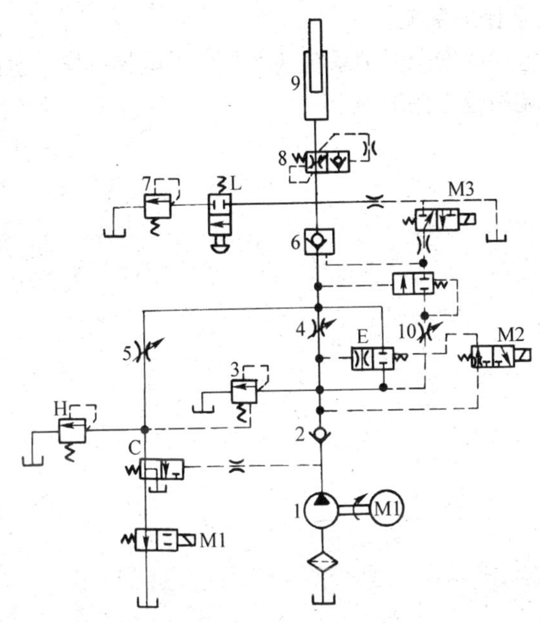

图 5—5　上行流量反馈液压控制系统示意图

1—泵　2—单向阀　3—定差溢流阀　4、5、10—节流阀

6—液控单向阀　7—背压阀　8—限速切断阀　9—液压缸　11—电动机

$M_1 \sim M_3$—电磁阀　C—方向阀　E—上行阀　H—安全阀　L—手动阀

第五节　液压电梯的电气及安全保护系统

1. 电气控制系统

液压电梯的电气控制系统包括控制柜、操纵召唤装置和楼层显示。在控制柜中，其各种控制信号（如召唤、安全、位置、监测信号）与曳引电梯没有什么区别。有的生产厂家用同一控制系统来控制液压电梯，只不过增加了液压系统的控制点，即对液压系统流量进行控制，如图 5—6 所示。

2. 安全保护系统

液压电梯的安全保护系统基本与曳引电梯一样，也设置了超速保护、端站越程保护等。

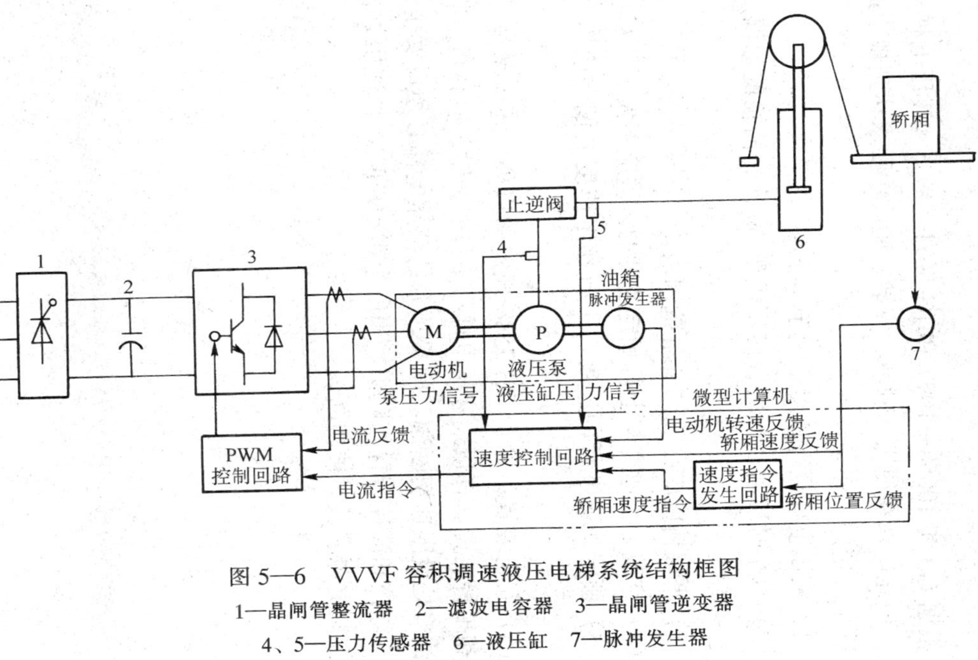

图 5—6　VVVF 容积调速液压电梯系统结构框图

1—晶闸管整流器　2—滤波电容器　3—晶闸管逆变器

4、5—压力传感器　6—液压缸　7—脉冲发生器

第六节　液压电梯的技术要求

根据 GB/T 10058—1997 和 JG 5071—1996《液压电梯》的规定，液压电梯在使用、制造、安装、验收中要求达到规定的标准，满足规定的工作条件。

（1）液压电梯运行速度不大于 1 m/s。

（2）每小时启动运行次数应不大于 60 次；油箱的油温应控制在 5～70℃。

（3）平层精度应在 ±15 mm 范围内。

（4）空载上行速度与上行额定速度的偏差应不大于 ±8%。

（5）额定载荷下行的速度与下行额定速度的偏差应不大于 8%。

（6）安全装置：除了 GB 7588 规定的以外，还应增加油温保护和报警装置。直顶式液压电梯可不设安全钳，但必须在液压缸的油口处设限速切断阀。间接顶升的液压电梯必须设安全钳，并应与电控和液控装置相联锁，当安全钳动作时，主动力线路和下行控制电源应及时被切断。

第六章

自 动 扶 梯

第一节 自动扶梯的构成

自动扶梯是由链式输送机和胶带输送机组合而成的由电力驱动的运输机械。自动扶梯由驱动装置、制动装置、牵引装置、电气控制装置、安全保护装置、金属框架结构、梯路导轨系统、扶手装置、梯级等部件构成。

自动扶梯可以用在不同层高、不同倾斜角的建筑物中，向上或向下连续运转，输送乘客。

自动扶梯由两根环状的链条与梯级在固定的导轨上运行。自动扶梯的梯级上平面保持水平，以供乘客站立。两侧装有扶手带，供乘客手扶站稳。

自动扶梯的驱动部分是由电动机及减速机带动的主驱动轴及链轮。此种传动方式具有许多优点。如运送乘客量大，每小时可达几千人，多达十万人。特别适合车站、商场等乘客流动量较大的场合。不需要井道，占用楼层有效面积小等。

第二节 自动扶梯的驱动装置

驱动装置由电动机、减速器、制动器、传动链条及驱动主轴等部件组成。

驱动装置安装位置一般有两种：一种是在端部；另一种是在中间。端部驱动结构应用较多，其优点是工艺成熟，维修方便。此种方式适合于小提升高度。大提升高度多采用中间驱动方式。此种方式结构紧凑，能耗低。

一、链条链轮传动

这种驱动装置结构如图 6—1 所示。

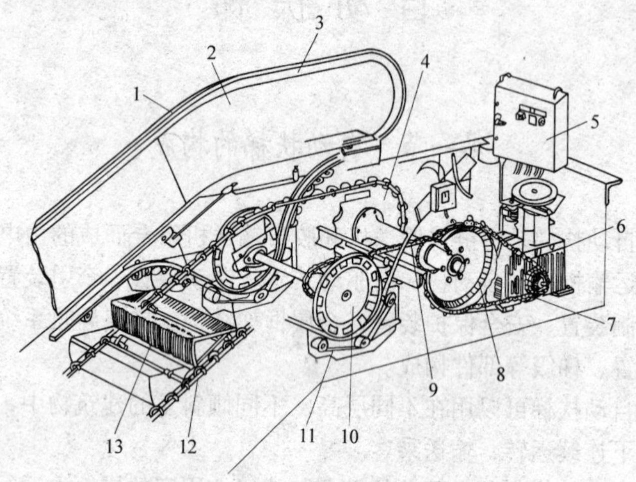

图 6—1 自动扶梯驱动装置结构示意图

1—扶手胶带 2—栏板 3—扶手架 4—牵引链轮 5—控制箱 6—驱动机组 7—传动链轮 8—传动链条 9—驱动主轴 10—扶手驱动轮 11—扶手带压紧装置 12—梯级链条 13—梯级

驱动机组带动链条驱动主轴。主轴上装有两个牵引链轮、两个扶手驱动轮、传动链轮以及紧急制动器等。梯级装在梯级的链条（也称驱动链或牵引链）上，由主轴上的牵引链轮带动。主轴上的扶手驱动轴通过扶手传动链条使扶手驱动轮驱动扶手胶带。

二、齿轮传动

此种结构中，有两个电动机分别与蜗杆连接，两个蜗轮通过斜齿轮直接与两个牵引链轮及两个扶手驱动轮连接。此种装置一般安装在自动扶梯金属结构的较高处，在工厂组装完成。

三、中间驱动装置

在上下两个端部之间安装驱动装置的，即为中间驱动。中间驱动装置用牵引齿条来代替牵引链条。驱动部分的电动机，通过减速器将动力传给两侧的闭环传动链条，使自动扶梯运行。

第三节　自动扶梯的制动装置

自动扶梯的制动器包括工作制动器、紧急制动器和辅助制动器。

一、工作制动器

工作制动器一般装在电动机的高速轴上，在动力电源失电或控制电路失电时，能使自动扶梯停止运转，并保持停止状态。工作制动器是机电制动器，按照 GB 16899—1997 的要求，“供电的中断至少应有两套独立的电气装置来实现，这些装置可以中断驱动主机的电源。”“这些电气装置中的任何一个还没有断开，则重新启动应是不可能的。”

自动扶梯的工作制动器有：块式制动器、带式制动器和盘式制动器三种。

1. 块式制动器

块式制动器的制动力是径向的；制动块是成对的。此种制动器结构简单，制造安装均很方便，使用较多。

2. 带式制动器

带式制动器依靠张紧的钢带在制动轮上施加的压力制动自动扶梯。在钢带内侧装有摩擦衬垫。工作时，松开制动带使堵转力矩电动机通电转动。断电时电机失电，在制动弹簧的作用下，制动带抱紧制动轮，自动扶梯被制动。

带式制动器是目前自动扶梯常用的制动器，其特点是结构简单、紧凑、包角大。

3. 盘式制动器

盘式制动器的制动力是轴向的，制动力矩的大小可根据制动块对数的多少而定。盘式制动器是一种新型的制动器，它的优点是结构紧凑；制动轮转动惯量小；制动平稳、灵敏、散热性好。

二、紧急制动器

紧急制动器的作用是在自动扶梯有载上行，传动链条突然断裂，驱动机组与驱动主轴间失去连接时，防止自动扶梯梯路超速向下运行。此时，即使有安全开关使电源断电，电动机停止运转，也无法使自动扶梯梯路停止运行，因而会导致乘客受到伤害。在驱动主轴上装设一制动器——紧急制动器，用机械方法使驱动主轴，即自动扶梯整体停止运行。

紧急制动器的动作应能切断控制电路，利用摩擦原理通过机械结构进行制动。紧急制动器能在以下两种情况中起作用：一是自动扶梯的速度超过额定速度的 40％时；二是梯路突然改变其规定的运行方向时。

三、辅助制动器

辅助制动器是起保险作用的制动器，即在自动扶梯停止时起保险作用，特别在满载下降时作用更明显。它的功能与工作制动器是相同的，也是必备的。在自动扶梯正常工作时，辅助制动器不起作用。在需要它起作用时，监控系统发出启动信号，电磁铁动作，在弹簧的作用下，制动带拉杆驱动开关使自动扶梯停止运行。

第四节　自动扶梯的梯路导轨及桁架结构

自动扶梯的梯阶沿着金属桁架结构上设置的导轨运行，梯级形成阶梯、平面、转向等。

一、梯路导轨系统

梯路导轨系统包括主轮和辅轮的全部导轨、反轨、反板、导轨支架及转向壁等。导轨的作用是支撑由梯级主轮、辅轮所承载的梯路载荷；并使之不跑偏。

梯路是封闭的循环系统，分为上下两个分支。上分支用于运送乘客，即工作分支；下分支是返回分支，即为非工作分支。

二、金属结构

自动扶梯的金属结构主要是用来安装和支撑扶梯的各种部件、承受各种载荷以及与建筑物两个不同高度层面连接，如图 6—2 所示。

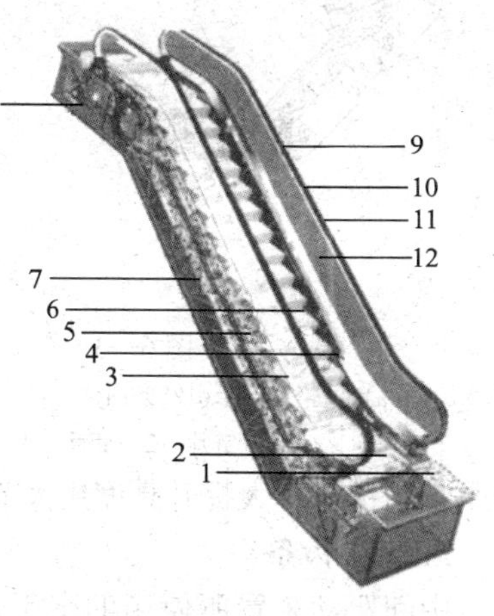

图 6—2　自动扶梯的金属结构
1—踏板　2—梳齿板　3—扶手灯　4—裙板　5—梯阶竖板　6—梯阶平面　7—金属结构　8—机房　9—扶手　10—扶手架　11—栏板　12—包层盖板

自动扶梯的金属骨架是桁架结构，要求结构紧凑，留有装配和维护保养空间。自动扶梯金属结构的两端支撑在建筑物的两个楼层层面上。为避免振动与噪声的传导，金属结构不应直接与建筑物层面接触，应用隔震材料隔离。

三、牵引系统

自动扶梯的牵引构件是指牵引链条与牵引齿条两种。它是传递牵引力的部件。

1. 牵引链条

一般为套筒滚子链，由链片、小轴和套筒等组成，如图 6—3 所示。牵引链条直接影响着自动扶梯运行的平稳度及噪声效果。因此，主轮的外圈用料、内装的轴承都应该是高耐磨塑料材质及高质量的滚珠轴承。

链条的节距越小，链条运行越平稳，但节多、自重会加重，摩擦大；反之，自重轻，摩擦小。因此，小提升高度扶梯采用小

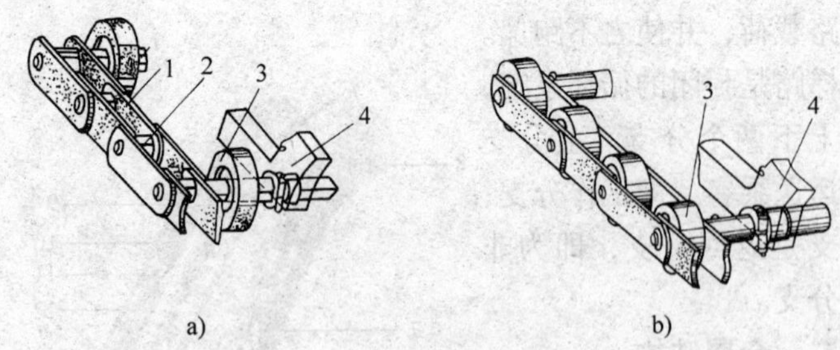

图 6—3　牵引链条的结构

a）主轮置于牵引链条内侧　b）主轮置于牵引链条两链片之间

1—链片　2—套筒　3—主轮　4—梯级支架

节距牵引链条；大提升高度用大节距链条。

2. 牵引齿条

中间驱动装置所使用的牵引部件是牵引齿条，它的一侧有齿。两梯级间用一节牵引齿条连接，牵引齿条的节距为400 mm。中间驱动装置机组上的传动链条的销轴与牵引齿条的牙齿相啮合以传递动力。图 6—4 所示为中间驱动装置所用的牵引齿条。

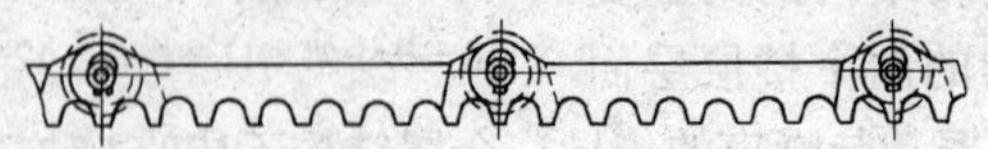
图 6—4　牵引齿条

第五节　自动扶梯的梯级

自动扶梯的梯级是自动扶梯中最主要的，数量最多的部件。梯级由踏板、踢板、主轮、辅轮、轴、支架等组成，如图 6—5 所示。

一、车轮

每个梯级有四个车轮，有两个与牵引链条铰接，称为主轮，另外两个直接装在梯级支撑架的短轴上，称为辅轮。

二、踏板

自动扶梯踏板是供乘客站立的平面装置。表面为凹槽状，以保证乘客安全，并使上下入口时能嵌在梳齿板中。一般梯级的踏板由 2～5 块踏板拼成，固定在梯级骨架的纵向构件上。

三、踢板

踢板为圆弧面，如图 6—5 所示。

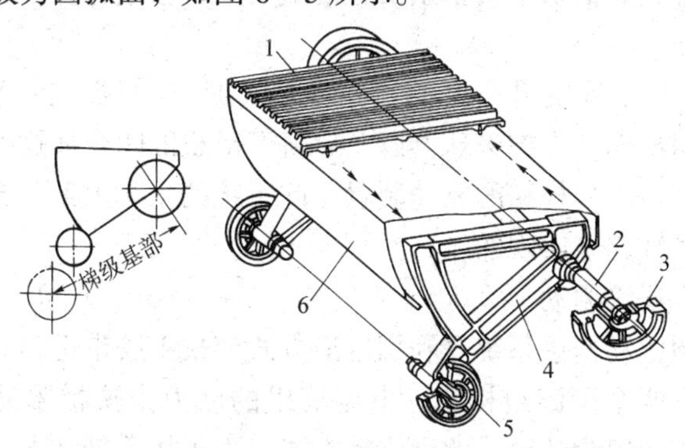

图 6—5 梯级结构

1—踏板 2—轴 3—主轮 4—支撑架 5—辅轮 6—踢板

四、骨架

梯级骨架一般用铸件构成，但也有用角钢构成的。整体的梯级骨架、撑架、踏板与踢板等可整体压铸而成。

第六节 自动扶梯的扶手装置

自动扶梯的扶手装置，是供乘客在扶梯上站立时用的，也是安全设备的一部分。扶手装置由驱动系统、扶手胶带、栏杆等组成。

扶手系统的常用结构形式有两种：一是摩擦驱动；另一种是压滚驱动。

一、摩擦驱动

（1）摩擦驱动系统是将梯路与扶手由同一驱动装置驱动的驱动系统。扶手带围绕若干组导向滚柱群、改向滚珠群及导轨，构成闭合环路的扶手系统。此系统适用于小提升高度的自动扶梯。要求扶手带与梯路两者运行时速度基本相同，其差值不大于2%。并要求扶手带延伸率小。

此种方式的扶手带张紧装置是手动的，张紧行程小，但结构紧凑。

(2) 大、中提升高度的扶手系统，是扶手胶带围绕主动滑轮、偏斜滑轮、支撑滚珠群以及导轨等形成的闭合环路。扶手系统的驱动也来自梯路的驱动装置。此系统的张紧由下分支增加的中间迂回环路来实现的。

二、压滚驱动

压滚驱动扶手系统是利用压滚方式使扶手胶带运动。压滚装置由上下两个压滚组构成。上压滚组的动力由扶梯驱动主轴供给，下压滚组为从动。此种驱动方式，由于扶手带基本上是顺向弯曲，弯曲次数大大减少，其扶手带的阻力明显降低。由于是压滚驱动方式，在扶梯启动时不需要初张力，因而，可以大幅度减小运行阻力，有利于延长使用寿命。

三、扶手胶带

扶手胶带是一种边缘向内弯曲的橡胶带。扶手胶带按内部衬垫物的不同分为：多层织物衬垫胶带、织物夹钢带胶带和夹钢丝绳织物胶带三种。这三种胶带各有特点，第三种结构的扶手胶带在织物衬垫层中夹了一排细钢丝绳，这样既可增加胶带强度，又可减小扶手胶带的伸长。我国的许多自动扶梯生产厂家多用此种结构扶手胶带。

第七节　自动扶梯的电气控制系统

自动扶梯的电气控制系统是根据自动扶梯的性能、使用要求及安全保护系统的设置而设计的。其基本结构组成有主控制回路、功能控制及安全保护线路等。

一、主控制电路

自动扶梯的主控制电路是指控制自动扶梯拖动电动机的电路，如图 6—6 所示。它由主接触器、正反方向接触器以及主接触器的控制电路组成。

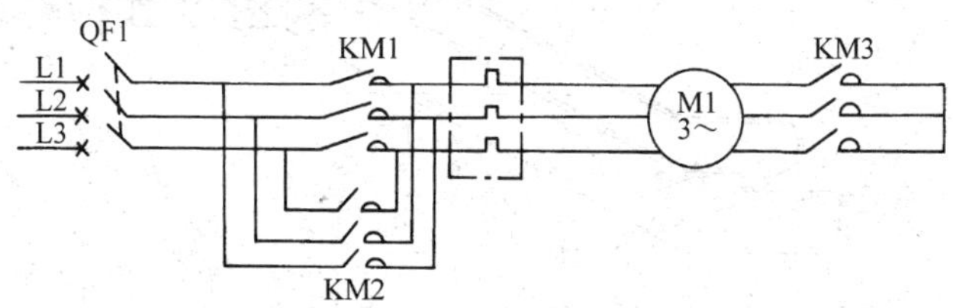

图 6—6　自动扶梯的控制系统主回路

二、安全保护电路

因控制系统的不同，各生产厂家的安全保护电路也各有不同，但是基本的安全保护功能应按国家标准设置。

1. 标准安全保护功能

（1）扶手带入口保护。

（2）梳齿板异物保护。

（3）围裙板变形保护。

（4）梯级链伸长、缩短和断裂保护。

（5）驱动链断裂保护。

（6）梯级下陷保护。

（7）制动器保护。

（8）主电机过载保护。

（9）主电源短路、漏电保护。

（10）主电源错断相保护。

（11）电气超速保护。

（12）电气防逆转保护。

（13）检修联锁保护。

（14）启动测试保护。

（15）紧急停止装置。

2．自动扶梯安全保护开关

某厂家电梯的安全保护功能如图 6—7 所示。

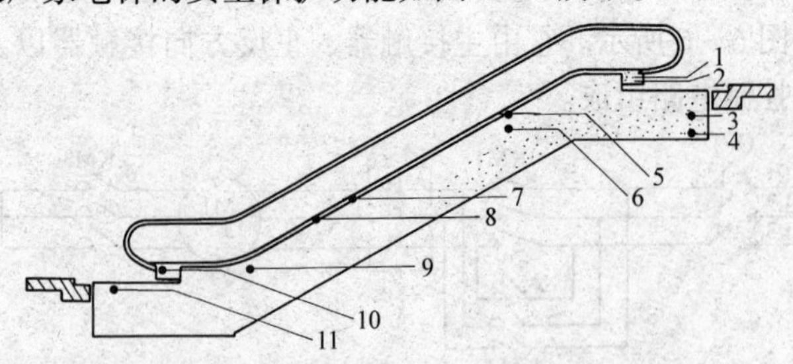

图 6—7 自动扶梯安全保护开关

1—紧急停止按钮 2—梳齿异物保护装置 3—电源开关 4—驱动链断链保护开关 5、9—梯级下陷保护开关 6—静电保护装置开关 7—分界线和楔片保护 8—围裙板安全开关 10—扶手入口安全开关 11—梯级链条张紧保护开关

在紧急情况下，保护开关可以在发生意外前使扶梯停止运行。它们是：梯级链断链保护、梳齿保护、扶手带进口保护、紧急停止按钮、电动机过热保护、电气防逆转装置、速度监测、驱动链断链保护和围裙板保护等。

第七章

电梯的安装调试与检验

第一节　安装前的准备工作

一、电梯安装队伍的组建和安全教育

（一）安装队伍的组建

电梯安装工程一般是以小组为单位，由 4～6 人同期安装1～2 台电梯。参加安装的技术工人必须是经过特种作业安全技术培训考核，持有电梯安装维修工种“特种作业操作证”的人员。小组中必须有 1～2 名具有中级以上的电梯技工负责主持现场安装、调度工作，还必须有 1 名熟练的机械安装钳工或电工负责安全工作。根据安装进度还需适时配备一定数量的有独立作业能力的架子工、木工、瓦工、焊工、起重工和辅助工等。

（二）施工前的安全教育

（1）定期召开小组安全会议，一般每周一次，检查小结该周内的安全工作情况。

（2）在工作开始前和工作进行中，对工地现场和一切施工用的设备、装置作定期性安全检查。安装人员必须牢记“安全第一”的思想，遵守安全法规和安全操作规程，消除存在的不安全因素。

（3）必须采取切实有效的安全技术措施确保现场人员安全。

(4) 在工作场地要张贴急救站地址、救护车、消防队的电话号码和有关部门规定的安全标语。

(5) 经常检查组员是否正确使用个人的防护用具，应帮助组员按规定使用劳动保护用品。掌握组员因吃饭、下班前离开工地或有事离开工地的情况，要了解每个组员的身体状况。

(6) 发生事故时，记录现场情况，严重事故应立即上报上级领导和有关部门，轻微事故亦应在 24 小时内上报有关部门。

二、工程计划施工进度的安排

施工进度的安排常分为机械和电气两部分，见表 7—1。该表是一个示范表。如果梯型不同，或层站高度和站数不同时，进度表中的安排要作相应的改变，重新核算安排工程进度和工艺步骤。

三、工具及劳动防护用品的准备

(一) 工具

电梯安装应选择合适的工具。所配备的工具在开工前需做一次全面严格的检查。已经失效和损坏的工具应进行更换。所有工具应妥善保管，经常清点，以免丢失。

(二) 劳动防护用品

施工操作时，每个参加电梯安装的技术工人必须正确使用劳动防护用品，禁止穿短衣、短裤或宽大笨重的有碍劳动的衣服和硬底鞋。集体备用的防护用品，应有专人保管，定期检查，保持完好的状态。在井道内施工时必须戴好安全帽，高处作业时（超过 2 m 以上）应系好安全带。用手搬运金属材料或进行有害手掌皮肤的工作时须戴上手套，但禁止在转动的机械附近或在受载荷的滚筒转轴下工作时戴手套。当使用钻、凿、磨、切割、浇注巴氏合金、焊接、用化学品或溶剂，以及在空气中含有尘屑较多的地方工作时，必须戴上规定的护目镜和口罩。

表 7—1

电梯安装程序及进度示范表

安装程序	安装内容	工作日																																	
		2	4	6	8	10	12	14	16	18	20	22	24	26	28	30	32	34	36	38	40	42	44	46	48	50	52	54	56	58	60	62	64	66	68
一、	安装前的准备工作																																		
二、	机械部分																																		
1	安装样板架																																		
2	导轨																																		
3	缓冲器对重、承重梁																																		
4	厅门																																		
5	轿厢、轿门、轿架、开门机、导靴																																		
6	安全钳、过载装置																																		
7	曳引机、直流发电机																																		
8	导向轮（复绕轮）																																		
9	限速器																																		
10	曳引绳、补偿装置																																		
三、	电气部分																																		
1	安装电线管或线槽																																		
2	楼层指示灯、召唤箱、消防按钮																																		
3	控制柜、机房布线																																		
4	井道内各类电气装置																																		
5	机房各类电气装置																																		
四、	清理井道、机房																																		
五、	试车调换																																		

注：因电梯的操纵方式、拖动系统种类甚多，其工作量有很大出入，因此本表仅供安装单位参考。

四、电梯技术资料准备工作

安装人员应熟知我国电梯安装及验收标准、地方法规、厂家标准和电梯安装维护操作的有关规定，并予以严格执行。请建设单位提供电梯的井道、机房土建、电梯平面布置等图纸和机房供电系统等有关资料，以及电梯安装调试使用维护说明书、电梯电气控制原理图、电梯安装图册装箱清单等一切必有的资料。电梯安装人员应熟知这些技术资料和图纸，要详细地了解电梯的类型、结构、控制方式、安装技术要求，进行充分的准备工作，保证质量，按时完成任务。

五、核对电梯零部件和安装材料

电梯安装人员在进入现场开始安装前，必须会同委托安装单位及制造单位的代表，共同开箱清点检查。装箱单、产品合格证、说明书、产品图纸技术文件等是否齐全，如不齐全时应立即要求制造厂给予补齐。同时，根据装箱单，逐箱清点核对，所交的设备零件与装箱单数量是否相符，是否损坏，将核对情况作记录，三方代表签字确认，并据此向发货单位追齐缺损部件。

六、机房井道土建情况的勘察

电梯安装人员进入电梯施工现场后，应根据（GB 7025—1997）标准和委托单位所提供的电梯井道、机房土建图的尺寸和要求进行验收。

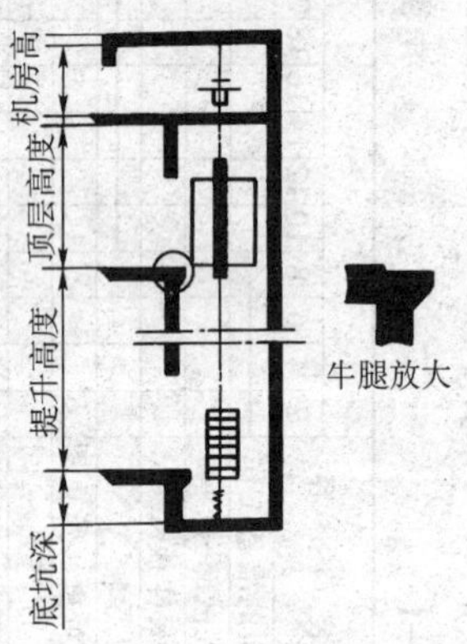

图 7—1　井道示意图

其主要尺寸为：井道平面的净空尺寸；井道纵剖面图中：底坑深度、顶层高度、导轨支架预留孔和预埋铁板的位置及尺寸；各层站地坎牛腿尺寸；楼层显示器孔和厅门按钮箱及消防专用开关箱预留孔位置尺寸；各层厅门门框位置及尺寸；机房净空尺寸；地板预留孔位置及尺寸；吊钩高度及位置等（见图 7—1）。

第二节　安装工程中的起重作业及其安全技术

电梯安装工程的起重作业分为二类。第一类是将电梯的各大部件，按照安装位置，分别吊运到安装位置的附近。第二类是将电梯各部件按要求定位，并校正其水平度、垂直度、中心线等，这是由安装技工通过手拉葫芦（倒链）、千斤顶等在现场按具体要求来完成的。

第一类的起重作业，施工时应计划周密，什么部件吊运到什么位置，不要搞错，并检查吊运过程中，因吊运不当造成损坏的情况，以便及时分清责任，避免损失。

一、要求吊运到位的主要机件

（1）曳引机（包括电动机、减速器、曳引轮、制动器）、张绳轮、机器底座、承重钢梁、选层器、控制柜、限速器、发电机组、励磁柜，均应吊运到机房内的指定位置。

（2）轿厢架、轿底、轿顶、轿壁、安全钳、导靴、轿厢轮等均应吊运到电梯的上端站（最高层站）的层站外。

（3）层门、层门框、厅门地坎、轿厢及对重导轨，均应根据实际需要情况吊运到每层的层站处。

（4）对重架、缓冲器应吊运到首层层站。

（5）对重块应放置底层层站附近。

二、起重安全操作要点

（1）所使用的起重吊装工具与设备，应经严格检查，确认完好，方可使用。在吊装前必须充分估计被吊装工件的重量，选用相应的起重吊装工具或设备。

（2）起重吊装前应准确选定吊挂手拉葫芦的位置，使之能安全承受吊装的最大负荷。吊装时施工人员应站在安全位置上进行操作，拉动手拉葫芦时不准硬拉，如拉不动，必须查明原因。

（3）井道和施工场地的吊装区域下面和底坑内不得有人。

(4) 起吊轿厢时，应该用强度足够的保险钢丝绳将起吊后的轿厢进行保险，确认无危险后，方可放松手拉葫芦。在起吊有补偿绳及衬轮的轿厢时，不能超过补偿绳和衬轮的允许高度。

(5) 钢丝绳轧头的规格必须与钢丝绳匹配，轧头压板应装在钢丝绳受力一边。对 ϕ16 mm 以下的钢丝绳，使用轧头的只数应不少于 3 只。被轧绳的长度不应小于 15d（d 为钢丝绳公称直径），但最短不小于 300 mm。每个轧头间距应大于 6d。同时只准将两个相同规格的钢丝绳用轧头轧住，严禁三根或不同规格的钢丝绳用轧头轧在一起。

(6) 吊装机器，应使机器底座处于水平位置平稳起吊。抬、扛重物应注意用力方向及用力一致。防止滑杠，脱手伤人。

(7) 顶撑对重时，应选用直径较大的钢管或较大规格的不变质的木材。操作时支撑要垫稳，不能歪斜，并要采取保险措施。

(8) 放置对重块，应该用手拉葫芦等设备吊装。当用手搬装时，应二人共同配合，防止对重块坠落伤人。

(9) 拆除旧电梯时，严禁先拆限速器。有条件的应搭脚手架。如无脚手架时，必须有可靠的安全措施，并应注意相互配合。

(10) 电梯安装维修工在起重、吊装设备和材料时，必须严格遵守高空作业和起重工有关安全操作规定。

第三节　安装工程中的脚手架搭设及其安全技术

电梯安装或大修工程时，一般都在井道内架设脚手架。

一、脚手架材料的选用

电梯井道内脚手架一般采用竹、木、钢管三种材料。北方地区常用的是木杆和钢管两种。

对木制脚手架，常用剥皮的杉杆、落叶松，其小头有效部分直径应大于 60 mm，作立杆的木料其长度为 4～10 m，作支架撑杆的木料长度为1.5 m左右。作横杆和攀登杆的木料长度应视电梯井道内净尺寸而定，其隔离层脚手板应用厚50 mm宽200 mm以上的木板。

凡是腐朽、虫蛀、裂纹、易折断、弯曲严重的杆料都不得使用。绑扎木、竹脚手架时，要用8号镀锌铁丝或用麻、棕绳拧成股，绑扎系结要符合技术要求。

采用钢管材料搭设时，应选用外径为48 mm、壁厚为3.5 mm的钢管，或外径50～51 mm，壁厚3～4 mm的管材。杆件的连接应用直角扣件、旋转扣件、对接扣件，其规格、质量应符合JGJ 22—85《钢管脚手架扣件》标准。

脚手架选材不当、搭设不牢固、防护不完善，均会造成施工中的人身伤亡事故。因此对脚手架的选形、结构、搭设质量均应给予注意。为此，它应满足下列要求：

（1）要有足够的牢固性和稳定性。保证施工期间，在所规定的载荷作用下，不变形、不摇晃、不倾斜、能保证安全。

（2）有足够的面积，满足器材堆放、施工人员停留和操作。

（3）要有安全防护设施：安全网、护栏、通道防护等。

（4）采用钢管材质的脚手架要做好接地保护装置，接地电阻不得大于4 Ω。

（5）不同类型材质（金属管件、木材、竹）不得混用。

二、井道内脚手架的平面布置

根据电梯轿厢的外形尺寸，并结合井道内电梯各处部件（如对重、对重导轨、轿厢、轿厢导轨）之间的相对位置，以及铁管、接线盒、线槽等位置，在这些位置前面留出适当的空隙，供吊挂铅垂线用，不能影响部件组装工作。

（1）对重位于轿厢后面时，对中分门、左分门、右分门电梯井道内脚手架的平面布置尺寸如图7—2所示。

（2）对重位于轿厢侧面时，这种布置，对重侧的横杆应离开井道壁650～700 mm。近门口的横杆应斜放，布置脚手架有接线

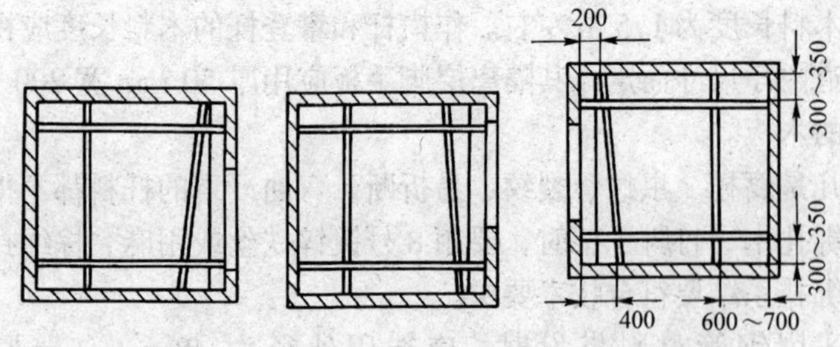

图 7—2　对重位于轿厢后面的脚手架平面布置图

盒的一侧应离井道壁 400 mm 左右，另一侧离井道壁为200 mm 左右,另一侧的两根横杆离开井道壁为 300～350 mm，如图 7—3 所示。

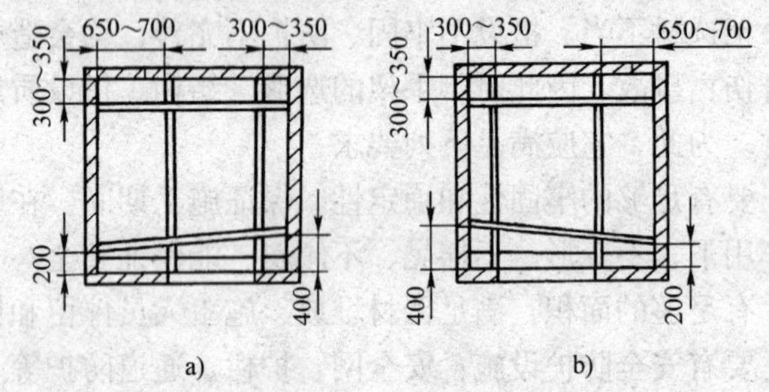

图 7—3　对重位于轿厢侧面的脚手架平面布置

a）右开门　b）左开门

如果井道土建超过要求施工尺寸，这时脚手架近门口的横杆尺寸应保持不变，而其他尺寸应根据偏差数值适当增大。

当轿厢额定载荷量较大而轿厢尺寸加大，因而井道尺寸也相应加大时，应在脚手架上增加适量的横杆，以提高脚手架的承重能力。

三、井道内脚手架的垂直布置

井道内脚手架横杆垂直间距，一般取 1.8 m 以下。对靠近层站的脚手架（排木）有特殊的要求，即考虑横杆的间距，又要照顾埋设地坎和厅门坎安装层门时的方便，在垂直布置时，应首先满足每层层站施工要求的横杆间距，其余部分可根据具体尺寸而定，但不宜超过规定的间距。木脚手架应在牛腿面以下200 mm 处和牛腿面以上 900～1 000 mm 处各布置一横杆，总的横杆间距应≤1 200 mm，如图 7—4 所示。

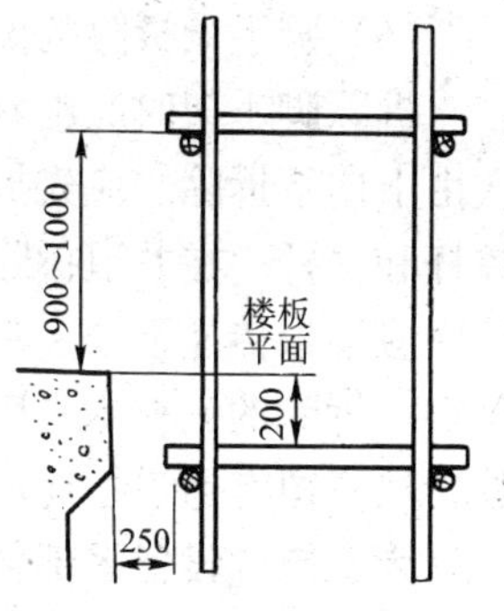

图 7—4　脚手架横杆的垂直间距布置尺寸

四、井道内脚手架上隔离层的布置

用木板做隔离层时，木板的厚度应大于 50 mm，其长度应根据井道内尺寸而定，通常以伸出横杆两边各 100 mm 为宜，不可太长或太短。层与层隔离木板的排列应依次交错 90°，板与板之间应铺满，如有空隙应不大于 50 mm，以防踏空或大工具坠落。木板的两端应该用 10 号镀锌铁丝与相应的横杆扎牢，以防翘头发生意外，保证施工人员的安全。

五、脚手架的安全使用注意事项

脚手架要由专业人员进行设计、计算，由持有“特种作业操作证”的架子工负责架设。电梯安装修理技工在架设脚手架前应提出架设要求。架设完毕后应严格检查所架设的脚手架是否符合安全要求，对不符合要求的脚手架应重新架设，直到符合安全要求，才准使用。

脚手架安全要求从下列六个方面进行检查：

(1) 脚手架所用材质是否符合要求。

(2) 脚手架的结构形式，检查平面布置和垂直布置，各支撑杆是否齐全并符合要求。

(3) 脚手架的有关尺寸、四周间隙、横杆间距等均应符合工作要求。

(4) 各部立杆与横杆绑扎的情况，是否牢固，使用的绑扎绳是否符合要求。

(5) 脚手架的承载能力应大于 2 500 Pa。

(6) 脚手架拆除的安全要求。

拆除脚手架时应本着先绑的后拆，后绑的先拆的原则，按层次由上向下拆除。应先拆木板，然后依次拆除横杆、攀登杆、支撑杆和立杆。在井道拆除脚手架操作时一定要精神集中，拆下的杆件应逐根传递下去，不准随意往下扔，以免伤人或损坏器件与材料。拆除的钢材木料应堆放在指定位置，整齐有条理，分类堆放，注意留有通道、通风和排水距离。

六、电梯设备零部件存放安全要求

电梯安装、维修现场必须保持清洁和通畅。安装维修所用的材料与机件应存放在安装维修部位附近，堆码整齐，大不压小，重不压轻，易滚易滑动和易变形的器材要填物固定，保证安全。

(1) 电梯对重设备及部件应分散放在安装部位附近。堆放时应垫好木垫，使载荷均布在楼板和大梁上，不要产生集中堆放在楼板或屋顶上而使建筑物承受超载而引起的不安全因素。

(2) 对长细的构件或材料：如门头、厅门立柱、门框、门扇等各种钢件不允许直立放置，以免发生倾倒伤人事故。要采取卧式放置的方法，而且应垫平、垫稳，既保证安全又能防止发生材料弯曲变形，保证完好状态。

(3) 对重要的器材器件，如测量仪表、电线、电子元件、零星较小的容易散失的专用零件，应用专用的木箱加锁专人保管，并清点记账，以便使用和核对等。

第四节 稳放样板与放线及其安全技术

一、样板架制作

根据电梯布置的轿厢外形尺寸，用不易变形的木料制作样板架。木料必须光滑平直，木板规格可参照表 7—2。

提升高度越高，木条厚度应相应增大，或采用型钢制作。

样板架上各尺寸允许差为 ±0.30 mm，并应严格检查，不得

表 7—2　　**木板规格**

提升高度（m）	厚（mm）	宽（mm）
≤30	40	80
>30	50	100

有扭曲现象。在样板架上标注出轿厢中心线、门中心线、门口净宽线、导轨固定位置线和厅门地坎线，并在需放铅垂线的各点处钉一铁钉，以备放线和固定线用。

（1）对重在轿厢后面，配中分门放置的样板架如图 7—5 所司。

（2）对重在轿厢侧面放置的样板如图 7—6 所示。

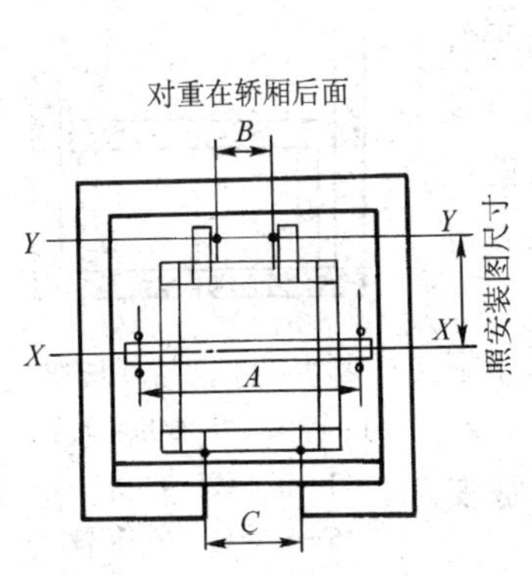

图 7—5　对重位于轿厢后面样板

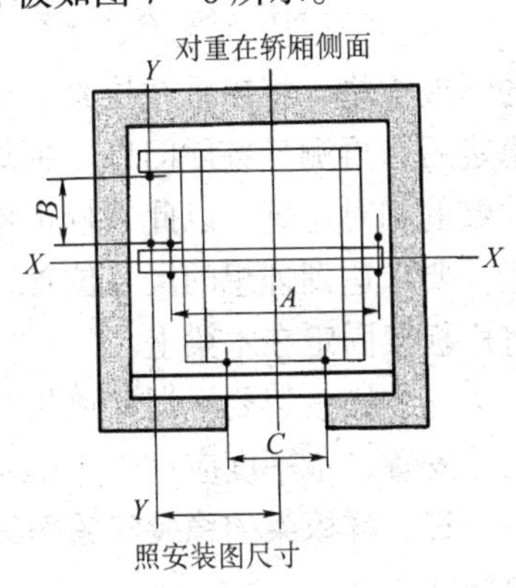

图 7—6　对重位于轿厢侧面样板

注：A、B 根据布置图上导轨间距及导轨高度并考虑每边加 3.5 mm 左右的垫片间隙

二、安置样板架和悬挂铅垂线

在机房楼板下面 500 mm 以内，先放置两根截面大于 100 mm×100 mm 刨平的木梁，以备托放已做好的样板架，将木梁用楔块固定于井道墙壁上（见图 7—7），底坑样板架如图 7—8 所示。在样板架上标记放铅垂线的点，用 20～22 号细铁丝放铅垂线至底坑，并在离底坑地面 200～300 mm 处悬挂重 10～20 kg

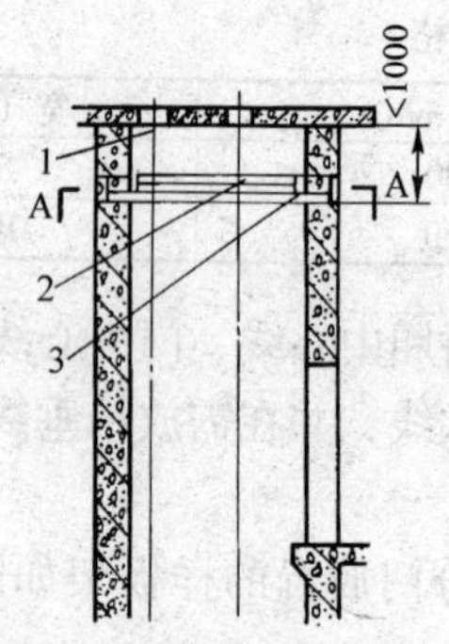

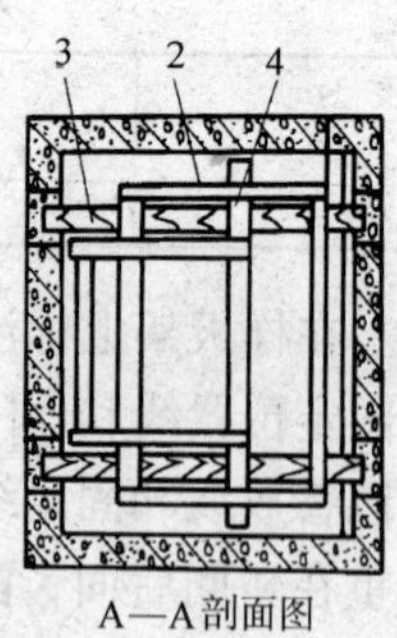

图 7—7　样板架安装示意图

1—机房楼板　2—样板架　3—木梁　4—固定样板架铁钉

的锤或重物，将铅垂线拉紧。待铅垂线稳定后，再测量各厅门口、牛腿门口及井壁的相对位置，以此来校正样板的位置，要求达到理想的尺寸位置，然后再将样板架固定在木梁上。

安装样板架要根据井道的实际净空尺寸安置，水平度应小于 5 mm。

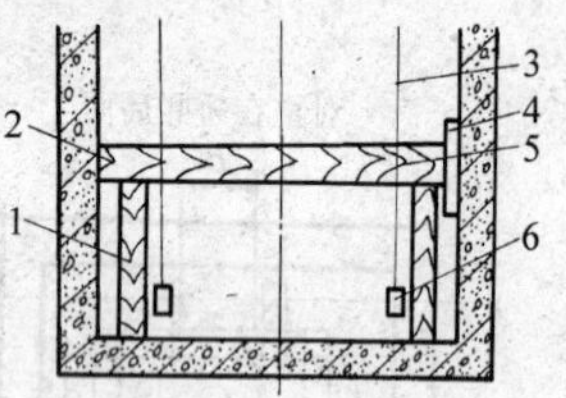

图 7—8　底坑样板架

1—撑木　2—底坑样板架

3—铅垂线　4—木楔

5—U 形钉　6—铅锤

三、样板架的稳装和铅垂线挂放安全技术

（1）样板架托梁应采用截面尺寸大于100 mm×100 mm 的矩形木材制作。其四面应刨成直角，凡材质疏松、有断口、扭曲的材料均应剔除。

（2）样板架托梁与井道墙必须牢固定位，保证人上去调整位置或进行样板架挂线时，不会发生变形或塌落事故。

（3）样板架使用的材料应符合样板托架材质要求，以保证不会发生弯曲或折断。

（4）当电梯提升高度大于 40 m 时，样板架托梁应采用相应强度的型钢制作，以满足铅锤加重受载的要求。

第五节　机房设备安装及其安全技术

一、承重梁的安装

机房的承重梁担负着电梯传动部分的全部动负荷和静负荷，因此要可靠地架设在坚固的承重墙或横梁上，如图 7—9 所示。

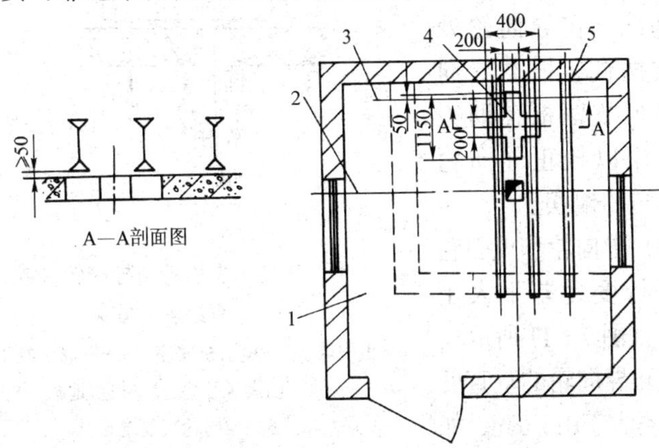

图 7—9　机房楼板上承重梁的埋设

1—机房楼板　2—轿厢架中心线　3—对重中心线　4—预留十字形孔　5—承重梁

承重梁的两端埋入墙内深度必须超过墙厚中心 20 mm，且不小于 75 mm。

承重梁安装时，三根工字钢要求水平，每根承重梁的上平面水平度应不大于 0.5/1 000，相邻之间的高度允差为 0.5 mm。

承重梁相互的不平行度允差为 6 mm。

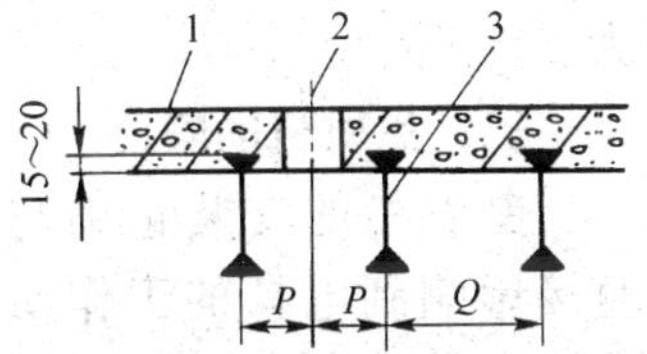

图 7—10　机房楼板下承重梁的埋设

1—机房楼板　2—轿厢架中心线　3—承重梁

关于承重梁安置形式，应结合电梯布置图和现实情况统筹决定。在安装承重梁的同时，先钻出安装导向轮的螺栓孔，根据样板架上对重位置，初定导向轮安装尺寸。

二、导向轮的安装

（1）在机房楼板上或承重梁上，对准井道顶端样板架上的对重中心和轿顶上梁中心各放一铅垂线，在导向轮处铅垂线两侧，根据导向轮宽度另放两根辅助铅垂线，用以校正导向轮水平方向的偏摆。

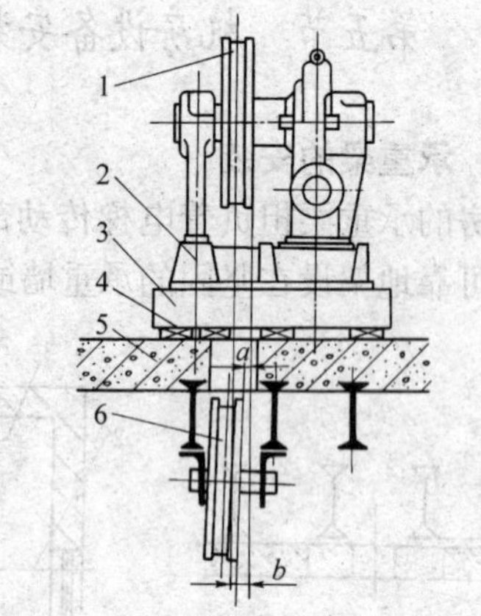

图 7—11　曳引轮与导向轮（或复绕轮）安装图

1—曳引轮　2—曳引机底座　3—钢筋混凝土基础　4—防震橡胶垫　5—机房地板　6—导向轮（复绕轮）

图中 a 与 b 之差值不大于 ±1 mm

（2）导向轮和曳引轮的不平行度允差不大于 1 mm，如图 7—11 所示。

（3）导向轮的垂直度允差应不大于0.5 mm，如图 7—12 所示。

（4）导向轮安装位置误差：前后方向为 ±3 mm，左右方向为 ±1 mm。

三、曳引机的安装

曳引机的安装正确与否，直接影响到电梯的工作质量，所以应严格执行安装工艺要求。

（一）曳引机的放置

根据承重梁的布置不同，曳引机的放置可分为以下几种：

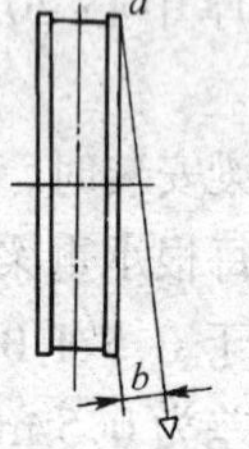

图 7—12　曳引轮、导向轮、复绕轮的垂直度测量

$a-b<0.5$ mm

（1）承重梁安放在接近楼板上时（一般用在无导向轮），把曳引机直接安放于承重梁上，就是曳引机底盘直接与承重梁

连接。

(2) 承重梁安放在两个高为 450～600 mm 的钢筋混凝土台阶上时，将承重梁下面的一块钢板与承重梁相连固定，并在钢板与承重梁之间布置防震垫，然后将曳引机底盘与另一块钢底板相连接，再安放在承重梁上（这种形式适用于客梯）。曳引机安装方式如图 7—13 所示。

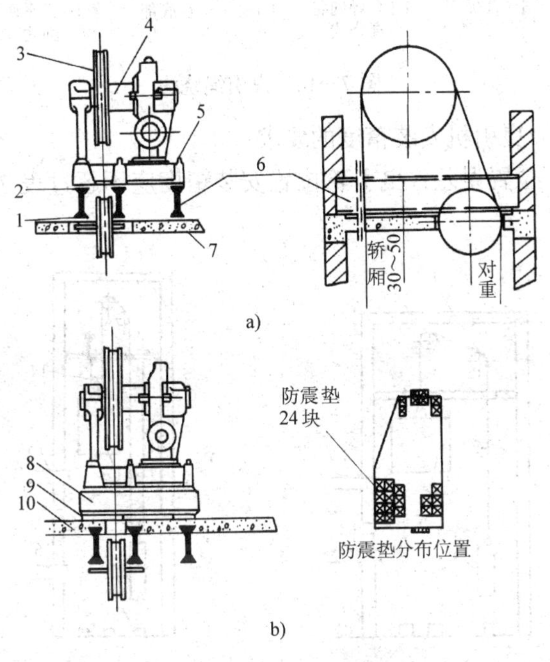

图 7—13　曳引机安装简图

a）无防震措施　b）有防震措施

1—铁垫　2—铁板机座　3、4—曳引轮　5—地角螺栓　6—承重钢架
7、10—机房楼板　8—钢筋混凝土机座　9—防震垫

（二）曳引机根据曳引绳绕法不同进行安装

电梯常用钢丝绳绕法有 1∶1、2∶1 两种。如图 7—14 和图7—15 所示。曳引机安装位置，按电梯施工布置图给出的尺寸施工。

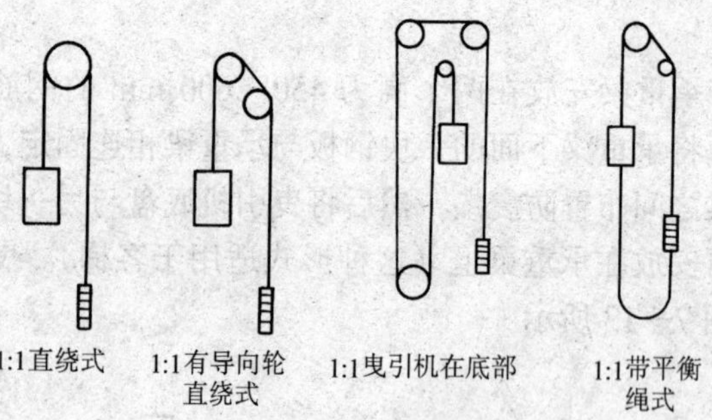

图 7—14　曳引绳绕法

（三）曳引机安装精度的要求

（1）位置误差：曳引轮位置安装精度应不超过表 7—3 的规定值。

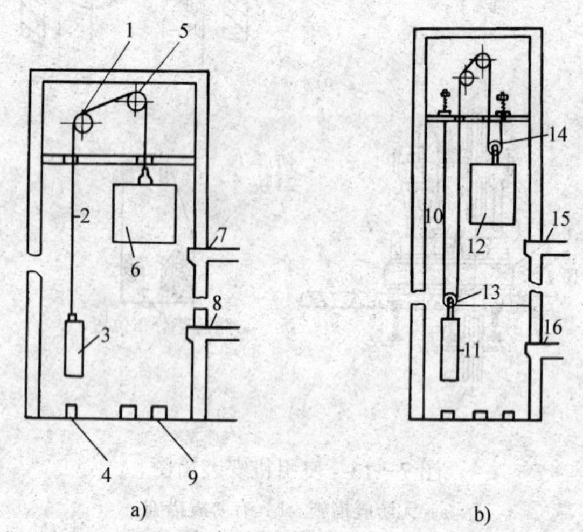

图 7—15　传动曳引绳绕法图

a）1∶1　b）2∶1

1—导向绳轮　2—曳引绳　3、11—对重　4—对重缓冲器　5—曳引轮　6—轿厢　7、15—顶层　8、16—底层　9—轿厢缓冲器　13—对重复绕轮　14—轿厢复绕轮

表 7—3　　　　　　曳引轮安装位置精度值　　　　　　mm

类别	甲类	乙类	丙类
前后方向	±2	±3	±4
左右方向	±1	±2	±2

(2) 水平度：从曳引轮上边放一铅垂线，与曳引轮下边的最大间隙应小于 0.5 mm。

在蜗杆轴方向上（沿曳引机底盘长度方向）的水平度允差为 1/1 000，如图 7—12 所示。

(3) 扭曲：a 与 b 之间的差在绳轮的前面和后面应小于 0.5 mm（见图 7—12）。

(4) 当曳引机底盘与基础之间产生间隙时，应插入铁片。

(5) 曳引机本身的技术要求均在出厂前保证。严禁拆卸曳引机。

(6) 当曳引机底盘与承重梁放置方式采用图 7—15a 所示形式时（1∶1），为防止轿厢运行时曳引机发生水平移动，曳引机经全面核正后应该安装压板和挡板，以便进行固定。

(7) 制动器的调节：制动器的调节要在摘掉曳引绳后开空车时进行。制动时，制动器闸瓦应与制动鼓紧密贴合，松闸时两侧闸瓦应同时离开制动轮表面，用塞尺测量，其间隙应小于 0.7 mm。调整时，在安全可靠的前提下进行，还应考虑到制动时的舒适感和平层的准确度。

(8) 整个曳引机装妥后，应空载试验正反运转各半小时，检查平稳、噪声、振动情况。试验前应详细检查曳引机的各部加油处并加油，油位的高度以达到蜗杆中心为宜，不宜过多或过少。减速器的润滑油应以国家规定和厂家规定为标准。

四、曳引机安装中的安全技术

(1) 曳引机就位安装应借助一个起重能力略大于曳引机组总重的环链手拉葫芦。该葫芦应挂在机房顶部位于曳引机上方房顶主梁内的吊环上（该吊环应由土建提供，且能承受起重曳引机组及起重机组的合力)。

吊环直径的承载能力：

直径 20～27 mm 的钢吊环，承载能力为 2 100～4 100 kg。

(2) 曳引机组应该通过吊索、索具卸扣和吊装辅助件与手拉葫芦连接。吊索不能直接连接在曳引机的机件上。图 7—16 所示为错误的吊装连接方式，而图 7—17 所示为正确的吊装方式。由吊索穿过曳引机底座上的起吊孔做定位，或由吊索与穿过底座中的起吊孔的辅助吊杆件连接，挂在葫芦挂钩上起吊。

吊索用钢丝绳制成，两端有索具套环（即三角圈）和三个以上钢丝绳扎头。吊索的承载能力应大于手拉葫芦的起重量，如单根吊索能力不够，可采用双根并用方法。钢丝绳吊索的承载能力应是被吊设备重量的 4～5 倍。如要借助索具卸扣时，其规格也应与吊索钢丝绳匹配。

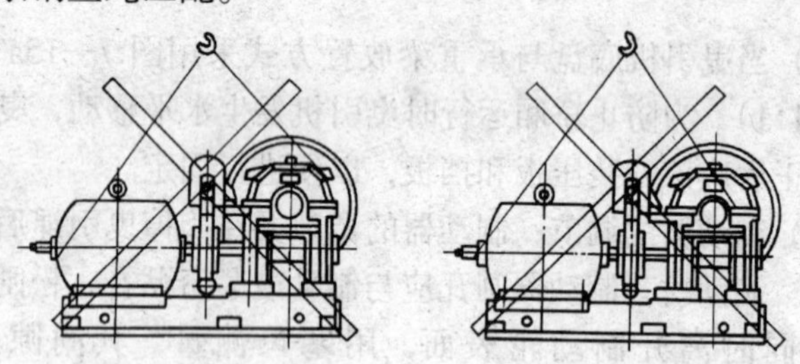

图 7—16　曳引机组错误的起吊形式

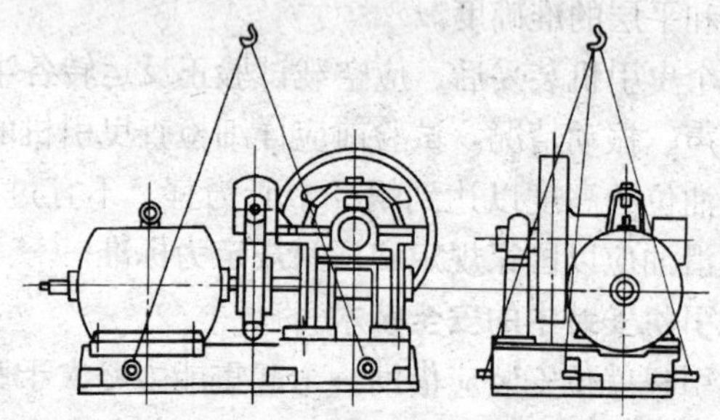

图 7—17　曳引机组正确的起吊形式

(3) 吊装曳引机时应使机座处于水平位置，平稳起吊，抬扛重物应注意用力方向及用力的一致性，防止滑杠脱手伤人。

(4) 由于吊索与手拉葫芦吊钩接合处都有一定的交角，当钢丝绳受力时，可能有绳索脱出吊钩事故发生，所以起吊重物时要注意加强检查，并采取防脱钩措施。

五、限速器的安装

限速器是限制电梯轿厢超速下行的安全保护装置，图 7—18 所示为限速器安装示意图。

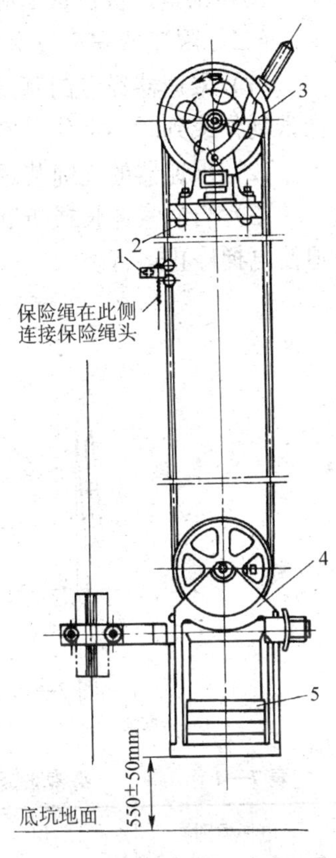

图 7—18　限速器安装示意图

1—机械架　2—地脚螺栓　3—限速器　4—张紧轮　5—坠砣

限速器在出厂时应经严格的检查和试验，在安装时不准随意调整限速器弹簧压力，以免影响限速器准确动作。

(一) 限速器的安装方法

(1) 根据土建布置要求，将限速器安放在机房楼板上。限速器的安装基础可用水泥砂浆制作成混凝土基础，预埋入地脚螺栓。该基础的尺寸应比限速器底每边放大25～40 mm。亦可将限速器直接安装在承重梁上或基础钢板的限速器座上，用螺栓定位（该钢板应用地脚螺栓紧固可靠）。

(2) 限速器安装的位置误差：在前后左右方向应不大于 3 mm。

(3) 从限速器轮槽里放下一根铅垂线，通过楼板到轿厢架上拉杆绳头的中心点，再与底坑张紧装置的轮槽对正。

（4）限速器绳索距导轨的距离如图 7—19 所示。应按安装图纸尺寸安装。

（5）限速器绳索的张紧装置安装在底坑的轿厢导轨上，张紧装置的底面距底坑地平面的高度应按表 7—4 确定。

（6）张紧设备自重不应小于 30 kg。

（二）限速器安全技术要求

（1）限速器经专门测试单位标定后加铅封，以保证限速器不会误动作或到时不动作。不准拆卸限速器。

（2）限速器的轧绳装置应反应灵敏，轧绳可靠。

（3）当绳索伸长或折断时，应立即断开控制回路电源开关，迫使电梯停止运行。

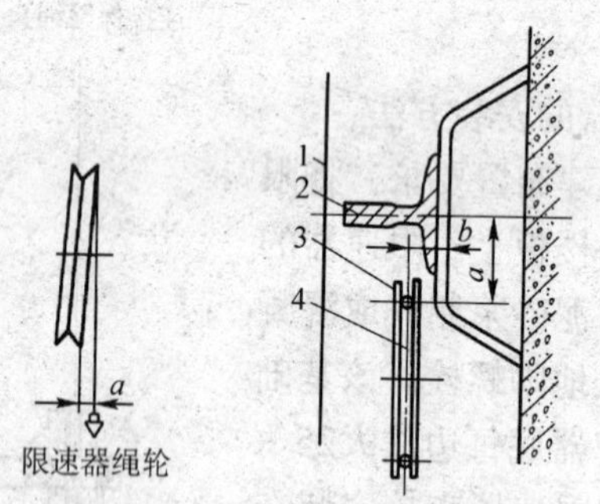

图 7—19　绳索与导轨的距离

1—轿厢底的外廓　2—导轨　3—限速器绳索　4—张紧轮

表 7—4　　绳索张紧装置距底坑的高度

电梯类别	甲	乙	丙
距底坑高度（mm）	750±50	550±50	400±50

（4）限速器在正常运行时，绳索不应接触机构的压绳钳口，以防误动作。

第六节　井道内设备安装及其安全技术

一、导轨的安装方法及要求

导轨、导靴和导轨架组成电梯导向系统。导轨限定了轿厢与对重在井道中的相互位置。导轨架作为导轨的支撑件，被固定在井道壁上。导靴安装在轿厢和对重架两侧，与导轨工作面配合。

（一）导轨支架的安装

在样板架的工作线放下之后，首先应检查核对井壁，预埋件或预留孔的位置及孔的尺寸大小是否与设计图纸要求相符。如果是砖结构的，则要根据放下的工作线划出支架埋入孔的位置。

支架埋入孔的要求：

（1）每根导轨至少设有两个支架，其间距应小于 2 500 mm。

（2）支架与导轨连接板之间应保持一定的间距。

（3）留孔的尺寸大小要内大外小，如图 7—20a 所示的导轨架的固定方式。

井道壁如果是混凝土结构的，可以采取以下固定方式：

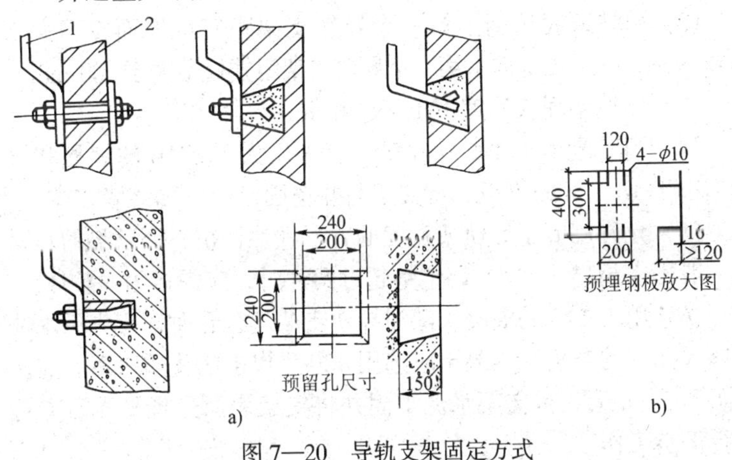

图 7—20　导轨支架固定方式

1—导轨支架　2—井道墙壁

1）预埋钢板。将 16～20 mm 厚的钢板按导轨安装要求预埋在井道壁上，焊件背面与钢筋焊牢，再将导轨架焊在钢板上，如图 7—20b 所示。

2）膨胀螺栓固定。膨胀螺栓规格不应小于 M16，在规定标号的混凝土结构井壁上才能使用，其埋入深度不应小于120 mm，且离混凝土边缘应不小于 200 mm。

3）对穿螺栓固定。当井道壁厚度小于 100 mm 时，应采用对穿螺栓固定。

4）直埋法。根据铅垂线将导轨架定位，把导轨架的燕尾部分直接埋入预备的孔洞中。

（二）导轨支架的安装要求

埋设或焊接导轨支架时，首先安装每边最下面的一挡，然后把工作线绑扎在支架上，使其与顶部样板架尺寸一致。所有支架应依照工作线埋设，支架面允许离工作线 0.5～1 mm，安装导轨时在支架面上加垫片，以便调整轨距。

（1）导轨架的水平度，无论其长度及种类，其两端的差值应小于 5 mm。

（2）由井道底坑向上第一个导轨支架距底坑地面应不大于 1 000 mm，井道顶部向下第一个导轨支架距楼板不大于 500 mm。

（3）导轨架埋入深度不小于 120 mm。

（4）当墙厚小于 100 mm 时，应采用大于 M16 的螺栓和厚度不小于 16 mm 的钢板，将支架与井壁固定，也称穿墙方式。

（5）允许用等于导轨架宽度的方形铁片调整，调整垫的总厚度一般不应超过 5 mm。调整垫超过两片时，应焊接为一整体。

（6）用 1∶2∶3 的混凝土灌注导轨支架埋入孔时，应先用水冲净埋入孔内的杂物，混凝土应选用 400 号以上的优质水泥。灌注后阴干 3～4 天，待支架水泥牢固并将支架表面处理平光后方可进行下步工作。

（7）采用膨胀螺栓固定方式时，用冲击钻将墙打出与膨胀螺栓规格相匹配的孔，在孔内放入膨胀螺栓，将支架固定即可。图7—21所示为导轨架装配图。

(三) 竖立导轨

导轨安装前，应检测导轨工作面不直度小于1/1 000，并在地面预拼，测量并记录每挡支架位置，与预拼导轨的各挡接头相对照，然后将导轨编好序号。在安装中，导轨自下向上，底坑内导轨的底端应设铁板底座，轿厢导轨下端距离底坑地面应有60～80 mm悬空。

轿厢导轨装妥后，再竖立对重导轨，应复核安装图上所要求的轿厢导轨中心线与对重中心线的尺寸。安装导轨时要注意，当电梯发生撞顶、蹾底时均应保证导靴不越出导轨。但导轨上顶端与井道顶板之间应有60～80 mm的间距。导轨的固定，应当保

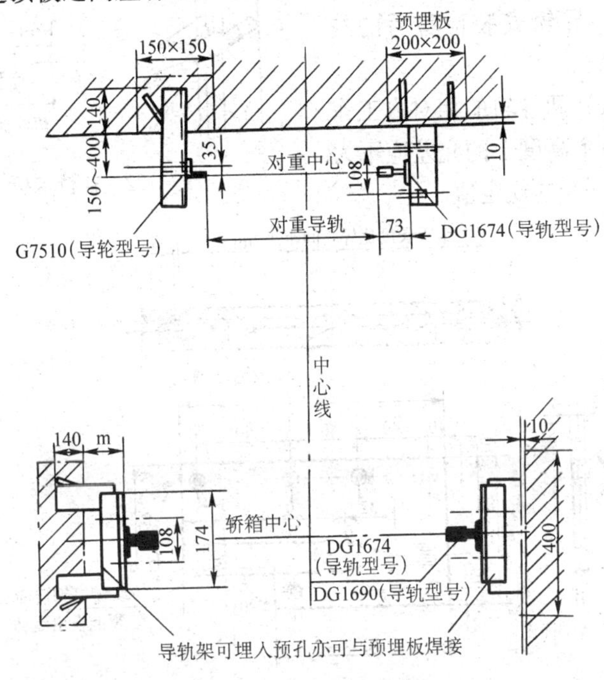

图7—21　导轨架装配图

证导轨不发生水平方向的移动。安装前，在地面上应将导轨工作表面及两端榫头清洗干净再进行连接。在校正前应将导轨用压板压住，各导轨接头处螺栓也要紧固。

（四）导轨的校正

依据顶部样板架上的轿厢中心点与对重中心点处放下的铅垂线，用特制的导轨卡板和找道尺校正导轨的平行度及位置。调整时可在导轨背面与导轨支架之间加垫片进行调整，检查合格后，紧固全部螺栓。

1. 校正专用工具

校正专用工具有导轨初校卡板（见图 7—22）和精校卡板（见图 7—23）两种。

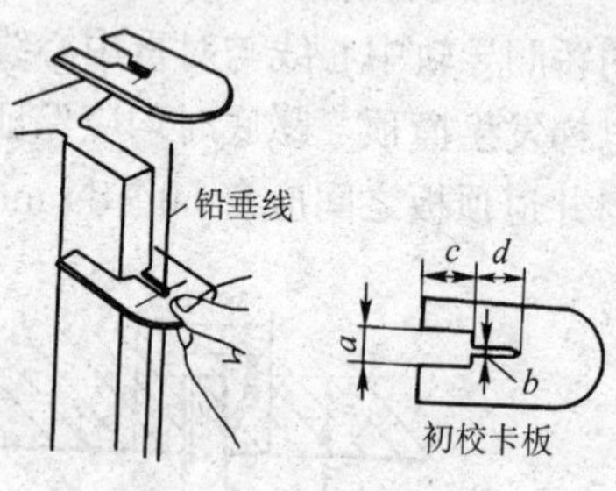

图 7—22　初校卡板

2. 导轨安装检验后的技术要求

（1）两导轨的相对内工作面在整个高度上的允差应不大于表 7—5 的规定值。

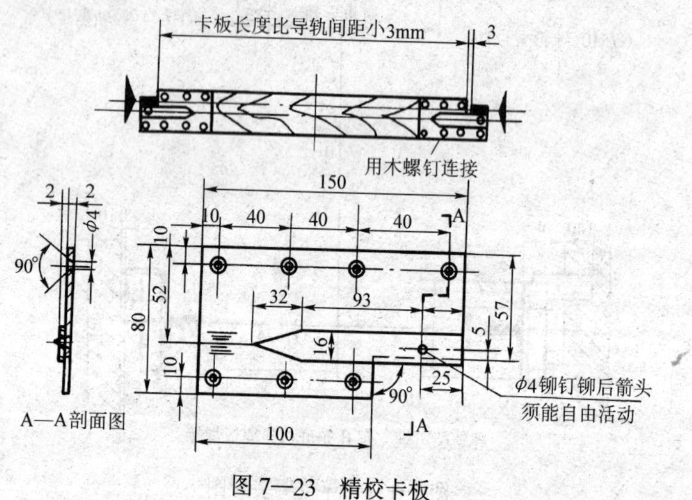

图 7—23　精校卡板

表 7—5　　两导轨间距离偏差

电梯类别	甲		乙、丙	
导轨用途	轿厢导轨	对重导轨	轿厢导轨	对重导轨
偏差不应超过（mm）	±0.5	±1	±1	±2

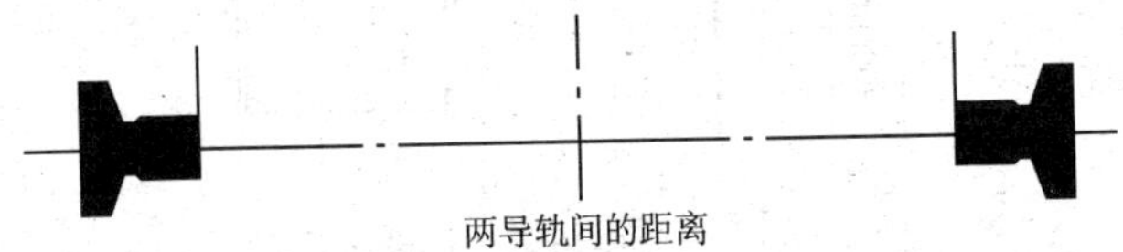
两导轨间的距离

（2）两导轨的垂直度应符合下列规定

1）导轨垂直线的偏差每 5 m 不大于 0.6 mm，在整列导轨高度上不大于 1 mm。

2）导轨接头处的全长不应有连续的缝隙，局部缝隙不得大于 0.5 mm。

3）导轨与导轨架应用压道板连接固定，不允许焊接或用螺栓连接。

4）导轨接口处的台阶用 300 mm 钢板尺，靠在导轨表面，用塞规检查台阶处不应高于 0.05 mm。

5）导轨接口处的台阶应符合表 7—6 规定的修光长度，修光后的凸出量不应大于 0.02 mm，如图 7—24 所示的导轨主要部位调整示意图。

表 7—6　　导轨接口处修光长度值

电梯类别	甲	乙、丙
修光长度 a（mm）	300	200

（五）导轨安装中的安全技术要求

（1）由于导轨安装作业是在井道中进行的，因此施工时所有施工人员都应戴好安全帽，如有登高作业还应系好安全带。自己所携带的工具应放在工具袋内，大型工具要用保险绳扎好，妥善旋转，防止坠落伤人伤物。

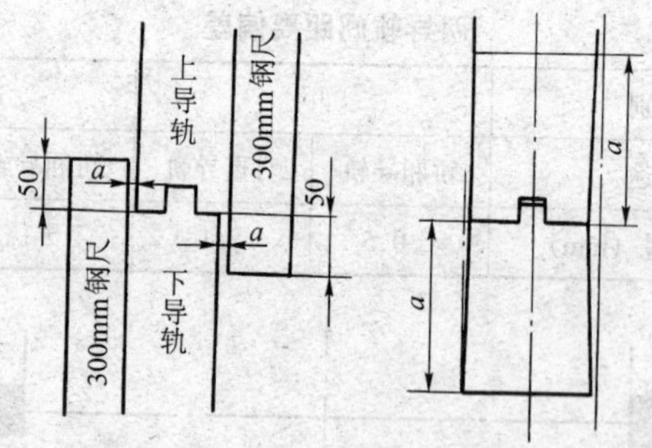

图 7—24　导轨主要部位调整示意图

（2）施工人员站立在脚手架上，应注意脚手架上的脚手板或竹垫笆是否扎牢和紧固，如有不妥应采取措施，先检查后上人，清除一切不安全因素后，才能进行工作。

（3）严禁立体作业及上下一起施工。

（4）井道墙上凿洞时，不允许用重 2.5 磅以上的大锤猛击墙面。

（5）安装导轨时劳动强度较大，必须配备人力，由专人负责统一指挥工作，做好安全防护工作，施工中不得打闹，精神要集中，听从指挥。

二、对重和曳引绳的安装

（一）对重设备的安装

对重装置用以平衡轿厢自重及部分起重量。

（1）在安装时，先拆去对重架上一边的上下两只导靴，然后将对重架放进对重导轨中，再将拆下的导靴装上（如轿厢支架与对重支架同在一个组合件上时，对重架应先放入为好）。

（2）在对重导轨中心处由底坑起约 5～6 m 高处，牢固地安装一个用以起重对重的环链手拉葫芦或双轮吊环形滑车，作为起吊对重装置用。

（3）对重底撞板或轿厢下梁撞板至缓冲器之越程，参照表 7—7 规定的数值进行装配。

表 7—7　　轿厢、对重越程值

电梯额定速度（m/s）	缓冲器形式	越程 S_1、S_2（mm）
0.5～1.0	弹簧	200～350
1.5～3.0	油压	150～400

（4）吊起对重架至选定的越程值的位置，用木柱支好，接着装上上下导靴。

（5）待钢丝绳装好，去掉木柱后，装上安全栅栏，其底部距地为 500 mm，顶部距地 2 500 mm。

（6）将对重块逐一地加入架内，对重的重量等于轿厢自重加上额定载重的 40%～50%。

（二）曳引钢丝绳的安装（以钢丝绳锥套为例）

（1）曳引绳截取的长度，必须根据电梯安装实际长度确定。轿厢置于顶层位置，对重置于底层距缓冲器越程 S 处，采用 ϕ2 mm 铅丝由轿架上梁起通过机房内（曳引轮导向轮）绕至对重上部的钢丝锥套组合处作实际测量，加上轿厢在安装时实际位置高出最高楼层面的一段距离，并加 0.5 m 的余量，即为曳引绳的所需长度。

（2）截绳时，先用汽油将绳擦洗干净，并检查有无打结、扭曲、松股等现象，最好在地面预拉伸，以消除内应力。在挂绳时，一端与轿架上梁固定后，另一端自由悬挂亦能起到部分消除内应力的作用。

（3）为避免截绳时绳股松散，应先用 22 号铅丝在截绳处分三段扎紧，然后再截断，如图 7—25a 所示。

（4）用汽油清洗锥套，再将绳穿入，解开绳端的铅丝，将各股钢丝松散，拧成花节或回环，接着将做好的绳端拉入锥套内，钢丝不得露出锥套。将巴氏合金加热到 270～350℃，即到颜色发黄的程度，去除渣滓，同时把锥套预热到 40～50℃，此时即可浇灌。浇灌面应与锥套孔平齐，钢丝花节或回环应高出锥套孔 4～6 mm，要求一次浇灌成功，如图 7—25b、c、d 所示。

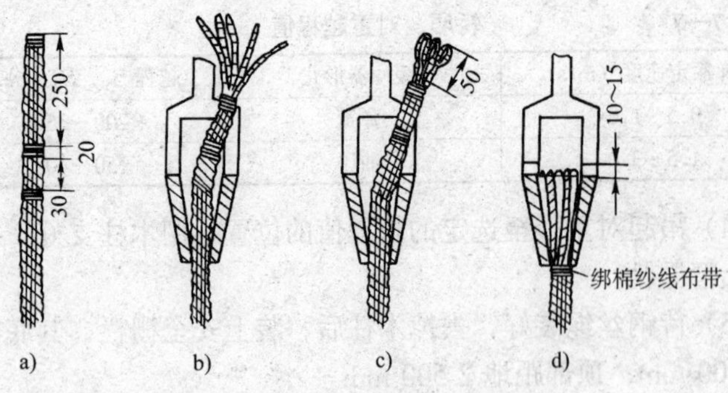

图 7—25　绳头制作过程

（5）挂曳引绳。将绳从轿厢顶起通过机房楼板绕过曳引轮、导向轮至对重上端，两端连接牢靠。

（6）曳引绳挂好后，用井道顶的手拉葫芦提起轿厢，拆除托轿厢的横梁，将轿厢缓慢放下。轿厢放下后，初步调整绳头组合螺母，在电梯运行一段时间后进行张力调整，使曳引绳均匀受力。

（三）曳引钢丝绳装配安全技术

钢丝绳绳头的制作是一种火焰作业，由电焊工用氧—乙炔焰为热源做绳头时，应遵守电（气）焊工的安全操作规范。施工人员必须是持有电（气）焊“特种作业操作证”的人员。当由电梯安装修理工用喷灯为热源做绳头时，应遵守喷灯的安全操作要求。

（1）所有参加火焰作业的人员（包括配合人员）都必须佩戴规定的个人安全防护用品。

（2）工作场地必须有良好的通风，要保持门窗通风良好、道路畅通无阻。

（3）火焰作业必须与氧气瓶、乙焰发生器或气瓶、木材、油类等物品保持 10 m 以上距离，并用挡板隔开。易爆物品与火焰作业现场必须保持 20 m 以上距离。

（4）作业现场附近应设置灭火装置，如干粉、二氧化碳灭火器和干黄沙桶，严禁用水、泡沫灭火器。

（5）重要部位和有防火特殊规定的场所进行火焰作业前，应通知消防安全部门现场检查或监护，取得批准文件或动火证后才能进行施工。

（6）工作完毕后应彻底扑灭火种，确定没有任何火种遗留，才能离开现场。

（7）在做绳头浇灌合金时，应一次浇灌好，不允许两次灌注。在浇灌时要轻击绳头，使巴氏合金浇灌密实，待冷却后方可移动。

（8）在做好曳引钢丝绳头，将绳头与绳头板固定好之后，拆除轿厢底部托梁。放下轿厢之前必须装好限速器、安全钳，挂好限速器钢丝绳和将安全钳钳头拉杆与限速器连接好。这样做的目的是，万一发生轿厢因打滑下坠情况，限速器会起作用使安全钳轧住导轨，防止轿厢自由坠落。

三、缓冲器安装

（1）未设有底坑槽钢的缓冲器应装在混凝土基础上，埋入地脚螺栓，上表面伸出 5 mm 高度。混凝土基础的高度根据底坑深度和缓冲器的高度而定。

（2）油压缓冲器的安装要垂直，活动柱塞的垂直度 a、b 值的允差应不大于 0.5 mm。

（3）在同一基础上安装两个缓冲器时，其高度允差为2 mm。

（4）在采用弹簧缓冲器时，缓冲器应垂直放置。缓冲器之间顶面的水平度允差为 4/1 000。

（5）缓冲器中心应和轿厢架或对重架的碰板中心对准，其允差应不大于 20 mm。

第七节　轿厢与相关部件的安装及其安全技术

轿厢的组装工作多在上端站进行，因为上端站最靠近机房，便于起吊部件和与机房核对尺寸。

轿厢在井道的上端站装配时，在上端站厅门对面的井道墙壁上平行地凿两个孔（250 mm×250 mm），孔位的下边与上端站楼板地平面在同一水平线上，孔距与厅门口宽度相对应。用两根截面不小于200 mm×200 mm 的方木料穿过井道，一端搁在厅门口楼板上，另一端放入井道壁孔中，并将方木两端固定起来。这两根方木将承载轿厢的全部重量，见图 7—26 的支撑横梁示意图。

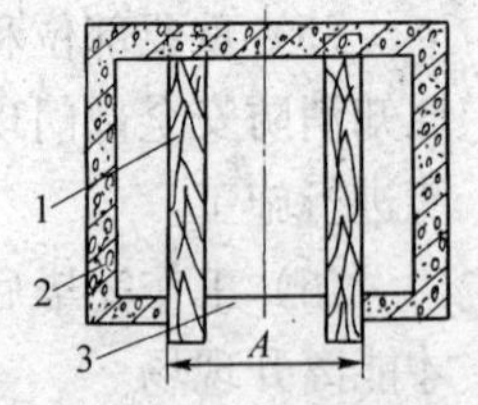

图 7—26 支撑横梁示意图

1—横梁 2—井道墙体 3—顶楼层地面 A—层门口宽

一、轿厢架的安装

（1）在机房楼板相对轿厢中心的孔洞处，通过机房楼板和承重梁悬挂 2～3 t 手拉葫芦，以便起吊轿厢架。

（2）先将轿厢架的下梁放在支撑方木上，并校正水平，其水平度为 2/1 000，使导轨顶面与安全钳座间隙两端一致，并将其固定。将轿厢底盘放在下梁上，并在下梁与底盘型钢间加垫，调整轿厢底盘平面的水平度应小于 2/1 000。

（3）竖起轿厢架两侧立柱并与下梁上、底盘用螺栓连接。立柱在整个高度上的垂直度应不大于 1.5 mm。

（4）用手拉葫芦吊装上梁，将上梁与立柱上端用螺栓紧固，并使其不产生扭曲力矩。

（5）装好轿厢架拉杆。

二、安全钳的组装及其安全技术

（1）将安全钳楔块分别放入安全钳座内，使安全钳拉杆与固定在上梁的传动杠杆连接，再把导靴全部装上，并调整各楔块拉杆螺母，用塞尺检查，使楔块面与导轨的侧面间隙（见图 7—27）一致。此间隙按厂家要求，一般为 2～3 mm。

（2）安全钳装置的安全技术要求

1）安全钳动作后，只有将轿厢（或对重）提起，才能使安

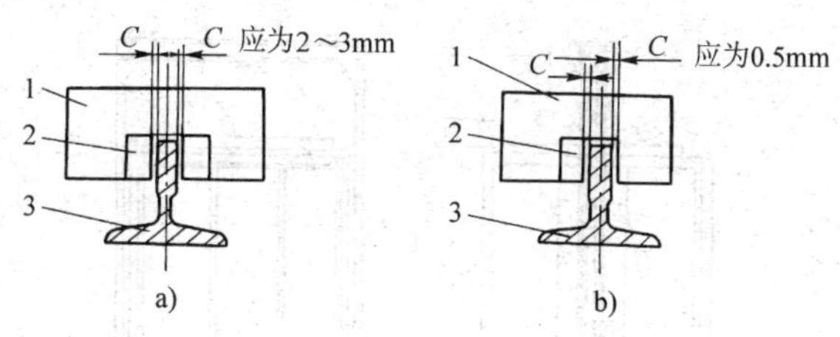

图 7—27 楔块与导轨间隙

a）双楔块式 b）单楔块式

1—安全钳座 2—楔块 3—导轨

全钳释放。释放后，安全钳应处于正常工作状态。

2）不得将楔块或安全钳挡块充当导靴使用。

3）安全钳的夹紧装置应位于轿厢下部。

4）可调部件应加铅封，不得擅自改动。

5）安全钳动作后，轿厢地板将产生倾斜。在负载均匀分布的情况下，轿厢地板的斜度不得超过正常位置的5%。

6）轿厢安全钳动作时，装在安全钳拉杆上的电气开关应在安全钳动作之前或同时使电动机停转。

三、轿厢的安装

（一）轿厢的装配

（1）将活动轿厢或活动轿厢底盘准确地安放在轿厢架的固定底盘上（见图 7—28），其间垫以橡胶减震垫。调整轿厢架拉杆，使轿厢底盘上平面的水平度≤2/1 000。达到要求后，将轿厢架拉杆用双螺母锁紧固定。

（2）用手拉葫芦将组装好的轿顶悬挂在上梁下面。

（3）将轿壁与轿底、轿壁与轿顶用螺栓连接，用角尺校正轿门侧的轿壁，其垂直度应不超过1/1 000。紧固各螺栓。轿门门套的技术要求与厅门门套相同。

（4）安装操纵盘、照明灯、扶手、整容镜。

（5）安装轿厢门，其技术要求参见“厅门”一节。

（6）有开门机的轿厢门，其轿门导轨应保持横平竖直，不挂

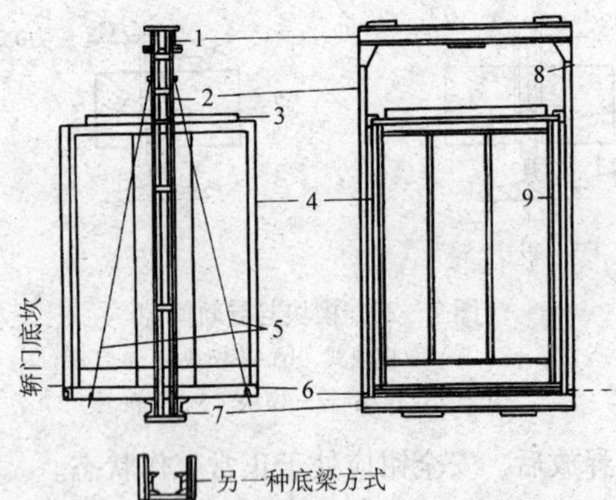

图 7—28　轿厢结构示意图

1—上梁　2—立柱　3、9—轿厢　4—围扇　5—拉条

6—轿底　7—底梁　8—轿厢架

开门机构时，轿门的开关应轻松自如。挂上开门机构后，轿门的碰撞力不应大于 150 N。如轿门设有安全触板，其动作的碰撞力不应大于 5 N。

（7）电梯因停电或电气系统发生故障而停止运行时，在轿厢内应能用手扒开门，其扒门力调整在 200～300 N。

（8）轿厢安装完毕后，用手拉葫芦将轿架提起，在固定底盘上用平衡块调整轿厢的平衡，保证轿厢导轨中心线与导靴中心线在同一垂直线上。

（9）有轿顶轮的轿厢架，轿顶轮与轿厢上梁的间隙，水平方向四周间隙之差值不得大于 1 mm，导向轮的垂直度应不大于 0.5 mm。

（10）在立梁上装有限位开关碰铁的轿厢，在装轿壁前应先将碰铁安装好，碰铁垂直度允差为 2/1 000。

（二）轿厢安装过程中的安全技术

（1）吊装轿厢所使用的吊装工具与设备，应严格仔细地检查，确认完好后方可使用。吊装前必须充分估计被吊物件的重量，选用相应的吊装工具和设备。

(2) 轿厢吊装前，应按起重作业安全操作要点选好手拉葫芦支撑位置，配好与起重量相适应的手拉葫芦。吊装时，施工人员应站在安全位置进行操作。

(3) 轿厢和对重全部安装好以后，用曳引钢丝绳挂在曳引轮上。在拆除支撑轿厢架横梁和对重的支撑方木之前，仔细检查，必须将限速器、限速器钢丝绳、张紧装置、安全钳拉杆、安全钳开关等安装完成，才能拆除支撑横梁。这样做的目的是，万一出现电梯失控打滑时，安全钳可将轿厢轧住在导轨上，不发生坠落的危险。

(4) 如需将轿厢吊起较长时间工作时，不可仅用手拉葫芦吊住轿厢，这是很危险的。正确的做法是用手拉葫芦将轿厢吊起后，再用两根相应的钢丝绳将电梯轿厢吊在承载装置上。钢丝绳应做绳头，使用时配以相应的钢丝绳卡子，使轿厢的重量完全由两根钢丝绳承载，使手拉葫芦处于不承担载荷，只起保险作用的状态。

四、导靴的装配及其安全技术

导靴安装在轿厢架和对重架的两侧，并与导轨面接触，作上下滑动或滚动。轿厢和对重依靠各自的导靴在导轨上滑动，保持轿厢与对重运行的相对位置。导靴在轿厢、对重的上下横梁上固定，其位置必须保持：

横向两导靴在同一水平面；

纵向两导靴在同一垂直线上。

当载荷在轿厢内均匀分布时，轿厢与对重的重量只由曳引绳的绳头组合器承载，导靴上不应有外力（理想状态）。当载荷偏离轿厢中心时，导靴就会受到相应的外力。装配时为减小阻力，应保持导靴的正确装配位置，如图 7—29、图 7—30、图 7—31 所示。

（一）弹性滑动导靴的装配

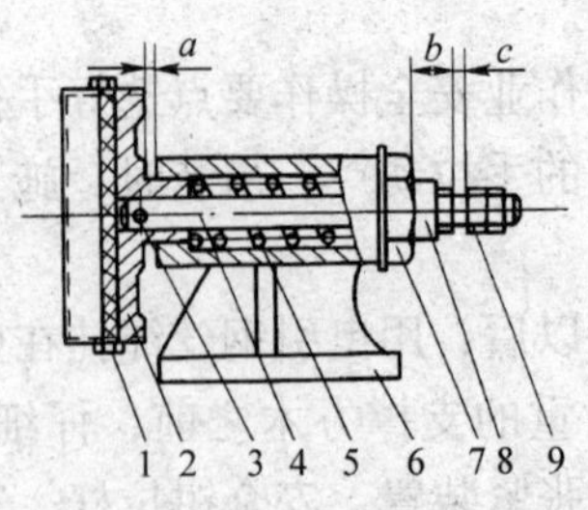

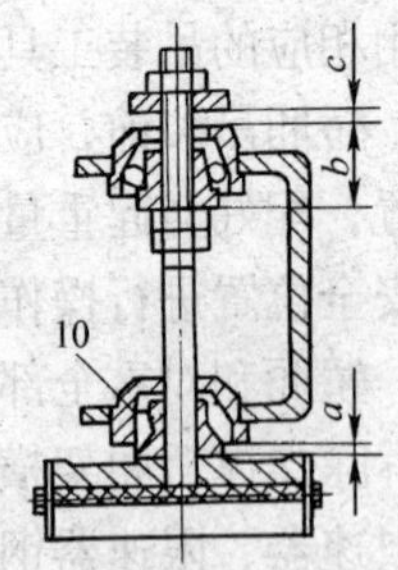

图 7—29 弹性滑动导靴

1—靴衬 2—靴头 3—销轴 4—螺杆轴 5—压缩弹簧 6—靴座 7—锁紧螺母 8—调节套 9—定位螺母 10—橡胶垫

如图 7—29 所示，弹性滑动导靴在电梯运行时，由于导轨间距误差及偏重力的存在，其靴头始终在轴向浮动。因此导靴在装配时应有适当的伸缩间隙，其间隙规定见表 7—8。

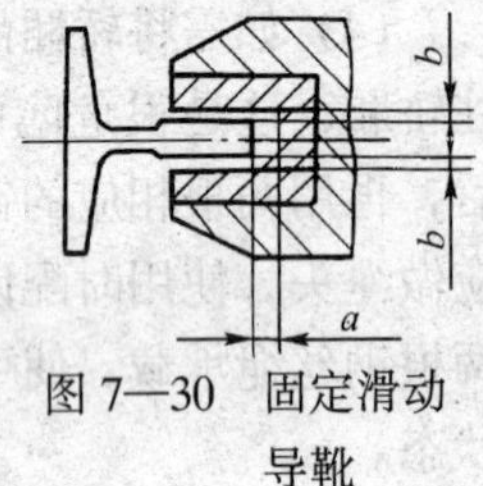

图 7—30 固定滑动导靴

(二) 固定滑动导靴的装配

表 7—8 弹性滑动导靴的 *a*、*b*、*c* 值

电梯额定载重（kg）	500	750	1 000	1 500	2 000～3 000	5 000
b（mm）	42	34	30	25	25	20
a、*c*（mm）	2	2	2	2	2	2

如图 7—30 所示，固定滑动导靴因其靴头是固定的而得名。此种导靴靴衬底部与导轨端部要留有适当的间隙 *a*。间隙 *a* 的数值应调整在 0.5～1 mm（在导轨间距最小处调整），不得大于 1 mm。为了容纳导轨侧工作面的偏差，靴衬在宽度上也应调整出适度的间隙。

(三) 滚动导靴的装配

如图 7—31 所示，滚动导靴以三个滚轮代替了滑动导靴的三个工作面。三个滚轮在弹簧力的作用下适度地压在导轨的三个工

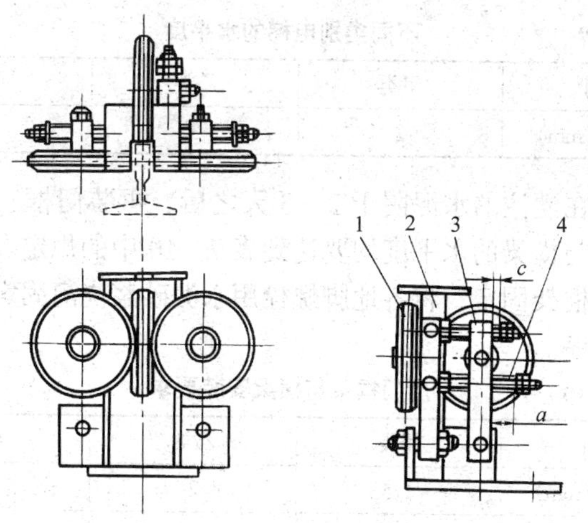

图 7—31 滚动导靴

1—滚轮 2—靴座 3—摇臂 4—压缩弹簧

作面上，实现以滚动摩擦代替滑动摩擦。调整弹簧使滚轮具有良好的缓冲性能，并在三个方向上自动补偿导轨的各种几何形状误差。要求滚轮转动灵活，滚轮对导轨工作面不产生歪斜，轮缘整个宽度应全部压在导轨工作面上，而且接触良好。

第八节 厅门与地坎的安装及其安全技术

导轨调整好以后，以导轨为基准，以样板架上所悬挂的厅门铅垂线为依据确定厅门位置。

（1）首先检查并完善各厅门口的牛腿情况，接着将厅门地坎用 400 号以上的水泥砂浆固定在各层牛腿上（也有用钢制牛腿的）。固定好的地坎上平面应比最终的楼板地平面高出 5～10 mm，并与地平面抹成 1/100～1/150 的斜坡，以防止液体流入井道。在安装中应使各厅门地坎与轿厢地坎保持相同的距离，并使其偏差在 0～3 mm 之间，使其水平度不大于表 7—9 中之规定。

表 7—9　　不同类别电梯的水平度

类别	甲类	乙类	丙类
水平度（mm）	2	3	4

（2）在灌注的水泥阴干 2～3 天之后，再装门框。门架立柱的垂直度与横梁的水平度均要达到表 7—10 中的规定。用木制楔块将厅门框架固定，将各地脚螺栓用水泥砂浆浇灌固定后再进行下一道工序。

表 7—10　　厅门框架与横梁安装要求

类别	甲类	乙类	丙类
垂直度（mm）	1.5	2	2.5
水平度（mm）	1.5	1.5	2

（3）安装厅门门套时，应先将门套立框与地坎连接牢固，并将门套同时固定在厅门口的侧壁上。

（4）厅门导轨的中心与地坎中心的校正。如图 7—32 所示，测量应在三处进行（两端及中间处），其偏差应不大于 1/1 000，然后挂上厅门再进行重复校正。

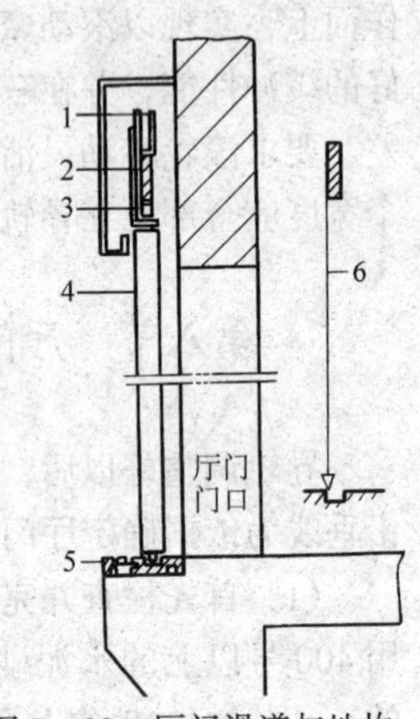

图 7—32　厅门滑道与地坎垂直测量

1—吊门滚轮　2—吊门导轨　3—挡块　4—门扇　5—门地坎　6—用吊线检查

（5）当厅门安装完毕后，用手推拉时应无噪声，无冲击或跳动现象，并在门中心处沿导轨的水平方向任何部位牵引时，其阻力应小于 3 N。

（6）门滑轮的安装：在装门滑轮之前应进行检查门滑轮的转动是否灵活。滚动轴承内应注入润滑脂。

（7）厅门与门套、两厅门之间的间隙应为 4～6 mm。门缝要直且均匀，其间隙差值应不大于 1.5 mm。

(8) 中分式的厅门，轿门对口处平面误差应不大于 1 mm。

(9) 轿门与厅门的关系：轿门与厅门的形式有中分门和双折门。中分式厅、轿门如图 7—33 所示，其相互关系见表 7—11。

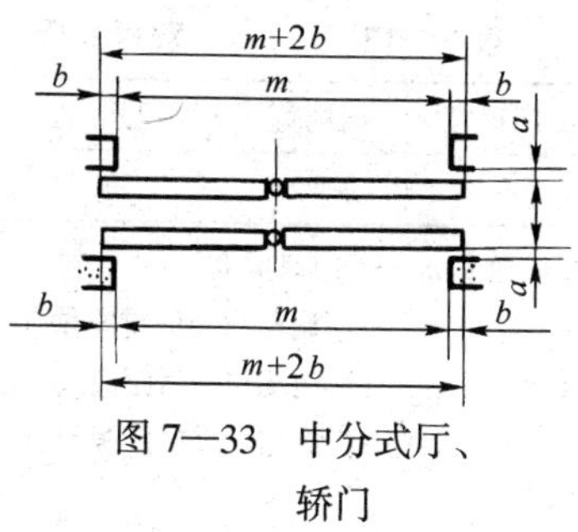

图 7—33 中分式厅、轿门

双折式厅、轿门如图 7—34 所示，其相互关系见表 7—12。

表 7—11 中分式厅、轿门的相互关系 mm

门口宽	门扇宽	厅门开门宽	轿门开门宽	厅门行程	轿门行程
m	$m+2b$	m	$m+2e$	$m/2$	$m/2+e$

注：m——门口宽度；

e——厅门动作滞后距离［一般为（10±2）mm］。

(10) 厅门门锁

1）调整开门刀与厅门地坎间隙（一般为 5～10 mm）。

2）从轿门上的不动刀片的顶面中心放下一根铅垂线至底坑，并加以固定。然后按铅垂线确定门锁两胶轮中心，据此安装好门锁（见图 7—35、图 7—36）。

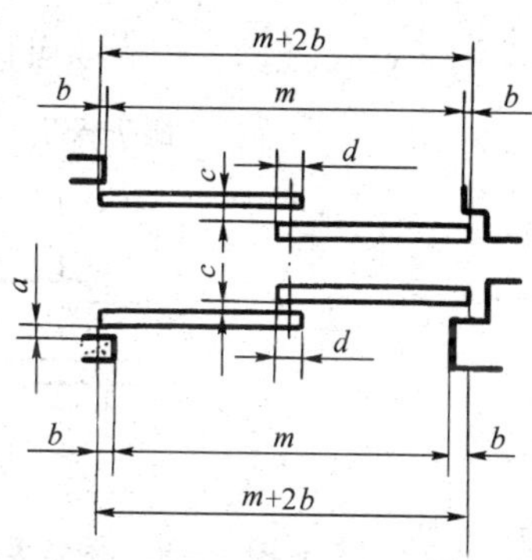

图 7—34 双折式厅、轿门

3）厅门锁安装完毕后进行慢速试运行时，再进行精确调整。调整门锁滚轮与轿厢地坎间隙（一般为 5～10 mm）。确定门锁的准确位置后，即加以紧固。

4）安装机械、电气联锁装置。

5）调整各层厅门，当门扇开、闭 100 mm 和行程的 1/2 时，其开门差值不得超过 5%。

表 7—12　　双折式厅、轿门的相互关系　　mm

门口宽	门扇宽	厅门开门宽	轿门开门宽	厅门行程	轿门行程
m	$m+2b$	m	$m+e$	$m+b$	$m+b+c$

注：m——门口宽度；

b——门扇与门套的重叠量［一般为（15±2）mm］；

e——厅门动作滞后距离［一般为（10±2）mm］；

c——门扇与门套的间隙量（一般为 4~6 mm）。

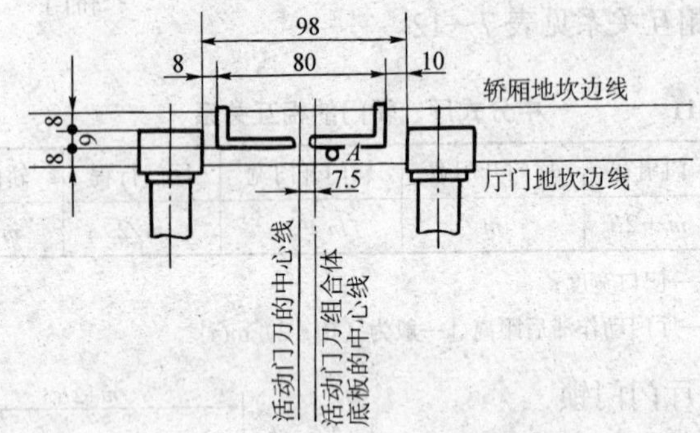

图 7—35　厅门锁装配示意图

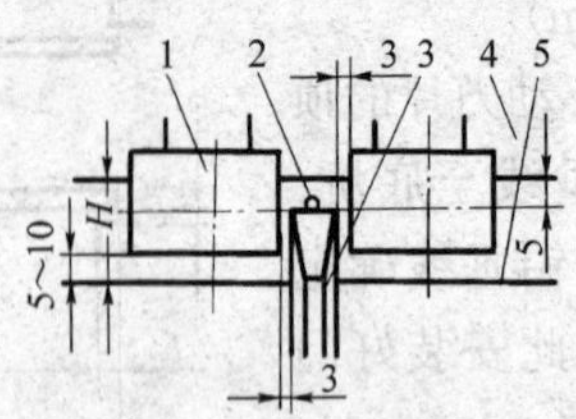

图 7—36　调整滚轮与地坎间的间隙装配图

1—滚轮　2—门刀铅垂线　3—门刀　4—厅门地坎　5—轿门地坎

6）每层层门自动关闭层装置应工作有效。强迫关门装置应使其闭合严密。

7）门锁锁钩、锁臂及动接点动作灵活。锁紧元件（钩子）最小啮合长度为 7 mm。

第九节　电气设备安装及其安全技术

一、配电导线的敷设

电气设备的安装方式、方法因电梯类型、井道、机房土建等不同，其配线方式种类也不同，但其装配原理差异不大。电梯电气装置中的配线，应使用额定电压不低于 500 V，截面积不小于 1.5 mm^2 的铜芯绝缘导线。导线不得直接敷设在建筑物和轿厢上。机房和井道内的配线，宜使用电线管和电线槽保护，但在井道内严禁使用可燃性材料制成的管槽。

（一）线槽配线

线槽配线适用于从机房控制柜经电梯井道到各层外呼按钮和层灯的信号线的敷设。这是一种比较经济的敷设方式。

电梯供电电源线不得和其他导线敷设于同一电线管或电线槽中。

（1）线槽敷设在电梯井道内靠近外呼按钮较近的墙上。安装时，在顶层敷设线槽的位置，离墙 25 mm 处放下一根铅垂线至底坑，并在底坑内固定，为安装线槽校正用。

（2）每距 800 mm 钻凿一墙孔，埋设地脚螺栓，将线槽底固定。安装后应横平竖直，其水平和垂直偏差不应大于长度的 2/1 000，全长最大偏差不应大于 20 mm。并列安装时，应使槽盖便于开启。

（3）电线槽应平整，无扭曲变形，内壁无毛刺，接口应平直，接板应严密，槽盖应齐全，盖好后应平整、无翘角。在每层的外呼按钮箱、楼层指层灯与线槽相对应的位置，用适当的开孔刀在线槽侧面开孔，连接金属软管或电线管。出线口应无毛刺，位置应准确。

（4）按照接线图上的电线数量再加 10% 的备用线放线。这些线一般应包括外呼按钮线、层灯线、方向灯线、厅门锁线、底坑停止线、底坑照明线、底坑220 V插销座线、上下端站开关线等。将以上诸线和备用线在室外放开，按长度截断，在电线两端标明线号，每隔几米捆扎一下，然后将放好的线安放在线槽内。

(5) 在线槽的每个出线孔，将相应的线按线号分接出来，穿金属软管或电线管接至各用电器处。也有用电缆直接从各出线孔接至用电器处的。

(6) 线槽与金属软管用接头成直角连接。

(二) 敷设导线的注意事项

(1) 导线数量应留有充足的裕量，一般应比用线数量多10%。

(2) 在线槽内敷设的电线的总截面积（包括绝缘层），不应超过线槽总截面积的60%。

(3) 动力线和控制线不得在同一线槽或同一线管内敷设。

(4) 对于触摸按钮，旋转编码器等易受信号干扰的电子器件，应采用屏蔽线连接。

(5) 应采用不同颜色的电线。用线颜色要依据国家标准。

(6) 导线出入金属管口或通过金属板连接处时，应设光滑护口保护。

(7) 金属线槽、管连接处应设明显的跨接保护线。

(三) 楼层指层灯、按钮盒、消防按钮的安装

楼层指层灯、按钮盒、消防按钮均应有铁制外壳，将外壳中的电器零件取出妥善保管。按施工图尺寸要求，将各外壳平整、垂直地固定在预留的孔洞中，用水泥砂浆将外壳与墙体的缝隙填实并与墙面抹平。测量金属软管长度，穿导线，将软管沿墙敷设固定，并保持横平竖直过渡圆滑，用软管将外壳与线槽连接。经过调试阶段后，再将电器零件装好，按号接线，最后将面板装好。

(四) 随行电缆安装

轿厢运行时均有一条或几条电缆随之运行，称随行电缆，简

称随缆。一般随行电缆的一端绑扎固定在井道中部的电缆架上。井道电缆架安装在电梯提升高度一半再加 1.5 m 高度的井道墙壁上，用地脚螺栓固定。随行电缆的另一端绑扎固定在轿底下梁的电缆架上，称为轿底电缆架。轿底电缆架安装位置应以下述原则确定：8 芯电缆其弯曲半径应不小于 250 mm，16～24 芯电缆的弯曲半径应不小于 400 mm，一般弯曲半径不小于电缆直径的 10 倍，如图 7—37 所示。

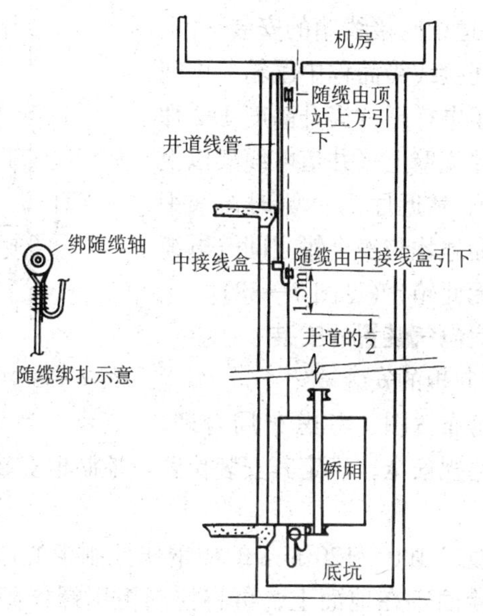

图 7—37　梯井随缆安装法

安装随行电缆注意事项：

（1）安装井道电缆架时，应使随缆避免与选层器钢带，限速器钢丝绳，极限、限位、缓速开关平层感应器和对重安装在同一垂直交叉位置。

（2）井道电缆架与电线管、电线槽、导轨支架安装不应卡阻运行中摆动的随缆。

（3）轿底电缆架的安装方向应与井道电缆架一致，并使随缆位于井道底部时，能避开缓冲器，且保持一定距离。

(4) 随缆用 20 号铅丝绑扎，绑扎要均匀、牢固、可靠，使电缆与套筒无移动，其绑扎长度为 30～70 mm。

(5) 随缆安装前应预先自由悬吊，充分退扭。安装后不应有打结和波浪扭曲现象。多根随缆安装，其长短应一致。

(6) 当电缆直入机房时，随缆的不运动部分（提升高度 1/2 加高 1.5 m 以上），应用卡子固定。

(五) 井道中间接线箱的安装

井道中间接线箱简称中线箱。中间接线箱应装于电梯正常提升高度 1/2 加高 1.7 m 的井道壁上（井道电缆架以上 0.2 m）。装于靠近厅门一侧时，水平位置宜在轿厢地坎与安全钳之间（电缆直入机房时无此箱）（见图 7—38）。

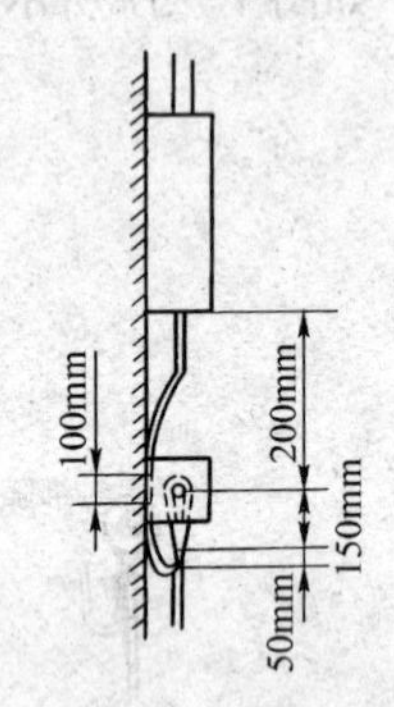

图 7—38 中间接线箱与中间挂线架

二、机房电气装置的安装

(一) 控制柜的安装

根据机房布置图，考虑布局合理，维修方便，巡视安全，确定其安装位置。控制柜安装时应注意以下事项。

(1) 一般以 100～120 mm 的槽钢作控制柜的地脚梁。将槽钢用地脚螺栓固定在地面上，再将控制柜用螺栓固定在地脚梁上。

(2) 控制柜应面向曳引机，且一一对应。

(3) 控制柜与门窗距离应大于 600 mm 以上。

(4) 控制柜的维护侧与墙壁的距离应大于 600 mm；群控、集选电梯应大于 700 mm；控制柜的封闭侧应大于 500 mm。

(5) 双面维护的控制柜成排安装时，其宽度每超过 5 m，中间宜留有通道，通道宽度应大于 600 mm。

(6) 控制柜与机械设备的距离大于 500 mm。

（二）选层器的安装

（1）选层器钢带一端连接轿厢，另一端连接对重装置。先将钢带传动装置按照布置图旋转，从钢带轮的两侧轮缘中心处放两根铅垂线，对准轿厢和对重的卡带装置的中心。然后将钢带传动装置用地脚螺栓固定，其垂直度不应大于 2/1 000。

（2）根据已定位的钢带传动装置来确定选层器的位置，应注意传动链轮在同一直线上。当轿厢上下运行时，选层器拖板作相应的上下运动。调整正确后将选层器固定在机房楼板上，并连接导线。

（三）制动器的安装调整

制动器安装时，其闸瓦应紧密地抱合于制动轮的工作表面上，其接触面不得小于 80%。当松闸时，两侧闸瓦应同时离开制动轮表面，其间隙不得大于 0.7 mm。闸瓦与制动器的松紧应以轿厢静载试验无溜车，电梯启、制动时轿厢内感觉舒适为宜。

三、轿厢电气装置的安装

（一）接线盒的安装

有的接线盒位于轿厢底，安装于轿门下边的钢梁上。有的接线盒位于轿厢顶，安装在轿顶的钢梁上。轿厢电线汇总于该盒，再分别用电缆或电线管配置到操纵箱、轿内指层灯、开门机和轿内照明等地方。轿厢电缆电线也可将其一部分直接配置到以上的装置。

接线盒安装时，应垂直、牢固，接地线应可靠，电线出入口应光滑无毛刺。

（二）平层感应器的安装

感应器安装在轿顶横梁上，利用装在轿厢导轨上的隔磁板，使感应器动作，控制平层开门。每一停层位置都须装一块隔磁板。

在调整好厅门与轿门地坎的间隙后，调整干簧感应器与隔磁板间隙。

（1）感应器和隔磁板安装时，应固定牢固，防止松动。不得因电梯的正常运行而产生摩擦，严禁碰撞。

（2）感应器和隔磁板安装应平正、垂直。隔磁板插入感应器时两侧的间隙应尽量一致，其偏差不得大于 2 mm。

（3）平层感应器在电梯平层于每楼层面地坎时，上下平层感应器离隔磁板的中间位置应一致，其偏差不大于 3 mm。

（4）提前开门感应器应装于上下平层感应器的中间位置，其偏差不大于 2 mm。

（三）安全窗开关的安装

（1）轿顶安全窗只能人为开启。安全窗开启大于 50 mm 时，安全窗开关应可靠动作，使电梯立即停止运行。

（2）安全窗开关应固定牢固。当安全窗盖板盖下后，靠自重能将开关压合（电路接通）。

（3）当安全窗盖板盖下后，应有锁紧装置将盖板压实，电梯在正常运行中，安全窗开关不得动作。维修人员应能从轿厢顶上打开此锁紧装置。

（四）安全钳开关的安装

有的安全钳开关位于轿厢底，安装在轿底下边的钢梁侧面。有的安全钳开关位于轿厢顶，安装在轿顶钢梁侧面。

进线接在安全钳开关的常开触点上。正常时，拨架的碰头将开关压合，常开触点接通。当电梯向下超速行驶时，限速器动作将限速绳轧住，限速绳拉动安全钳拨架，依靠拨架的碰头使该开关断开。切断电梯控制回路的电源。

安全钳开关安装时，要求固定牢固，动作可靠。

（五）满载、超载开关的安装

（1）满载、超载开关一般安装在轿底梁上。在轿厢底盘与轿厢架固定底盘间，垫以规定数量有特殊要求的防震橡胶垫。

（2）当轿厢达到额定重量时，满载开关动作。满载开关动作后，电梯不再响应外召，只响应内选信号。

(3) 当轿厢载重超过额定起重量时，橡胶垫变形，轿厢底使超载开关动作。电梯超载后不关门，超载铃报警，直至载重减至额定负载以下为止。

四、井道电气装置的安装

(一) 极限、限位、缓速装置的安装

1. 安装

极限装置安装在井道里，但限位、缓速装置有的安装在井道里，有的安装在轿厢顶上。以下讲的极限、限位、缓速装置均以安装在井道里叙述。这些装置保证电梯运行于上、下两端站在事故状态时不超越极限位置，但不应取代电梯正常减速和平层装置。

2. 极限、限位、缓速开关要求

(1) 撞铁应无扭曲变形，开关碰轮转动灵活。

(2) 撞铁安装应垂直，偏差不应大于长度的1/1 000，最大偏差不大于3 mm（撞铁的斜面除外）。

(3) 开关、撞铁安装应牢固，开关滚轮与撞铁应可靠接触，在任何情况下滚轮边距撞铁边不应小于5 mm。

滚轮与撞铁接触到位后，开关接点应可靠动作。滚轮沿撞铁全程动作时，轮边不应有卡阻。滚轮应略有压缩裕量。

3. 极限、限位、缓速开关安装后，其导线应留有适当的裕量。开关位置调整后，裕量部分应可靠固定。

极限开关的位置应为：轿厢地坎超越上下端站地坎150～200 mm时，撞铁接触滚轮使开关迅速断开，切断电梯电源。

限位开关的位置应为：轿厢地坎超越上下端站地坎30～50 mm时，撞铁接触滚轮使开关迅速断开，切断运行方向继电器电源。1.5 m/s及以下的快速电梯上下端站各有一个缓速开关。缓速开关的位置应为：当轿厢平层感应器超越上下端站电气减速位置时，撞铁接触滚轮使开关迅速断开，切断快速运行继电器电源。

1.5 m/s 以上的快速电梯或高速电梯上下端站各有两个缓速开关，一个叫单层缓速开关，一个叫多层缓速开关。缓速开关的位置应为：当轿厢平层感应器超越上下端站单层电气减速位置时，撞铁接触滚轮使开关迅速断开，切断快速运行继电器电源。当轿厢平层感应器超越上下端站多层电气减速位置时，撞铁接触滚轮使开关迅速断开，切断快速运行继电器电源。强迫缓速开关的安装位置，应按电梯的额定速度、减速时间及停制距离选定（参照表 7—13）。但其安装位置不得使电梯停制距离小于电梯允许的最小停制距离。

表 7—13　　停制距离　　m

停制距离 / 减速时间（s）	额定速度			
	1.5 m/s	1.75 m/s	2 m/s	2.5 m/s
2	1.5	1.75	2	2.5
3	2.5	2.62	3	3.75
4				5

（二）底坑停止开关

（1）底坑开关设置在底坑平面往上 1.5 m 以上、下端站厅门地坎以下 0.2 m 左右的厅门下面的墙壁上，但应避开厅门口的正下方位置。

（2）底坑开关应该是全封闭的双位开关。

（3）底坑开关板上应该安装一个安全电压照明灯和一个 220 V 交流电压插座。

（三）限速绳断绳保护开关

限速绳断绳保护开关安装在轿厢导轨上的开关支架上，当限速轮从水平位置下降 50 mm 时，此开关应断开控制回路电源。

（四）液压缓冲器开关

液压缓冲器开关安装在缓冲器立柱的外壳上。当缓冲器被压下时，开关动作，切断控制回路电源。

五、保护接地

电梯机房的供电电源线应是三相五线制，其保护接地系统应始终独立于工作零线，不得混用。

一般供电系统是三相四线制，其接地系统可以从建筑物的共用接地系统引出或另设接地系统。

无论哪种机房接地引出线，其接地电阻值均应小于 4 Ω。接地线应使用截面积不小于 4 mm^2 的铜线。所有用电设备的外壳、金属线槽、金属管路均应可靠接地。其接地线均应设置在明显的位置，以便检查。

第十节　调试与试验

一、调试

（一）调试前的准备

（1）电梯的调试工作应在电梯的安装工作全部完毕之后进行。

（2）调试前，电梯井道中的导轨应全部清洁，脚手架应全部拆除，并已确认井道中无任何阻碍物，以免轿厢在井道中上下运行时引起碰撞。

（3）检查用户提供的机房配电盘进线是否是三相五线制电源，检查配电盘线路的接线是否正确，确认动力电源和照明电源线严格分开，测量确认保护接地线合格、独立、可靠。

（4）先关断配电盘上的所有电源开关。

（5）清扫轿厢内、轿顶、各层站显示器和召唤按钮等部位的垃圾，彻底清除轿厢门和各厅门地坎内的垃圾。

（6）打扫机房，把控制柜、曳引机等机房中的各个部件表面的灰尘清除干净。

（二）检测和润滑

1. 井道内和入口处

（1）检测缓冲器装置是否安全牢固。

（2）检测油压缓冲器装置的油质、油量、开关和厂家指定的是否相符。

（3）检测限速绳滑轮转动是否灵活，断绳开关工作是否正常。

（4）检查所有的井道出入口是否都已锁好。

2. 轿厢和对重

（1）检查对重装置与轿厢的间隙是否与规定的相符。

（2）检查曳引绳的绳头组合装置是否固定牢固，各锁母是否已锁紧，各开口锁是否已安装好。

（3）检查是否安装了导靴和靴衬。

（4）检查加油盒安装是否正确，其油面高度是否符合规定（一般为油盒高度的2/3）。

（5）检查轿厢运行中是否有伸出的障碍物。

3. 机房

（1）检查电源进控制柜的导入线和输出线是否固定牢固。

（2）检查各电气部件是否都已可靠接地。

（3）检查曳引机接线是否已经固定牢固。

（4）检查曳引轮、导向轮、电动机旋转部件是否灵活。

（5）检查制动器的弹簧及锁母等是否已调整到位。

（6）检查曳引机减速器和电动机油位是否达到标准。

（7）检查限速器滑轮是否灵活，限速器钳口是否装好。

（8）检查限速器开关是否在正常位置。

（9）检查接线端是否拧紧，限速器是否已接地。

（三）绝缘测试

该绝缘测试主要是处理各部件和电线间的短接故障、线间短接故障、接地故障等，以防止各部件烧毁和触电。

（1）再次确认电梯动力电源已断开，电梯照明电源已断开。

（2）将驱动回路、控制回路和弱电回路分别断开。

（3）用500 V直流高阻绝缘表测试下列电路的绝缘（以下线路应与电路板断开）：

1）驱动回路对地绝缘电阻应大于0.5 MΩ。

2）控制回路对地绝缘电阻应大于0.25 MΩ。

3）信号回路对地绝缘电阻应大于0.25 MΩ。

4）照明回路对地绝缘电阻应大于0.25 MΩ。

5）门机回路对地绝缘电阻应大于0.25 MΩ。

（四）检测电压

（1）将驱动回路、控制回路和弱电回路断开部分恢复连接。

（2）合上机房动力电源开关，确保控制柜电源指示灯亮。

（3）用数字电压表测试控制柜电源电压值应符合规定值。

（4）断开各路保险，测试各路电压值均在规定范围内。

（5）切断控制柜电源和照明电源，将各路熔断器安装好。

（五）无载模拟试车（慢速）

在电梯试运行前，通电检测后，应对控制回路进行无载模拟试车。

（1）从控制柜上将曳引电动机电源线拆开，只试验电梯电气控制程序。

（2）将电梯控制柜内的“自动/手动”开关置于检修运行状态。

（3）根据检修操作程序观察控制柜内各电器元件的动作是否正常、顺序是否正确。

（4）将曳引绳从曳引轮上摘下，使轿厢和对重与曳引传动系统脱开，只有曳引机随操作程序而相应转动。

（5）曳引机空载运行是否良好（运行平稳，无噪声），转向是否正确，制动器动作是否良好，抱闸间隙是否在要求之内。

（六）带负载运行（慢速）

（1）无载模拟试车合格后，将摘下的曳引电动机电源线接好并压实。采用摘绳法进行无载试车时，注意按顺序挂好曳引绳。

（2）将吊起的轿厢放下，手动盘车使轿厢下行约 20 cm 的距离，将底坑对重下的支撑木撤走。

（3）手动盘车将电梯轿厢再向下移动一段距离。

（4）进入轿厢顶，在轿顶进行检修速度试运行（检修状态轿顶优先）。

（5）检修状态下，点动上下按钮，使轿厢上下运行，方向一致。

（6）检修状态，使轿厢在井道内上下运行几趟，观察导靴与导轨、平层装置和感应器位置是否正确，轿顶停止开关、安全窗开关、安全钳开关、上限位开关、上极限开关动作是否可靠。

（7）检查底坑开关、下极限开关、下限位开关、限速绳断绳开关、油压缓冲器开关动作是否正确可靠。

（8）检查各层厅门地坎和轿厢地坎距离偏差是否符合要求。

（9）检查各层厅门地坎和轿厢开门刀的间隙是否符合要求，一般为 5～10 mm。

（10）检查各层厅门门轮与轿厢开门刀的间隙（应均匀）、厅门门轮与轿厢地坎的间隙是否符合要求，一般为 5～10 mm。

（11）检查各层厅门门锁机构动作是否符合要求。

（七）额定速度运行

（1）在机房，将电梯轿门关闭后，拆除门机电源保险。

（2）检查各层厅门均应关闭，门锁继电器闭合。

（3）确认电梯机房内的开关在检修状态，再将轿厢内和轿厢顶的各个开关都扳至自动运行状态。

（4）将控制柜上的检修开关扳置自动运行状态。

（5）在控制柜内反复选择电梯单层上下呼梯信号，观察电梯启动、运行、制动状况是否正常，尤其在上下端站必须试验单层呼梯运行信号。

（6）在控制柜内反复选择电梯多层上下呼梯信号，观察电梯启动、运行、制动状况是否正常。

（八）调整电梯的平层

调试人员在轿厢内操作电梯。

调整电梯的平层达到厂家要求。国家标准规定见表 7—14。

表 7—14　　电梯平层精度

电梯额定速度（m/s）	平层度误差（mm）
2.0/2.5/3.0	±5
1.5/1.75	±15
0.75/1	±30
0.25/0.5	±15

（九）调整电梯开关门机构（应达到要求），检查调整安全触板等保护设施

（十）基本功能的确认

（1）按下轿厢内的每一指令按钮，按钮均应响应点亮。

（2）电梯能准确在指令登记层平层、停车并自动开门，平层时能消去该层的指令响应灯。

（3）逐层检查层站外呼按钮，在电梯离开后，按下外呼按钮，其响应灯应点亮。

（4）电梯能响应同方向的外呼信号，在有同方向外呼信号的层站电梯能准确平层，同时消去该层外呼按钮响应灯，平层后能自动开门。

（5）在前方无任何外呼和指令的条件下，电梯能响应逆向外呼信号。此时在有逆向外呼的层站，电梯能准确平层，同时，消去该层外呼响应灯信号。平层后能自动开门。

（6）本层开门功能有效。当电梯停在某一层站时，按下该层站的外呼按钮，当按下的按钮与电梯运行的方向相同时，电梯会保持开门状态或变关门动作为开门动作。

（7）确认电梯轿厢内的开、关门按钮动作有效。

二、安装后的检验

电梯由安装人员安装完毕调试运行后，应由电梯生产厂家的

质检技术人员依据生产厂的电梯检验标准对该电梯进行检验。当然，电梯生产厂的电梯检验应执行GB 7588—2003《电梯制造与安装安全规范》、GB 10059—1997《电梯试验方法》、GB 10060—93《电梯安装验收规范》等有关的国家标准。检验过程中要做一些必要的试验，将检测的结果、数据、检验处理意见填入“电梯检验报告书”中。有关安装人员应依据报告书中的意见对电梯进行认真整改并交质检人员复验。应按照国家质量监督检验检疫总局于2002年颁布的《电梯监督检验规程》规定的内容和方法对电梯进行检验，并按“电梯验收检验报告书”填写检验结果，以便整改和存档。

三、试验

1．相序保护试验

将总供电电源断去一相，电梯应不能工作。将总供电电源两相互换，电梯应不能工作。

2．闸车试验

将电梯轿厢停在上端站以下两层的位置，电梯置于检修状态。一试验人员在轿顶，检修下行。另一试验人员在机房，使限速器动作。此时限速器动作开关断开，电梯急停继电器释放，电梯停止运行。将限速器动作开关回路短接，急停继电器吸合。电梯继续检修下行，限速器钳口将限速绳钳住，限速绳拉动安全钳拉杆，拉杆动作使安全钳动作开关断开，急停继电器第二次释放，电梯停止运行。将安全钳动作开关回路短接，急停继电器第二次吸合。电梯继续检修下行，直至曳引绳在曳引轮上打滑为止。轿厢被闸住后，轿厢地板的倾斜度不得超过水平位置的5%。

电梯检修上行，应自动将安全钳提起。恢复安全钳动作开关和限速器动作开关，并将安全钳钳块提起。将限速器、安全钳动作开关回路的封线拆除。再使电梯检修上下运行几次，闸车试验结束。

3. 缓冲器试验

轿厢分别对对重缓冲器和轿厢缓冲器进行静压 5 min，然后放松缓冲器，使其自动恢复正常位置。液压缓冲器复位时间应不大于 120 s。

4. 厅门锁和轿门电气联锁装置试验

当厅门或轿厢门没有关闭时，操作电梯检修运行按钮，电梯不能启动。当轿厢运行时，将厅门或轿厢门打开，电梯应立即停止运行。

5. 超载试验

断开超载控制回路，电梯在 110％额定负载下，通电持续率 40％情况下运行 30 min，电梯应能可靠地启动、运行和停止，制动可靠，曳引机工作正常。

6. 静载试验

将轿厢停在最底层平层位置，陆续平稳地加入负载，直达到额定负载的 150％（货梯加 200％的额定负载），经过 10 min 后各承重机件应无损坏，曳引绳应无打滑现象，制动可靠。

7. 运行试验

轿厢分别以空载、50％的额定负载和满载并在通电持续率 40％的情况下，往复上、下运行各 90 min，运行应平稳，制动应可靠，曳引机、电动机轴承温升＜60℃。

8. 消防开关试验

将消防开关扳到消防状态，电梯在运行中应就近平层，但不开门。电梯直接返回基站，自动开门后不自动关门。试验人员进入轿厢后，按目的楼层指令按钮，并且保持到电梯关好门启动之后，电梯到达目的层后，自动开门，但不自动关门。

第八章

电梯维修保养

第一节 机械设备维修

一、安全钳

维修保养安全钳时，主要是调整或更换其部件。

（一）安全钳的解体

（1）将轿厢开至底层位置，人能进出底坑。

（2）切断电梯电源，两人到底坑，分别将轿厢底两侧的导靴卸下（在卸下导靴之前划出位置线，以便减少复位时的工作量）。导靴卸下后，安全钳明显露出，如图 8—1、图 8—2、图 8—3 所示。

（3）将安全箍（1—1）拆下，从轿厢侧面将防晃器 5 拆下。

（4）将固定在立拉杆（2—1）上的螺母拧下，将缓冲垫（2—3）从主拉杆上取下。轿底有一人将安全钳楔块托住，轻轻放下，立拉杆（2—1）上端脱开拨架后，将立拉杆压簧（2—2）拿出放好。

（5）底坑中的维修人员将楔块上的销钉取出后（螺纹连接时，将楔块拧紧），将立拉杆从轿顶拿出，并将另外三个立拉杆取出。检查立拉杆有无弯曲，供调整时备用。

（6）检查防晃器胶套有无老化、磨损，损坏的要更换。清洁横拉杆、拨架及连接架各活动部位，并加油。

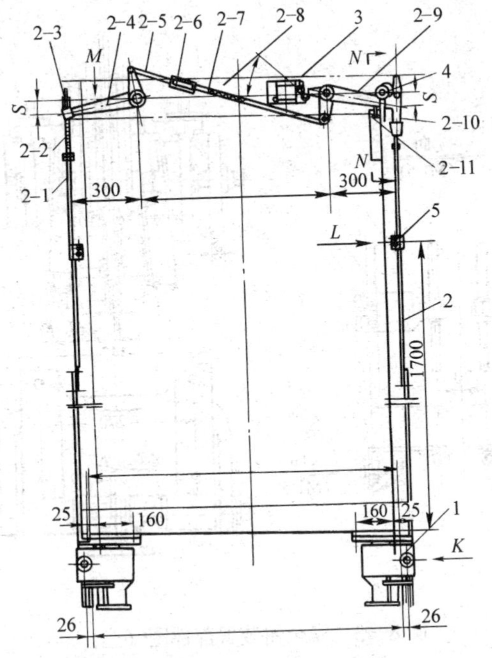

图 8—1　安全钳装置图

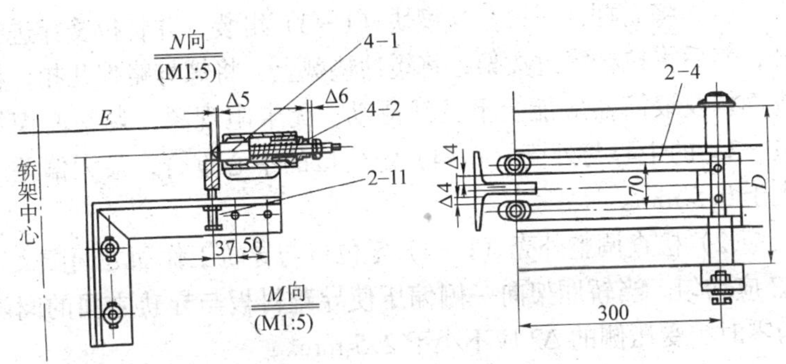

图 8—2　安全钳装置部件图（一）

用清洗剂清洗楔块（1—3）、滚筒器滑道及附近的导轨工作面，并加适量机油。滚筒器的滚子上加适量黄油。

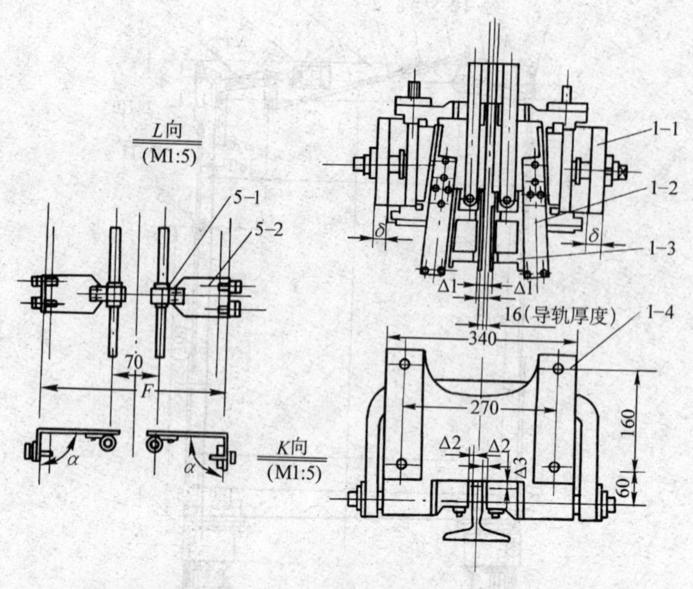

图 8—3　安全钳装置部件图（二）

（二）安全钳的组装

（1）将立杆（2—1）与楔块（1—3）组装，并将拉簧穿进拉杆，然后将拉杆穿过拨架，将缓冲垫戴上，将螺母略拧几扣，检查楔块及滚筒器应能上下灵活滑动，无卡阻现象，调整两楔块（1—3）的中心与外壳（1—4）定位口的中心重合，最大偏差不大于 0.5 mm。

（2）检查调整外壳（1—4）定位口与导轨工作面之间隙 Δ2、Δ3 应均匀。当轿厢架向一侧偏压使导靴衬板与导轨之间的间隙为零时，受压侧的 Δ2 应不小于 2.5 mm。

（3）上紧钳座各部位螺栓后，将安全箍装上。

（4）在轿顶调整两伸拨架的轴向位置，使每个拨架与导轨工作面之间隙 Δ4 不小于 10 mm。同时拨架绕轴转动时，应不能碰撞轿厢架上梁，然后拧紧定位螺钉。

(5) 调整连接架定位螺栓（2—11）的位置，使连接架（2—9）的倾斜角度符合要求（S＝40～50 mm）。

(6) 调整横拉杆正反螺母（2—6），调节拨架（2—4）的倾斜度，使 S＝40～50 mm。

(7) 调整立拉杆螺母，使两楔块工作面之间的距离不应小于导轨厚度加 3.6 mm，如导轨厚度为 16 mm 时，这个距离为 16＋3.6＝19.6 mm。当轿厢架向一侧偏压，使靴衬板与导轨之间的间隙全部消除时，受压侧的 Δ1 应不小于 1.6 mm。

(8) 立拉杆（2—1）的调节还应基本保证两组安全楔块能同时制动。

考虑到两侧立拉杆的联动系统刚度不同，在调节时应使连接限速器绳一侧的立拉杆动作略滞后于另一侧。

立拉杆压簧预紧力的调节应使安全钳松开时，楔块及拉杆能充分自由复位。

(9) 防晃器的位置应根据立拉杆（2—1）的位置进行调节，使立拉杆（2—1）对防晃器无偏压力，并能在防晃器胶套（5—1）灵活滑动。因此，防晃器座板（5—2）的角度可在小范围内调节。

(10) 安全钳开关（3）的滚轮臂倾斜角应不小于 45°。调节安全钳开关的水平位置，应使安全钳制动时连接架能可靠将安全钳开关打开，同时不应超过开关的行程范围。

(11) 防跳器（4）是为了防止拉杆系统在电梯运行中（特别是启动、停车），因限速器副传动系统的阻力和惯性而引起的抖动和响声而设计的，因此防跳器的调整有以下要求：

1) 防跳轴（4—1）的圆锥端应使连接架（2—9）压紧在定位螺栓（2—11）上。防跳轴（4—1）圆锥部分大端至连接架（2—9）表面的距离 Δ5 应为 3～5 mm。

2) 调节防跳轴压簧（4—2）和横拉杆压簧（2—8）的预紧力：应使限速器绳在操纵安全钳动作时不大于 400 N，使防跳器脱开时不大于 200 N。

3）防跳轴（4—1）的定位间隙 Δ6 应调节在 0.5～1.0 mm 范围内。

（三）制动试验

1. 动作试验

轿厢内空载，电梯以检修速度向下运行，当轿厢位于 2 层与 1 层之间，用手操动限速器钳块，使之卡绳，使安全钳制动。安全钳制动应符合下列要求：

（1）安全钳应迅速可靠地使轿厢停住。

（2）两组楔块应全部卡紧导轨，楔块卡紧行程基本均等。允许位于限速绳一侧的一组楔块动作略有滞后。

（3）制停后的轿厢地板水平误差不超过 5/100。

（4）轿厢制停的同时，安全钳开关应动作。

（5）制停后缓慢地提升轿厢，安全钳楔块拉杆系统及防跳器应能充分自由复位（安全钳开关应由人工复位）。

试验未达到全部要求，应再调整，直至全部达到要求。

2. 制动试验

试验应在用户、维修单位和制造厂协商一致下进行。试验及检查程序如下：

（1）将额定载荷均布在轿厢内。

（2）应逐渐增大轿厢试验速度，至限速器动作使安全钳制动。

（3）试验时，限速器开关应暂时停用，安全钳开关应暂时调节到接近于安全钳处于全打开位置，以保证准确地考核安全钳的作用和距离。

（4）试验时应记录（考核）轿厢速度及限速器动作速度。

（5）安全钳的制动距离应按楔块在导轨面的滑行痕迹测定，并取 4 个楔块滑行痕迹的平均值。

（6）制停后轿厢地板的水平误差不超过 5/100。

（7）轿厢制停的同时，安全钳开关应打开。

（8）制动后缓慢地提升轿厢，安全钳楔块拉杆系统及防跳器应能充分自由恢复。

（9）安全钳装置、轿厢架、导轨等应无损坏或永久变形。导轨表面允许修平的擦伤。电梯检修后的试验主要是动作试验，动作试验合格后即可认为安全钳系统工作正常。

二、张绳轮的检修

（一）张绳轮的拆卸（参见图 8—4）

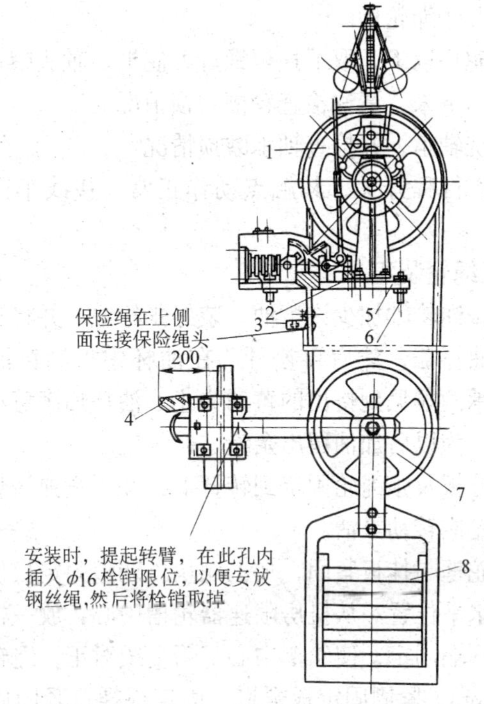

图 8—4　张绳轮装配示意图

1、5—限速器　2、4—行程开关　3—机械架

6—地脚螺栓　7—张绳轮　8—坠砣

（1）将轿厢停在下端站的上一层平层位置，断开电源开关，断开底坑停止开关。

（2）下至底坑，检查张绳轮砣框底面与底坑地面距离应符合表 8—1 中的要求。

表 8—1　　砣框底面与底坑间距

电梯类别	高速梯	快速梯	低速梯
距地面高度（mm）	750±50	550±50	400±50

（3）抬起砣框，在固定板与转臂的销钉孔中插入 ϕ16 销钉，使限速绳脱开张绳轮槽。

（4）将砣块取下，取下挂板螺母、砣框、轴头螺母，用拨轮器将张绳轮拿下来，清洗检查轮槽磨损情况。

（5）清洗轴承，并检查轴承磨损情况。

（6）检查行程开关，其触点动作正常，接线牢固，固定可靠。

（二）张绳轮装配

（1）将张绳轮轴加少许黄油，装好张轮绳，并将油杯中注满黄油。拧紧油杯盖，然后再松开。在油杯中加满黄油，拧油杯盖，直到轴承两端见到挤出的黄油为止。油杯加满黄油后，油杯盖略拧几扣，为以后加油留出余量。

（2）将挂板及张绳轮固定到转臂上，并压紧弹簧垫，试转动一下，张绳轮应转动灵活。

（3）将砣框与挂板紧固，加上砣块。调整固定板位置，使转臂基本处于水平位置。从机房限速器轮槽中心，放一根铅垂线到底坑，并将两端固定，使轮槽中心与铅垂线对正，绳轮垂直偏差应小于 0.5 mm，紧固固定板螺钉。固定板螺钉紧固后，再核对轮槽中心和垂直偏差是否符合要求。

（4）撤掉固定板与转臂间销钉，检查砣框底面距底坑地面距离应符合表 8—1。

（三）装配后试运行

试运行时，先慢车上下运行数次，检查张绳轮运转中有无异声及摆动。试运行正常后，进行正常运转试验，合格后交付使用。

三、电动机与减速器轴同心度的测量

校正电动机与减速轴同心度的简易设备参见图 8—5。

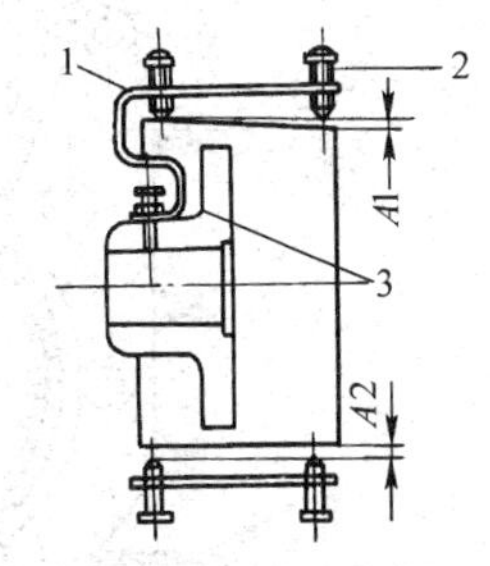

图 8—5　同心度校正支架示意图

A1 与 A2 是测量部位的间隙值

1—校正电动机连接轮支架

2—细扣螺钉 2 个

3—电动机连接轮（闸瓦制动轮）

为了使电梯电动机与减速器的轴形成一条直线，输出最大功率和减少振动、噪声，需调整同心度，方法如下。

将电动机半联轴节固定在一个专用的支架上，转动电动机，使支架上的两个测量间隙针顶在制动轮的四周各点处，参见图 8—5。用塞尺（厚薄规）测量，使测量指针间隙差不超过0.1 mm。如用外径千分尺代替测量针时，边转动，边测量，边调整。达到要求后再将电机机座螺栓拧紧，并将联轴节的销子穿上拧紧。

弹性连接，蜗杆与电动机轴的不同心度不超过 0.1 mm。刚性连接（两轴轮是直接用螺栓紧固的），同心度不大于 0.02 mm（图 8—5）。

四、制动器的检修

（一）电磁制动器的制动过程

检修电梯制动设备的目的是保证电梯运行正常，使电梯平稳地启动、准确地平层和防止电梯溜车。电梯制动器抱闸间隙的调整是关键。电梯启动时，抱闸线圈直流电源产生磁场，使两个铁心互相吸合，带动杠杆联动机构把抱闸打开，曳引机运转，抱闸线圈断电后靠弹簧的压力实现机械制动停车。

（二）电磁制动器的调整（见图 8—6）

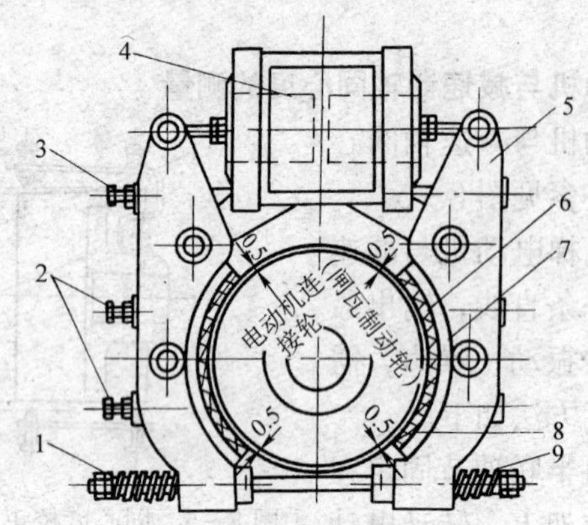

图 8—6　抱闸间隙调整示意图

1—压缩弹簧　2—螺钉　3—松闸量限位螺钉　4—电磁铁　5—制动臂　6—制动带　7—制动瓦　8—制动器抱闸皮　9—调整弹簧

（1）在轿厢不动的情况下进行粗调，摘掉钢丝绳，开慢车对抱闸进行逐项调整，严禁用快车调整抱闸。

（2）抱闸皮与制动器轮的表面间隙为 0.5~0.7 mm。

（3）用塞尺（厚薄规）检查制动轮与闸皮的间隙，上、下、左、右间隙应一致。如左、右不均匀时，调整螺钉 3，上、下不均匀时，调整螺钉 2。

（4）抱闸的总间隙，可按（2）所要求数据反复进行调整。

（5）弹簧 9 压紧制动臂使电梯停止运行。弹簧压力调整的大小直接影响电梯的舒适感。压力过大，制动猛烈，造成轿厢振动，很不舒服。弹簧压力过小，会造成溜车，平层不准。应根据轿厢载荷量的情况调整弹簧。

（6）制动器的制动带（抱闸皮）磨损严重时（超出制动带厚度的 1/4 或露出铆钉头），应更换。

五、电梯轧车的检修

（一）电梯轧车现象

电梯运行中发生轧车，有三种现象能迫使安全钳楔块或甩（抛）球动作：

（1）电梯不换速冲顶引起反冲轧车。

（2）电梯下降超过额定速度，限速器动作造成轧车。

（3）由于维修保养不及时，导轨和安全钳积聚的油垢或导轨有台阶引起误动轧车。

（二）处理的方法

电梯轧车后，应进行盘车或慢速点动轿厢，使电梯轿厢缓慢向上运动安全复位，复位方法是：

（1）抛球式，使抛球自动退回凹穴中（应先将限速器扎绳或卡绳口复位），并立即对安全钳、导轨与限速轮或卡钳口进行全面检查，损伤之处应立即修复。

（2）弹簧式，则应旋紧钳臂上的螺母，使颚口放松，脱离导轨，自动复位。

（3）斜面式安全钳，用扳手旋转连在一起的斜齿轮、卷筒，转动螺杆退回，颚口与导轨分离，而拉出的钢丝绳重新绕在卷筒上。

导轨工作面伤损处要用油石磨光，胶木卡绳口要进行修复和更换。

六、曳引钢丝绳调整与保养

钢丝绳是电梯升降中的传动设备，为能正常使用，要经常检查、维护和保养。

（一）曳引钢丝绳张力调整

（1）曳引绳的张力应全部保持一致，发现曳引绳张力不一致时，应及时通过绳头弹簧栓进行调整，其张力与平均值偏差均不得大于5%。

（2）用弹簧拉力计（100～300 N）测量，将支撑工具固定在距离每条钢丝绳相等的固定点，调整绳头螺钉的松紧，使其张力均匀一致，达到使用条件，如图 8—7 所示。

（3）钢丝绳被截短重新安装，也应按上述办法进行调整。

（二）曳引绳的检查和保养

（1）要经常检查曳引绳的磨损和损伤情况。有断丝、爆股、绳径减小等情况，并达到报废标准者，应立即停止使用更换新绳。

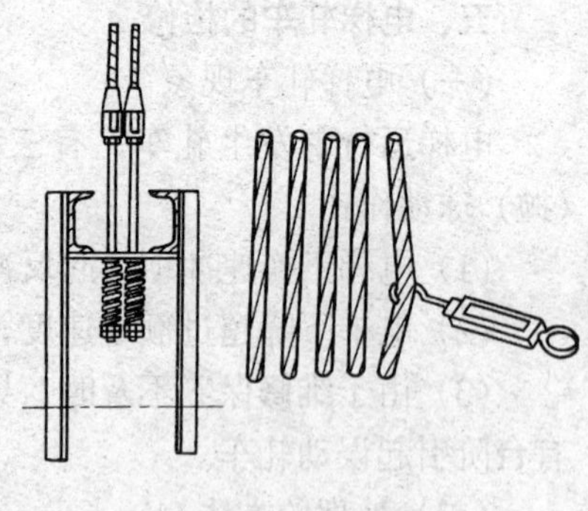

图 8—7　绳头组合及其测量
a）绳头安装方式
b）曳引绳张力的测试

（2）曳引绳应保持表面清洁，当发现表面有沙尘、油垢时，应用煤油擦干净。

七、曳引机轴漏油的检修

电梯使用的曳引机是不允许漏油的，蜗杆轴或是减速器盖处不能漏油。造成漏油的原因主要是密封不严。

（一）漏油原因

（1）盘根式的油封严重漏油（除正常从油眼处每 3～5 min 滴一滴外）。如从轴与盘根压盖处漏油，则要填充或更换新的盘根。

（2）密封圈式的油封漏油。主要原因是 O 形圈失去了密封作用（胶圈老化、变形或使用寿命已过），失去弹性。漏油的位置与盘根式相同。

（二）油封圈漏油维修方法和步骤

（1）首先断开机房总电源。

（2）轿厢用手拉葫芦吊起并固定。

（3）拆除电动机和抱闸设备及接线。

（4）拆除联轴节各螺栓。

(5) 用带轮扒子拆抱闸轮。

(6) 拆开油封压盖，取出密封圈，更新密封圈。

(7) 油封圈更换完毕，各部件的安装复位，该项工作顺序与拆卸工作顺序相反，要调整同心度和抱闸间隙。

(三) 试车工作

(1) 抱闸间隙及同心度调整后，先用检修速度试运行30 min (空车运转不准挂钢丝绳)。

(2) 挂曳引钢丝绳工作。经过试运行不漏油时，将钢丝绳按着绳的顺序排列挂好，并调整钢丝绳张力，检查无误，放下轿厢，拆除手拉葫芦。

(3) 经全部检查，确无异常现象，正式合闸开动快车试运行。正式试运行时应加强巡视和观察，发现电梯运转异常，及时停车检修。

第二节　电气设备检修

一、接触器、继电器的检修

接触器、继电器是由电磁系统、触头、辅助触头、灭弧系统、支架和外壳等元件组成的。保养换件修理时，需进行拆装调整工作。现以交流接触器为例，简述其拆装方法。

(一) 接触器的解体

(1) 将灭弧罩侧朝下，一只手压住底盖，另一只手用旋具拧掉底座螺钉，取出半底盖，底盖与铁心间的减震纸片要保存好。

(2) 取出静铁心、支架和两个压簧。

(3) 摘掉线圈接线卡子，将线圈取出，将两个较长较软的压簧取出，这时即可更换线圈。

(二) 接触器的组装

(1) 将灭弧罩侧向上，卸掉灭弧罩。提出主触点卡子，将主触点和弹片取出。

（2）拧下两组常闭辅助触点的静触点螺钉。一只手从外壳内顶住动铁心，另一只手将静触点从卡槽中取出。从外壳中取出动铁心与触点支架，更换动辅助触点。

（3）将动铁心上的销钉顶出来，铁心即与动触点支架分开（注意将减震纸垫保存好）。更换修理动、静铁心。动铁心销钉不能过松，否则易引起故障。

（4）组装的顺序与拆卸顺序相反，注意各活动部位应无卡阻和几组触点的动作的同期性。

（5）组装完毕，进行线圈通电试验。

二、直流开门电动机的检修

直流开门电动机常发生的故障是：炭刷接触不良，轴承磨损，轴间隙过大，换向器出现凹凸产生过量火花，定子、转子线圈局部短路等故障。应根据故障情况，判断确切后进行修理。解体修理如下：

（一）门电动机的解体

（1）断开电梯电源，摘掉开门电动机上的 V 带。用拨轮器将带轮取下，在电动机两端盖与定子外壳连接处，每侧刻两处记号，以便复位。

（2）拆掉电动机接线，拧下换向器两侧的炭刷压盖，取出炭刷。将带轮侧端盖螺钉拧下来。

（3）用与轴承外径相等的铜棒垫在换向器端的轴头上，用榔头轻打铜棒，门电动机带轮侧的端子盖就开始脱开。在即将完全脱开外壳口时，注意用手托住转子，以免碰伤定子线圈。手执端盖取出转子时（应轻轻取出），勿使其碰撞定子线圈、转子线圈和换向器。

（4）用铜棒顶住换向器侧端盖与定子外壳接口处的母口外缘，用榔头环周轻打，直至端盖周口完全脱离定子（注意定子引线与端盖螺钉连接盖）。将端盖内压接螺钉拧下来，取下定子引线，将端盖与定子分离。

（二）测量转子、定子线圈是否局部短路

用500 V兆欧表摇测定子线圈、转子线圈和它们的引线绝缘是否良好（绝缘值应大于0.5 MΩ）。检查定子和转子矽钢片有无损伤，清除机壳内及换向器上的杂物、炭粉。

（三）门电动机的装配

（1）将带轮侧的端盖取下，清洗两端滚动的轴承，加黄油至2/3油室。

（2）安装顺序与拆卸顺序相反。安装时注意端盖与定子外壳的定位记号，要对准。上端盖固定螺钉时，随时转动转子，检查转子与定子之间是否有磨损和卡阻现象。如有摩擦，用榔头把轻击端盖，再试转，直至摩擦消除、气隙均布为止。

（3）门电动机安装完毕，试运转正常后（轴承和绕组温升正常，无异声，不振动）再上V带。

三、交流双速电动机的检修

交流双速电动机常发生的故障是电动机过热、输出力矩不足、振动、有噪声、绝缘电阻值下降等故障。在检修前应根据电动机异常现象，使用仪器进行测量、分析，确定故障原因采取正确的维修方法。避免判断失误，浪费时间，延误工作和经济上的浪费。

常用的检测仪器有兆欧表、万用表、外径千分尺、点温计、转速表以及钳工工具。

（一）电动机拆装程序和安全注意事项

1. 电动机拆卸程序

（1）拆卸前使电梯上、下运行，测量其电压、电流、转速，倾听运转声音，做好所有数据的记录。

（2）断开总电源开关，脱开联轴节。合闸供电使电动机无负载空转，测量（1）中所述数据，做好记录，以分析判断故障原因。

（3）切断电源，卸下接线盒后，拆掉电动机电源端子线，做好端子和接线位置记号。

(4) 放出电动机端盖油窗中的润滑油。

(5) 拔出底座上的定位销，松掉底脚固定栓和接地线，取出底座垫片，如果四边垫片厚度或数量不同时，应做好记录，以节省组装复位工时。

(6) 将电动机朝轴向撬开，使电动机在基础上转过 90°或抬到宽敞的地方准备解体。

2. 电动机解体

(1) 对称地松掉前后端盖螺栓，依次用端盖拉取器卸下前后端盖，此时转子已经坐落在定子铁心上。

(2) 用黄蜡布或青壳纸等薄而坚韧的材料将转子退出端的绕组保护好，以免转子移动时擦伤定子绕组。

(3) 一端用套管套在转子轴线上，另一端揩净余油后再顺着定子内孔朝无套管一端慢慢移出，转子抬出后放在凹形木块上架好，防止滚动压伤转子鼠笼铜条。

3. 电动机的组装步骤是电动机拆卸的逆过程，逐件依次装配。

4. 电动机拆装的注意事项

(1) 工作人员在现场操作时应穿好工作服、绝缘靴及防护用品。

(2) 工作场地应清洁、干燥，便于操作。

(3) 工作过程中的有关数据如电流、电压、绝缘电阻、转速等应记录完整、准确。

(4) 电动机拆开后，如不能及时组装，要采取防止露在铁心两端的绕组受到损伤的安全措施，通常是把两个端盖先揩干净，松松地装回去以便保护绕组。

(5) 组装过程中除了不损坏部件和组装准确以外，最后还应检查工具和零件，不应多也不能少。

(6) 电动机拆开后应检查各部件的表面情况不能有异常，并做好记录。

（7）对绕组进行表面检查（在没有除去绕组表面灰尘和其他污物前）。

（8）检查绕组的绝缘有无脱落、变色、焦化、擦伤、浸油、接头有无脱焊和断裂等表面缺陷。检查绑线是否松脱、断裂、焦化、缺少，检查槽楔有无松动、断裂、灼焦、变形后鼓出铁心槽面是否被擦伤，检查铁心在齿面上有无变色、变曲、擦伤、断缺及其他痕迹等。

（二）数据测量和试运转

1. 空载试运转

（1）电动机组装完毕后，核对接线，并对绕组绝缘进行摇测，用 30 号机油加至电动机油窗观察孔的中线处。

（2）用手空转电动机转子数次，应平稳轻快，无停滞现象。机械部分转动应正常。

（3）接通电源进行电动机的空载试运转，其转动时间不得超过：快速 30 min，慢速 3 min。

（4）测量空转电压、电流、转速等数据，观察运转声音应无异常，做好记录。

2. 负载试运转

（1）在空载运转正常的情况下，准备负载运转。

（2）将电动机装上机座，装配好联轴节，校正减速机蜗杆和电动机的同心度（弹性连接不同心度偏差不大于 0.1 mm，刚性连接则不大于 0.02 mm）。

（3）检查各处理固件是否紧固，确认无异常后可进行负载运转试验，试验时应先试慢车后试快车。

（4）测量带减速机运行后的上下行电压、电流、转速、声音等数据，做好记录。

（5）将组装后的数据与拆卸前的数据分别进行比较，应与原始数据相吻合。

（6）填好电动机拆装记录表，存档。

第三节　电梯常见故障的判断和维修

由于电梯的用途、驱动方式、控制方式差别很大，各种电梯产生的故障不尽相同。因此应根据故障情况分析判断，采取正确方法，迅速、有效地排除各种故障。

一、电梯部分电器常见故障修理

电梯在运行中发生的故障，往往是由于种种电器长期使用或使用不当产生的故障。修理时，拆卸必须仔细，要注意各零件的装配次序，不可硬拆、硬敲而造成不必要的损失。

1. 触点的修理

触点因机械损伤而使弹簧变形，造成压力不够。用一条稍宽的纸条夹在动静触点间，若纸条很容易被拉出就说明触点压力不够，应更换弹簧。较大容量的电器触头压力较大，纸条被拉出时有撕裂现象，认为触点压力比较合适，若纸条被拉断，就说明触点压力大了。用拉力计测定压力较为准确。

触点金属表面氧化、积垢、点蚀，造成接触不良（银触点氧化可以不必处理）。铜触点氧化，可用 0 号砂条擦去。触点上的积垢用清洗剂清洗。

因弹簧压力不够，触点闭合时发生跳动，或灭弧装置失效而造成触点烧坏，应先找出触点烧蚀的原因，排除故障，然后将触点凹凸不平的部分磨平，必要时更换触点。触头磨损、烧灼，厚度减至原厚度的 1/4～1/2 时，应更换同规格新触头。接触器触头材料为银钨合金，工作时电弧产生的轻微烧黑或烧毛现象，并不影响其导电性能，不必清除。

电流大于电器的额定电流或弹簧损坏造成触点熔焊，应先找出触点熔焊原因，排除后再给予修理或更换。

2. 电磁系统的修理

动、静铁心端面接触不良或动铁心歪斜，短路环损坏，电压太低等都会使衔铁产生很大的噪声，甚至造成线圈过热或烧毁。

修理时，应拆下线圈，检查动、静铁心的接触面是否平整，板面上有否防锈油，如果不平应磨平。若是动铁心歪斜或铁心松动应加以校正。短路环断裂，用铜块按照原来的式样制好换上。

E 形动、静铁心柱需有 0.10～0.20 mm 的气隙，否则将发生线圈已断电，而衔铁却不能分开，电气不能断开的故障。

若因铁心卡死或积垢等造成线圈烧毁，需更换线圈。

二、电梯常见故障及排除方法

电梯常见故障及排除方法见表 8—2。

表 8—2　电梯常见故障及排除方法（以继电器控制的电梯为主）

故障现象	主要原因	排除方法
轿厢控制箱不能选择要去的楼层	1. 电梯处于检修状态 2. 选层器上该层记忆消号触点接触不良 3. 选层按钮接触不良 4. 与操纵盘连接的电源正极线无电	1. 轿顶、轿内或机房检修开关未复位，应恢复 2. 调整动、静触点位置，或修磨触点，清理积垢 3. 修理触点或更换按钮 4. 查明原因，修复
不能自动确定运行方向	1. 上方向继电器或下方向继电器回路串接的常闭点接触不良 2. 选层器自动定向触点有的接触不良 3. 整流元件有损坏的	1. 调整触点弹性，修磨触点，清理积垢，必要时更换 2. 调整该静触点接触，或修磨触点，清理积垢 3. 更换损坏的整流元件
不能自动开门或自动提前开门	1. 门电动机故障或开门感应器损坏 2. 开门限位开关损坏或未复位 3. 开门继电器损坏不能动作或线圈串接的触点有的接触不良 4. 开门按钮接触不良	1. 修理门电动机，注意炭刷与换向器的接触与电机接线端子连线，修理或更换感应器 2. 检查未复位原因，使之正常复位或更换 3. 检修或更换开门继电器，或修理线圈串接的触点 4. 修理触点或更换按钮

续表

故障现象	主要原因	排除方法
不能自动关门	1. 门电动机或关门继电器损坏 2. 关门限位开关损坏或未复位 3. 关门按钮接触不良 4. 关门安全板位置不对。安全触板开关复位 5. 关门继电器线圈串接的触点接触不良 6. 关门指令继电器串接的常闭触点未接通	1. 检修或更换该电机或继电器 2. 检修或更换限位开关，使其正常复位 3. 修整触点或更换按钮 4. 调整触板 5. 修理线圈串接触点 6. 检修有关电气线路或修整触点
开门或关门速度慢	1. 降压电阻和分流电阻滑片接触不良或调整不当 2. 分流开关没有复位，与电枢并联的分流电阻太小	1. 修整电阻抽头接触或调整阻值 2. 检修或更换行程开关，使其正常复位
关门过程中门电动机速度不变	1. 厅门门锁和断绳保护开关没接通，门锁继电器不吸合 2. 轿门限位开关常开点没接通 3. 上下限位开关有触点没接通 4. 对直流励磁柜出现故障	1. 调整门锁和断绳保护开关，使之可靠接通，必要时更换新品 2. 调整开关与滑片块接触，使其可靠动作。若开关损坏，更换新品 3. 检修或更换限位开关 4. 查找具体原因修复
某层未选，轿厢接近该层换速停车	1. 该层隔离元件反向击穿，选其他楼层时该层换速点也带电 2. 该层呼梯信号一直未消，继电器没释放	1. 更换损坏的硒堆 2. 调整选层器消号触点，查找该层外呼按钮是否卡住

续表

故障现象	主要原因	排除方法
上（下）方向换速后到平层位不停车	感应器常闭点在隔磁板插入后没接通	更换干簧管或感应器
交流电梯换速后，制动过程台阶感明显	1. 制动时间继电器线圈串接的常闭触点有的接触不良 2. 时间继电器延时调整不当	1. 修整触点，使其接触良好 2. 分别按 1 s，0.5 s，0.3 s 时间调整
交流电梯平层时，运行速度比较高，有冲层现象	1. 制动时间继电器中有的常闭点接触不良，相应的制动接触器不吸合 2. 制动接触器主触点有的接触不良，不能切除相应的制动接触电阻 3. 制动时间继电器有的延迟时间太长	1. 修理触点，使其接触良好 2. 修整触点，使其接触良好 3. 调整延迟时间
电梯只能快车上行，不能下行	1. 下方向接触器线圈串接的触点不良 2. 下行机械缓速开关接触不良，不能吸合 3. 下行方向工作继电器的触点有的不通 4. 下行方向工作接触器的触点有的不通 5. 下行单层缓速开关接触不良	1. 修整触点，使其接触良好 2. 修整触点，使之复位，必要时更换行程开关 3. 修整触点 4. 修整触点 5. 修整触点，使开关可靠复位，必要时更换该行程开关
到达所选楼层不换速	1. 选层器动、静换速点接触不良 2. 换速动、静点断线	1. 调整动触点、炭精块、张角（炭精块磨损过多需要更换） 2. 接好连线

续表

故障现象	主要原因	排除方法
换速后未到平层位置停车	1. 上行出现这种现象，感应器常闭点一直接通 2. 下行出现这种现象，感应器常闭点一直接通 3. 轿门提前打开后，立即停车，触点不通	1. 更换干簧管或感应器 2. 更换干簧管或感应器 3. 修整触点，使其接触良好
电梯运行层层或隔层换速停车	1. 交流梯机械缓速开关不通，造成层层换速停车 2. 直流梯多层缓速开关不通，造成层层或隔层换速停车	1. 修整触点，使开关可靠复位，必要时更换该行程开关 2. 修整触点，使开关复位，必要时更换该行程开关
电磁制动器打不开	1. 制动器线圈串接的触点烧蚀 2. 制动器经济电阻断丝或调整不当 3. 机械方面故障	1. 修理或更换触点 2. 更换电阻，调整适当位置 3. 分析故障原因，修复

第九章

电梯安全操作技术

电梯运行操作关系到操作者、乘梯人员以及设备的安全。电梯安全可靠运行是电梯设备本身所必须具备的主要特征，也是管理者、操纵者的技能所应达到的目的。掌握电梯安全操作技术是每个电梯工及管理者必须具备的重要岗位职责之一。每个电梯工和管理者都应认真学习各种型号电梯的功能，掌握操作要领，保证安全运行。

第一节　电梯安全操作的必要条件

电梯作为一种机电合一的大型的垂直运输工具，它既运送乘客又运送货物，所以必须处于安全可靠的工况下，必须有一定的条件来保证。

一、严格执行国家和地方标准

要保证电梯安全可靠运行，必须严格执行我国制定的有关电梯的各项标准。各个城市和省区也根据本地区的特点制定了电梯管理标准和管理办法，其目的都是要达到保证电梯安全可靠的运行，这些标准必须严格遵守并贯彻执行。

二、制定严格的管理办法

从事电梯安装、维修、管理的单位、部门，必须制定具体可行的严格的电梯管理办法，并应有一套自己的管理制度及安装保养规程，并在业务管理中实施。

三、培训操作者

从事电梯安装维修的人员以及专职司机，必须由经政府批准的培训部门培训，经考核合格，并取得合格证，才能上岗。他们必须掌握电梯的基本工作原理，各部件的构造、功能，并能排除各种故障，熟悉各种操作要领，具备操作技能。

四、电梯设备完好

电梯经常处于良好的状态下，是保证电梯安全运行及操作的重要条件。电梯设备的各个部件，除了按规定进行定期定项的维护保养外，还应按规定对部分损坏或达到规定年限的部件进行更换，不使其超期服役，以免造成事故。

第二节 电梯安全操作的方法及顺序

由于电梯的用途、控制方式、驱动装置的不同，其运行的过程有类同之处，但也有差异，应按具体情况实施操作。

一、准备运行

1. 打开电梯厅、轿门

用厅门钥匙开关接通控制电源，将轿厢停靠层（一般为基站）的厅门打开，轿厢的门同时也被打开（是轿厢门带动厅门运动）。也可用外厅门钥匙手动将厅门打开，同时轿厢门也被打开。

使用厅门钥匙手动打开厅门时，首先应确认电梯轿厢是否在本层。如在本层时，开启厅门时应缓慢。不能将厅门钥匙插入厅门上部的钥匙孔内开启厅门，以免发生坠落事故。

2. 进入电梯轿厢操作

（1）进入电梯轿厢后，首先打开轿厢操作盘上的拉门（有的电梯没有此拉门），或者首先合上照明开关接通电源，点亮轿厢照明灯。

（2）接通控制电源，使电梯由慢车运行状态转为快车运行状态。

(3) 有/无司机转换时，应转换成有司机状态。

二、快车试运行操作准备

在电梯准备运行操作均正常后，方可进行快车试运行操作。

在有司机或无司机状态下，试运行操作：

(1) 选层、定向：此两项操作多为同时完成，应注意方向指示是否正确，否则停止此操作。

(2) 关门：电梯在选层、定向后，只有轿厅门关严后方可走车试运行。

(3) 试运行中应注意事项：应用看、听、闻、感觉的方法检验电梯的运行状态。

1）看电梯运行方向与预选方向是否一致，看有无其他异常现象。如召唤、内选、指层、换速到站平层是否超差等。

2）听有无异常声音。

3）闻有无异常气味。

4）感觉运行速度有无升高或降低现象。

5）试运行应从下端站到上端站。

6）试运行不准运载乘客。

如有异常情况发生时，应停止运行。

三、快车运行操作

试运行正常后，方可进行正常的载客快车运行。

1. 一般要求

(1) 不准超载运行。

(2) 不允许开启轿厢顶安全窗、安全门运载超长物品。

(3) 禁止用检修速度作为正常速度运行。

(4) 电梯运行中不得突然换向。需换向运行时，应先停车后换向。

(5) 禁止用手以外的物件操纵电梯。

(6) 客梯不能作为货梯使用。

（7）不准运载易燃易爆等危险品。

（8）不许用停止按钮作为消除预选信号和呼梯信号。

（9）轿厢顶部不准放置其他物品。

（10）关门启动前禁止乘客在厅、轿门中间逗留、打闹，更不准乘客触动操纵盘上的开关和按钮。

2. 有司机状态的使用和操作

有司机状态的使用和操作，包括自动化程度较低的一般载货电梯、医用电梯、住宅电梯等梯种的使用和操作。但不管何种电梯，其总的运行工艺过程基本上是类同的。

（1）电梯的开始使用和停止使用：任何种类的电梯在投入正常使用前或撤出使用时，其使用操作方法是：

投入使用时：电梯投入正常使用前，必须做好动力电源和照明电源的供电工作。然后，由经过专门培训的电梯驾驶员或管理人员，在最底层（一般情况下，电梯不使用后，把电梯停放在最底层）用专用钥匙插入最底层厅门旁侧的召唤按钮箱上的钥匙开关孔中，使钥匙开关接通电梯的控制回路和开门继电器回路，使电梯门开启（因在一般情况下，电梯不使用时，电梯的轿厢门和厅门均是关闭的）。电梯司机或专职管理人员可以进入电梯轿厢内。

注意：上述电梯的投入运行开关的钥匙，必须由专人保管，不可随意交给他人保管和使用。

（2）当工作结束时，应使电梯撤出正常运行状态。必须首先把电梯驶回最底层（或基站），然后才可用专用钥匙锁梯，使电梯安全回路切断（即切断全部控制电路）。与此同时，电梯门关闭，电梯就不可能再运行了。重新使用时，用钥匙开关接通电源后，方可使用电梯。

（3）有司机状态下的运行操作：在电梯有司机使用时，首先要了解一下电梯轿厢内操纵箱面板上各元件的作用。现以交流集选控制的电梯操纵箱为例说明，其布置如图 9—1 所示。图中操纵箱的上方有上、下运行方向箭头灯，超载信号灯，警铃和停止按钮。中间部分有与楼层数相对应的轿内选层指令按钮（带记忆灯）。下部有开门、关门按钮，直驶不停按钮，上、下方向启动开车按钮，有/无司机，检修工作状态转换钥匙开关（司机—自动—检修）以及电灯、电扇手动开关。

若是信号按钮控制的电梯，操纵箱面板上还应增加各楼层上、下召唤信号指示灯，其面板上布置如图 9—2 所示。

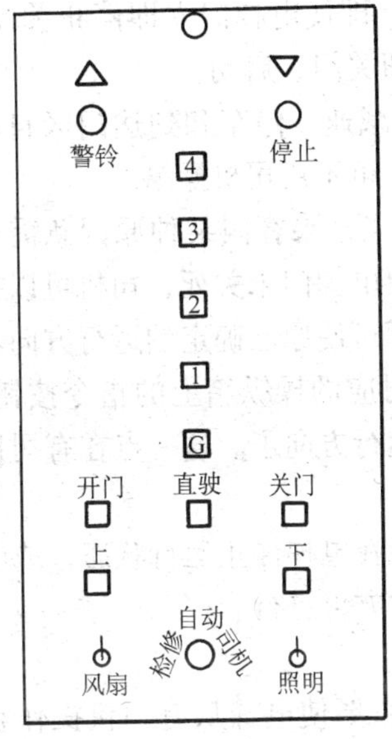

图 9—1　电梯轿厢操纵箱面板布置图（一）

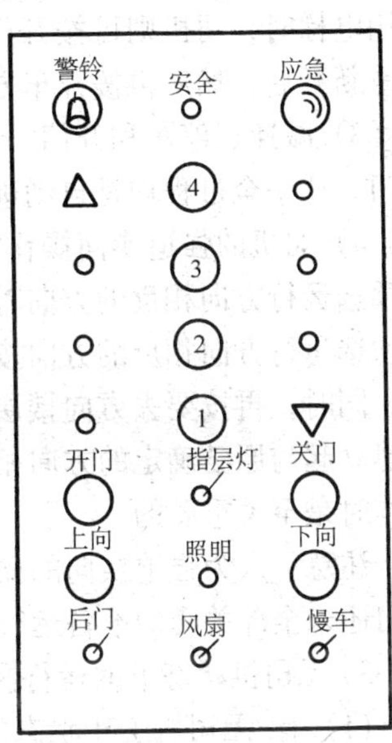

图 9—2　电梯轿厢操纵箱面板布置图（二）

1）电梯的选层和定向：当乘客进入电梯轿厢后，即可提出欲去的楼层数，司机根据乘客的要求，按乘客欲去楼层数相对应的操纵箱上的指令按钮，此时按钮内的指示灯点亮，说明该层的指令信号已被登记，且记忆了。司机发出指令信号的同时，经控制屏中继电器逻辑电路和自动定向电路，电梯即可定出运行方向。操纵箱面板上的方向箭头灯点亮，轿内和各层厅外的楼层指示灯上的方向箭头灯均被同时点亮。这样说明电梯的运行方向已被确定。

2）关门启动：在电梯有了运行方向（不论是轿内登记的指令信号还是各楼层召唤信号所决定的方向）后，司机可按启动开车方向按钮，使电梯自动关门。门完全关好后，电梯即自行启动和运行。

如在关门过程中，门尚未完全关闭时，司机发现还有乘客需乘用电梯时，司机则可按开门按钮，即使电梯门立即停止关闭，门重新开启，然后再按开车方向按钮关门、启动。

3）减速、停车和开门：电梯的减速、停车和到达门区自动开门，这一全过程均是自动进行的，可不用司机操纵。

4）司机的强迫换向操作方法：当某乘客因某种原因急需返回预选运行方向相反的方向时，只要电梯门未关死，司机可以按与预选运行方向相反的方向按钮，即可使原已确定的运行方向消失。同时，再按要去方向楼层数相对应的操纵箱上的指令按钮，则建立起与原已确定的方向相反的运行方向了。这一点在有司机操作时是至关重要的。

注意，人为强迫换向的操作只能在电梯停止运行状态，或电梯门还未全部关闭的准备运行状态时方可进行。

3. 无司机状态下的运行操作

(1) 有/无司机工作状态的转换：要使电梯从有司机操作状态转换为无司机工作状态，则只要把操纵箱中的钥匙开关处于中间位置即可。也可将钥匙形状处于“自动”（即中间）位置。

(2) 电梯的选层和自动定向：在无司机状态下，电梯的选层和定向均是由进入电梯轿厢内的乘客控制的，按欲去楼层相对应的操纵箱上的按钮，即可使电梯定出方向。

但若轿厢内没有乘客，则在电梯门关闭后，由在各个楼层的乘客按召唤按钮箱上的召唤按钮，也能使电梯定出运行方向。如电梯门已关闭好，则电梯立即去应答某个楼层乘客的要求。

(3) 自动开关门：在无司机状态下，在电梯到站停车开门后即开始延时 3～8 s 后自动关门。如此刻有乘客从外进入轿厢，则可按电梯所在层的厅门旁的召唤按钮或由轿内乘客按操纵箱的开门按钮，即可停止关门而重新开门。或者乘客触及正在关门的轿门上的安全触板或光电装置，也可使电梯门重新开启，总之，关门是延时自动的。在关门过程中或门已完全闭合而电梯尚未运行时，可用开门按钮或安全触板或光电装置使门重新开启，即要通过人工方法使门开启。

在乘客嫌延时自动关门时间过长，则可通过按轿内操纵箱上关门按钮使延时时间大大缩短，电梯将会立即关门。

(4) 强迫自动关门：在无司机使用时，某楼层的服务人员或乘客人为地延长关门时间，电梯则通过自动控制线路，使电梯门以极低速度和蜂鸣器连续发出响声，使阻止关门的人员立即离开，这一过程完全是自动的，不用人工操作。

第三节　电梯检修的安全操作

一、检修状态的转换

只要将装于操纵箱上钥匙开关转至检修位置即可使电梯转入检修状态，此时切断了控制回路中所有正常运行环节和自动开关门的正常运行环节。检修状态时的操作，只能由经过专业培训的检修人员才可操纵电梯慢速上行或下行。

二、在轿厢顶上的检修运行操作

为了检修轿厢及井道内导轨、感应器、限位开关等设备时，检修人员需在轿厢顶上操纵电梯慢速上行或下行。此时，首先应将轿顶上的检修开关盒拨向轿顶操作位置，这样控制柜内检修操作就不起作用。

若要使电梯慢速上行，则按上方向钮即可，待手松开，电梯运行停止。若要下行，则按下方向钮即可。若电梯停于某一位置需检修，则应将检修箱上的急停开关扳向切断控制回路的位置，从而保证电梯绝对不能运行。

在轿厢顶上进行检修操作运行时，一定要注意安全，一般不得少于 2 人，但也不得多于 4 人。

三、开关门的操作

为便于检修电梯开门机系统的零部件和电气部件，在检修状态下也必须能使电梯门停于任意位置。因此要按轿厢内操纵箱上的开门按钮或关门按钮，只要手一松开，按钮即可令电梯门停于任意位置，以便于检修门机系统的机械部件和电气部件。

四、检修操作时的注意事项

（1）在电梯检修慢速运行时，必须是经过专业培训的检修人员方可进行检修操作，一般不少于两人。

（2）检修慢速运行，必须要注意安全，必须要互相配合好，要做到有呼有应。互相没有联系好时，绝不能慢速运行，尤其在轿厢顶上操纵运行时，更要注意。

（3）在轿厢顶进行检修操作运行时，必须要把外厅门全部闭合，方可慢速运行。

（4）当慢速运行至某一位置，需进行井道内或轿底的某些电气机械部件检修时，检修人员必须在按下轿顶检修箱上的停止开关或轿厢操纵盘上的停止按钮后，方可进行操作。

第四节　一般附加功能的使用及操作

除了前面各节所述的一般电梯所具有的功能外，还可根据电梯客户的各种不同使用要求，增加附加功能。现就各类电梯常用的附加功能使用与操作方法简述如下。

一、称重装置的使用状况

对于有/无司机控制的载货电梯、乘客电梯，为了防止严重超负荷而引起意外的人身及设备安全事故，一般在电梯轿底（个别老式结构也有在轿顶曳引钢丝绳端或制动器的制动臂座上）设置称重装置。一般最常用的是在轿底利用磅秤的杠杆原理设置空载、满载、超载三级开关，其结构原理如图 9—3 所示。在某些电梯（例如电脑控制电梯）中，为了防止个别乘客有意按操纵箱上的全部指令按钮，而轿厢内又空无一人时的逐层连续空运行，特别设置了空载开关，当出现上述不正常情况时，只要电梯门一关闭，操纵箱上的全部登记指令就消号，使电梯不能运行。

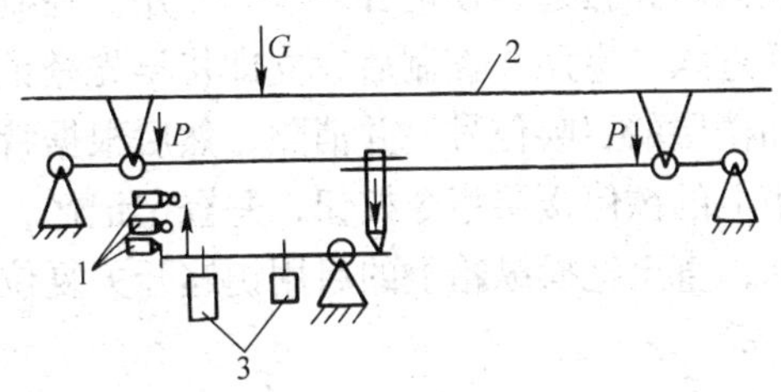

图 9—3　称重装置结构示意图

1—开关　2—轿厢地板　3—调节砣

当电梯满载时，即便是与运行方向一致的厅外召唤信号也不能予以应答，即不能“截车”载客了。

当电梯停在某层，准备载客时，由于乘客蜂拥而至，超越了电梯所能承受的载重量时，则超载开关起作用，使电梯不能关门。即使正在关门也会立即停止关门，而重新开门。与此同时，操纵箱上的超载红灯闪亮，蜂鸣器发出断续声响，此时，乘客退出轿厢，直至超载灯不亮、蜂鸣器不响，电梯才可以关门运行。

对于高性能的梯群管理控制电梯，其轿厢的称重信号往往是一组可连续变化载荷的信号，以适应电梯群的调度需要。

二、电梯的专用或直驶不停控制使用情况

对一般乘客电梯、服务电梯和无司机使用的载货梯常设有“专用”控制或“直驶不停”控制，但在某些电梯专业资料或文献中也有称之为“独立运行”控制或“优先”运行控制的，这两种控制功能一般只选用一种用于某电梯控制中。但对于个别电梯也有同时都存在这两种附加控制功能的可能性。

(1)“专用控制”(或称“独立运行”控制)一般是通过装置于轿内操纵箱上的钥匙开关或加有密码的板的开关的接通与断开来实现的。

当电梯在设有这种“专用”控制时，只要有某特殊乘客提出将电梯专供使用一段时间时，则电梯司机或管理人员可以用专用钥匙开关将控制电路接通，使电梯处于“专用”控制状态。

一旦电梯进入“专用”控制后，立即将早先登记好的轿内选层指令信号和楼层的召唤信号一并消除，然后根据特殊乘客的要求，按操纵箱上的欲停楼层指令按钮，并登记记忆，而对外来信号则不予理睬，直至把操纵箱上的启用钥匙开关复位后才可恢复正常运用。

(2)直驶不停(或称“优先”运行)控制也是靠轿厢操纵箱上的自动复位钥匙开关(或称“直驶不停”按钮)的接通而实现的。

一旦电梯进入“直驶不停”状态时，电梯只完成轿厢内的指令信号，而对各楼层的厅外顺向召唤信号不予应答。但当电梯按轿内某层的指令信号而发出减速信号时，这一“直驶不停”就失去其作用。如下一次还需“直驶不停”，则另需重新按操纵箱上的“直驶不停”按钮(或是转动一下操纵箱上的“直驶不停”钥匙开关)，方能重新实现不予应答厅外召唤信号的要求。

上述的“专用”控制和“直驶不停”控制，是具有较大差别的。“专用”控制(“独立”运行控制)是“长期”性的，不能自动恢复原状态，只有在转动“专用”(或称“独立”)钥匙开关后才能恢复原工作状态。而“直驶不停”(或称“优先”运行)控制是“一次性”的，只要电梯一发出减速信号，这种“直驶不停”控制即失效，恢复到原工作状态。

三、消防工作状态的使用

对于高层(大于10层)大楼，根据消防规范要求，一个高层大楼内，必须有一台设置有大楼发生火灾时疏散人员和供消防人员专用的电梯，以利灭火工作的顺利进行。对此，在签订电梯合同时应明确向电梯制造厂提出，多台电梯中哪一台电梯是供消防员使用的电梯。因此，对于具有消防要求的电梯在设计时应考虑消防员专用的控制环节。根据我国的消防规范要求，一般消防专用电梯在大楼发生火警时应具有下列功能：

(1) 在底层（或基站）的厅门侧应有专供火警时能敲碎玻璃面板就可扳动消防专用开关的消防开关箱。

(2) 当消防开关接通后，不管电梯处于何种运行状态（向上或向下，有司机或无司机，启动或是减速或是稳速运行）和何种位置，均应使电梯立即切断厅外召唤信号和轿内指令信号的回路，使电梯停车不开门，并立即向下直达底层（或基站）。对于电梯运行速度大于1 m/s的，而且正在向上运行的电梯应先制动减速就近停车，然后反向直达底层（或基站）。

(3) 电梯返回至底层（或基站）后，开门让原先在电梯轿厢内的乘客疏散，然后消防人员进入轿厢并操纵电梯直达所需灭火的楼层。但此时，仍不接受各个楼层的厅外召唤信号，只按消防员操纵的轿内指令信号而运行，且这种运行是“一次性”的，即运行减速后将原先登记的轿内指令信号全部消除，下一次运行就需再一次按消防员欲去楼层相对应的指令按钮。

(4) 电梯在消防专用状态下，电梯门的关闭不是自动的、连续的，而要由消防员连续按关门按钮，才可使用电梯门关闭，手松开关门按钮后即停止关门，也不开启，这样有利于消防员救人和灭火。

待消防火警解除后，应使底层（基站）厅门侧的消防开关箱中的消防开关复位至原始状态，即电梯的运行全部恢复正常。

总之，在高层大楼内的多台电梯中必定要有一台供消防员专用的电梯，其使用和操作状况如上所述。但对于某些重要大楼内，其本身设有中央控制室，则底层（基站）可以不设消防专用开关箱，而由中央控制室输送一个火警信号接点给电梯控制屏，即可实现上述功能。

四、紧急供电控制的使用状态及其操作

对一些极其重要的宾馆办公楼等高层大楼，往往设有在电网系统停电后不致使电梯轿厢内的乘客有较长时间关闭的紧急备用电源，以供电梯短时运行至就近楼层平层处，将轿内乘客疏散。

但这种紧急备用电源（例如柴油发电机组）的容量不会很大，因此在紧急备用电源供电时，多台电梯只能逐台运行至就近楼层疏散乘客，而不能同时将此紧急备用电源同时供电给多台电梯运行。

当将所有电梯通电运行至就近楼层疏散完乘客后，根据备用电源的容量，除了保证一台电梯使用外，尚可供给另外 1～2 台电梯使用时，也可使其他电梯处于紧急备用电源供电的运行情况。

由备用电源供电而运行的电梯，一般与正常电源供电的电梯运行情况基本上一样，只不过在轿厢操纵箱上或中央供电控制室的面板上多了一个备用电源供电的指示灯而已。

第五节　电梯运行紧急情况处理

电梯的安全装置分为机械安全装置和电气安全装置。其中，机械安全装置有安全钳、限速器、缓冲器等。电气安全装置是与机械安全装置相互配合而设置的，利用这些装置加上主控电路、控制电路等构成了电气的安全电路。

一、电梯的不安全状态

（1）电梯超速运行：电梯运行速度超出额定速度的 115% 以上。

（2）电梯的运行失控：电梯在运行中无法用正常控制方法使电梯停止运行。

(3) 终端越位：电梯在顶层端站或底层端站超出正常平层位置。

(4) 蹾底：电梯轿厢运行撞落到井道底坑。

(5) 冲顶：电梯轿厢冲向井道顶部，对重蹾在缓冲器上。

(6) 电梯不正常停止运行：电梯因主线路、控制线路、安全装置的故障等使电梯在运行中突然停车。

(7) 不安全运行状态：

1) 超载运行。

2) 厅、轿门未关闭状态下运行。

3) 限速器失灵状态下运行。

4) 选层器失灵状态下运行。

5) 电动机错相、断相状态下运行。

6) 带病状态下运行等。

二、不安全状态下的操作及注意事项

电梯在运行中发生意外情况，如果发生电梯冲顶、蹾底、地震、火灾、水灾等情况时，司机人员应使电梯停止运行并采取以下措施：

(1) 当已发现电梯失控而安全钳尚未起作用时，司机应保持镇静，并严肃告诫乘客切勿企图跳出轿厢，并做好承受因轿厢急停或冲顶、蹾底而产生冲击的思想准备和动作准备（一般采用屈腿、弯腰动作）。电梯故障后，一般会停止运行。

司机可利用一切通信设施（如警铃按钮、通信电话等）通知维修人员，并劝阻乘客不得自行脱离轿厢，应耐心等待救援。

(2) 发生地震时，应立即就近楼层停止运行。电梯平层开门后，放出乘客，将电梯开关扳在停止状态。停震后，须请维修人员严格检查后方可重新运行。微震和轻震对电梯的破坏不大，可是轿厢或对重的导靴可能脱出导轨，或部分导轨变位、变形，或部分电线切断，如继续运行，将会发生意想不到的事故。

(3) 发生火灾时，司机人员应尽快将电梯开到安全楼层（一般着火层以下的楼层比较安全），将乘客引导到安全的地方，待乘客全部撤出后切断电源，并将各楼层厅门关闭，防止火势向其他楼层延烧。电梯如果继续运行，厅门口会有空气通过井道流通，这样会对着火层产生助燃作用，也可能将火引至井道、烧毁电缆，并延烧到其他楼层。

火灾发生后，要经维修人员对电梯严格检查试验后，才可投入运行。

（4）当发现井道内进水时，一般将电梯开至高于进水的楼层，将电梯的电源切断。如水已经将电梯轿厢淋湿，无论何层应立即停驶，然后切断电源。水进入井道，浸湿轿厢后，有可能造成短路，烧毁电脑，烧坏电线造成电梯错误运行，出现意想不到的事故，或造成漏电使司乘人员安全受到威胁。

出现水灾后，应立即通知维修人员到现场采取相应措施，并经检查、试验，确认电梯设备正常后，再投入运行。

三、电梯出现不正常现象时应采取的措施

（1）当电梯厅、轿门未关闭，而仍能启动运行时，应立即停止使用。

（2）当电梯门关闭后，尚没有运行指令，而电梯已开始运行时，应按停止按钮，停止运行。

（3）电梯运行方向与预选方向相反时，应停车待查，正常后方可运行。

（4）电梯运行时发现有异常噪声、振动冲击时，应急停待查。

（5）当碰触电梯金属部位发现有麻电现象时，应停用检查。

（6）电梯正常使用情况下，发生安全钳误动作时，应停止使用，按下停止按钮。

（7）电梯运行中运行速度有明显的升高或降低时，应立即就近停靠，停止使用，检查原因。

（8）电梯停车后，轿厢地坎高于厅门地坎 600 mm 时，严禁开门跳下。

(9) 当电梯门关闭后而不能启动时：

1) 按开门按钮打开厅、轿门，放出乘客。

2) 按开门按钮如不能打开厅、轿门，首先应按下停止按钮，断开电梯控制电源，人力将门打开，放出乘客。

(10) 电梯在运行中突然发生停车并困人时：

当无法营救乘客时，停车后用通信设备联系维修人员营救，按下轿厢内操纵盘上的停止按钮。在机房用盘车手轮移动轿厢，并应防止溜车，使轿厢在邻近层平层，用人力打开轿厢门和厅门，使乘客离开轿厢。

第六节　各类电梯的运行及安全操作技术

电梯的种类很多，控制方式各异，只有正确操纵各种开关，才能保证电梯的正常运行。下面介绍几种电梯的操作方法。

一、一般载货电梯的运行工艺过程

载货电梯顾名思义即为运货物用的电梯，并有专职司机操纵。此种电梯由于使用场合一般均为工矿企业单位，电梯的楼层停站数均在 10 层以下，故电梯的运行速度也不会很高，一般在 0.63 m/s 以下。而它的驱动系统多为交流双速电动机，因此载货电梯的运行工艺过程是：

(1) 首先接通电梯的总电源及其控制电源。

(2) 把电梯的外门和内门打开。

(3) 司机进入电梯轿厢内，合上轿内操纵箱上应该合上的各种开关，并使轿厢内照明灯点亮。

(4) 开始按规定的载重量装载货物。

(5) 货物装满后，司机把电梯的内、外门关闭好。

(6) 拨动操纵箱上的手柄开关（或按货物欲达楼层数相对应的指令按钮）。

（7）电梯启动运行。

（8）电梯接近目的楼层时，松开手柄开关（或根据井道永磁开关）而自动减速、制动。

（9）自动平层停车。

（10）开启电梯内、外门。

（11）把货物搬运出电梯轿厢。

（12）或再装货物，重复上述过程或根据其他楼层的厅外召唤信号去到召唤的楼层。

（13）如若各层运送货物相当繁忙，各层均有召唤信号，此时应顺序完成各个楼层的召唤任务。

二、一般交流乘客或客/货电梯的运行工艺过程

一般交流乘客或客/货电梯的运行速度为 1 m/s。所用电动机均为交流双速电动机。因此一般交流乘客或客/货两用电梯的运行工艺过程基本上与前述的载货电梯相类同。但其自动化程度不同，因而也是有所区别的。一般交流乘客或客/货两用电梯根据不同的自动化程度，又可分为有司机信号控制和有/无司机集选控制两种类型。

（一）信号控制的交流乘客或客/货两用梯、服务梯的运行工艺过程

（1）首先接通电梯的总电源及其控制电源。

（2）把电梯的厅门和轿门打开。

（3）司机进入电梯轿厢内，照明灯点亮。合上轿内操纵箱上应该合上的各种开关。

（4）司机根据轿内乘客欲往楼层或轿厢内无乘客时就根据某个楼层的厅外召唤信号，按操纵箱上相应的一个楼层或几个楼层数的指令按钮。

（5）自动定出电梯运行方向。

（6）关闭厅、轿门。

（7）司机按动开车按钮。

(8) 自动启动运行至稳速。

(9) 在接近目的楼层时，经井道永磁开关自动减速。

(10) 自动平层停车。

(11) 自动开门，让乘客出入电梯轿厢。

若此时轿厢内无乘客，也无厅外召唤选定的指令信号，此时电梯应无运行方向。若以后出现某个楼层的厅外召唤信号，则重复上述自动定出电梯运行方向以后的过程。

(二) 有/无司机集选控制的交流客/货两用电梯、服务梯的运行工艺过程

此种电梯的运行工艺过程基本上与上述的信号控制的乘客电梯类同。但其主要区别是：一个是由专职司机操纵的电梯。一个是由有/无司机控制的集选控制电梯，既可以有专职司机操作，也可以无司机操纵由进入轿厢内的乘客自己操纵，还可由某个或几个楼层的厅外召唤信号召唤，而且在运行应答完最后一个（即最远一个）召唤信号后，电梯即可自动换向。但是楼层厅外召唤信号的作用只有在电梯门关闭后方可起作用，即所谓电梯厢内的指令信号“优先”于厅外召唤信号。因此有/无司机集选控制的交流乘客电梯的运行工艺过程较有司机信号控制的交流乘客电梯多了一个无司机状态时的运行工艺过程，所以总的运行工艺过程较为复杂。现就无司机时的运行工艺过程说明如下：

(1) 在有电源情况下，电梯关着门停于某层。当其他层出现有厅外召唤信号时，电梯即自动启动运行。以后过程与有司机信号控制时一样。但当在某一方向运行过程中，在未到达目的楼层的前方出现与电梯运行方向相一致顺向厅外召唤信号时，电梯也予以应答停车（如果此时轿厢没有满载的话）。这就是所谓的“顺向截车”。但电梯到层开门后，经一定延时（一般为 5～10 s）后即自动关门。

(2) 当电梯所停层厅外有乘客想乘电梯时，只要按该层厅外任一方向召唤按钮即可使电梯门开启（即所谓“本层开门”），然

后乘客进入轿厢内即可自选操纵电梯运行。如若进入轿厢内的乘客不按操纵箱上欲去楼层相应的指令按钮时，则经延时后，电梯自动关门，待门完全关闭后就有可能被其他层的召唤信号所召唤而自动定向运行。而这一运行方向很可能与进入轿厢内乘客欲去的运行方向相反。因此进入轿厢内的乘客应在电梯自动关闭好门之前就按欲去楼层相对应的指令按钮。

三、交流调速电梯的运行工艺过程

交流调速电梯一般均为有/无司机的集选控制电梯，因此其运行工艺过程与有/无司机的集选控制一般交流乘客电梯相类同。其不同点只是电梯的运行速度不同，因此运行工艺过程不再重述。

四、直流高速乘客电梯的运行工艺过程

直流高速乘客电梯的运行速度较高（一般为 2 m/s 以上），由直流电动机直接驱动电梯上下运行。直流电动机的供电电源可以是交流电动机驱动的直流发电机组供电。对于这种供电系统的直流高速电梯，其运行工艺过程简述如下。

(1) 合上总电源。

(2) 在底层厅门侧的召唤按钮箱上用专用钥匙开关启动发电机组，并使电梯门打开。以后的过程与交流集选控制的客梯一样。但在较长时间内无人使用时，发电机组应自动停转，以减小电能消耗。待某层厅外有人召唤时，发电机组又自动启动，准备运行。当确定不用（例如下班和休假日）时，应将电梯返回基站，并通过钥匙开关将发电机关闭，同时电梯的厅、轿门也关闭。

第七节　电梯安全操作规程

一、电梯驾驶安全操作规程

1. 一般规则

（1）电梯司机须经安全技术培训，并考试合格，持有当地劳动部门核发的“特种作业证”，方可上岗，无作业证者不得驾驶电梯。

（2）定期进行体检，凡患有心脏病、精神病、癫痫病、色盲症以及聋哑、四肢有严重残疾的人，不适合做电梯司机工作。

（3）对工作认真负责，热情为乘客服务。上班前不喝酒，有充足睡眠。

（4）熟悉所驾驶电梯的原理、性能，熟练掌握驾驶电梯和处理紧急情况的技能。

（5）做好轿厢、厅门门踏板滑动槽和其他负责区域内的清洁工作。爱护电梯设备，防止人为造成设备损坏事故。当发生事故和故障时，不乱动设备，及时通知维修人员。

（6）配合维修人员修理电梯时，精神集中，接受维修负责人的统一指挥，对指挥人员下达的操作指令，必须应答并复述后再操纵电梯。

2. 行驶前的准备工作

（1）做好交接班工作，认真看交班日志，了解上一班运行情况，不接带病运行的电梯。

（2）确定轿厢位置：开启厅、轿门，做简单试运行；观察选层、启动、换速、平层、消号、开关门速度及安全触板等有无异常现象和声响；检查各种指示灯、信号灯指示是否正确，各部限位开关、停止按钮等动作是否正确，有无不起作用的现象。

（3）检查门联锁是否良好，厅门关闭后不能从外面扒开，轿门和厅门未闭合到位情况下，电梯应不能启动。

（4）试验警铃是否好用，电话是否灵敏畅通。

（5）检查轿厢内消防器材是否完好适用。对上班司机所做轿厢、厅门及门踏板滑动槽内的清洁卫生工作进行检查。

（6）对连续停用 7 天以上的电梯，使用前应详细检查。

3. 行驶中的注意事项

(1) 司机在服务时间内，不准脱离岗位。如必须离开轿厢时，应将轿厢停在基站，断开轿厢内电源开关，关闭厅门，并发出有关告示。

(2) 乘客电梯超载时，司机应劝退一部分乘客，不能超载运行。载货电梯的载重量不允许超过额定载重量。货物在轿厢内尽可能摆放均匀、平稳牢固、避免集中载荷、偏载或因货物倾倒伤人、损坏设备。

(3) 轿厢内严禁吸烟，乘客电梯不允许载运易燃、易爆的危险物品及各种国家规定禁运的物品。货梯在载运危险物品时，必须严格遵守安全操作规程，并采取安全防护措施。

(4) 不允许开启轿厢顶部的安全窗、轿厢安全门，载运长物件。

(5) 关门启动前，关照乘客不要倚靠轿厢门。禁止乘客摆弄操纵箱上的开关和按钮。禁止乘客在厅门与轿门中间逗留。

(6) 禁止用检修开关作为正常运行开关。在运行中禁止用检修开关、停止按钮作为正常行驶中的消号。严禁在厅门和轿门开启情况下，用检修速度作正常行驶。

(7) 电梯在行驶时不得突然换向，必要时应先将轿厢停止，再换向启动。手动门电梯禁止用轿门、厅门作为开、停电梯的开关。运行中如发生停电，对于用手柄开关控制的电梯，应将手柄关回至零位。

(8) 电梯轿厢顶部不得放置它物，轿厢内不得悬吊物品。

(9) 住宅有/无司机乘客电梯，需有司机操纵，禁止将钥匙扳至无司机操作位置，而由乘客自行操作。

(10) 禁止用手以外的其他部位或用笔、棍等物，代替手指操纵电梯。不做与驾驶电梯无关的工作。

(11) 电梯运行中严禁擦拭、润滑或拆卸修理机件。电梯发生故障时，应通知维修人员修理，司机不得自行修理电梯。

4．电梯发生故障应停用和维修

当电梯发生如下故障不能正常工作时，应停止使用，并通知维修人员进行检修。

（1）选层后关闭厅门、轿厢门，门已闭合而电梯不能正常启动行驶。

（2）厅门或轿门没有闭合而电梯仍能启动行驶。

（3）电梯运行方向与选层方向相反。

（4）电梯运行速度有明显变化。

（5）内选、平层、换速、召唤和指层信号失灵失控。

（6）电梯在正常条件下运行，安全钳突然发生误动作。

（7）运行中发现有异常噪声、较大振动和冲击。

（8）电梯在正常负荷下，如有超载端站位置继续行驶，造成冲顶或蹲底时。

（9）电梯在行驶中无故停车，停车后不开门，厅门可随意从外面人为扒开。

（10）电梯部件过热而散发出焦热的气味。

（11）人接触到任何金属部分有麻电现象。

（12）电梯机房内有大量漏油并通过绳孔等处滴入轿厢，电梯发生湿水事故时。

5. 电梯发生故障应采取的措施

当电梯突然发生故障时，应保持镇静，针对发生的情况采取以下相应措施。

（1）当电梯在运行中，突然发生停驶或失控时，应立即揿按停止、警铃按钮，并严肃劝阻乘客切勿乱动，及时通知维修人员，设法使乘客安全撤出轿厢。

（2）运行中的轿厢突然停在两楼层之间，首先切断轿厢内控制电源，通知维修人员摇车至就近厅门口，打开轿门、厅门将乘客疏导出轿厢。

（3）限速器、安全钳动作，将轿厢夹持在导轨上时，应切断控制电源，通知维修人员找出原因，故障排除后，方可再投入运行。

(4) 发生火灾或地震时，应保持镇静，尽快将乘客送至安全层站离去。关闭厅门、轿门，切断电源停止使用或交消防人员使用。

(5) 电梯的电气设备发生燃烧时，应立即报告有关部门并及时切断电源，使用干粉、1211、二氧化碳等灭火器灭火。

(6) 发生人身或设备事故时，应立即停梯并切断电源，报告有关部门，协助抢救受伤人员，保护好现场。

6. 交班时应做的事项

(1) 每班交班前做好轿厢及厅门的清洁卫生工作。认真填写当班运行日志。

(2) 交接班应当面交接（交死班除外），如遇接班人未到，交班人不得擅自离去，应请示有关领导派人接班。

(3) 如系交死班（本人是当日最后一班），将轿厢停在基站，把运行钥匙开关或主令开关拧到停用位置，并将风扇、照明灯关掉，关好轿门和厅门并锁好，方可离去。

二、电梯维修安全操作规程

1. 一般规则

(1) 维修人员必须经过安全和技术培训并考试合格，经有资格的主管单位批准方可上岗。

(2) 定期体检，凡患有心脏病、精神病、癫痫病、聋哑、色盲等疾病的人，不能从事电梯维修工作。

(3) 设立检修负责人统一指挥检修工作，负责人应由有经验的从事维修工作三年以上者担任。

(4) 从事电梯电气设备的维修人员，应持有关部门核发的特种（电工）作业证。

(5) 对工作认真负责，遵守规章制度，上班前不喝酒，有充足睡眠。

(6) 工作时应穿戴劳动保护用品（工作服、安全帽、绝缘鞋等），携带验电笔（使用前应验明验电笔完好）。

（7）对绝缘工具，手持电动工具进行经常性检查，定期做预防性试验。对绝缘强度不够、绝缘开裂或脱落损坏的工器具应及时更换。

（8）熟练掌握触电急救法和灭火器材的使用。

（9）对手动葫芦、钢丝绳套、滑轮、绳索、支撑木、脚手板等工器具，使用前应认真检查，确认无损坏方可使用。使用中注意其承载能力，防止过载。开闸扳手、盘车手轮应齐备好用。

（10）禁止带无关人员进入机房和井道，检修时无关人员应离开操作现场。

（11）定期进行安全技术学习，增强安全生产意识，提高技术水平。

2. 现场安全操作

（1）严格执行本地区《电气安全工作规程》和其他电气焊、起重吊装、喷灯使用、登高作业等安全操作规程。

（2）对检修、保养的电梯，应悬挂“检修停用”等相应告示牌。

（3）保养、检修时，应断开相应的电源开关，非必要不得带电作业。如必须带电作业时，应遵守带电作业有关规定，设专人监护，做好安全防护措施。几台电梯共用机房场所，在停电电梯的电源开关手把上，应悬挂“禁止合闸，有人工作”标示牌。

（4）处理故障时，在底坑、轿厢或轿顶操作的维修人员应听从检修负责人的指挥，未经许可，不得随意进出底坑、轿厢或轿顶。

（5）应尽量避免在井道内上下同时作业，必须同时作业时，应戴上安全帽。

（6）需要长时间在井道内进行操作时，机房隔音层、地板孔洞应遮盖好，以免掉下东西造成人身事故。

（7）在井道内作业时，严禁一脚踏在轿顶，另一脚踏在井道中的任一固定点上操作。要特别注意轿厢和对重交错时的距离。

(8) 严禁维修人员在井道外探身到轿厢内或轿厢厢顶操作。

(9) 在轿厢顶上进行检修作业时，应将安全钳联动开关和轿顶检修盒上的停止开关断开。

(10) 需要在机房操纵电梯时，必须先将厅门、轿门关闭，切断门机回路。

(11) 用手轮盘车升降电梯时，应断开总电源开关。

(12) 在轿顶和底坑进行保养或检修时，如需开动电梯，应与司机应答，并选好站立位置，不准倚靠护栏，身体任何部位不得探出轿厢顶投影之外。

(13) 在底坑作业时，应将限速器张紧装置的安全开关和底坑的检修停止开关断开。

(14) 底坑深度超过 1.5 m 的，应使用梯子或高凳上下，禁止攀附随线和轿底其他部位上下。

(15) 严格禁止将安全开关（如安全窗开关、安全钳开关、门联锁开关等）用机械方法或电气短路方法封起来运行。

(16) 检修电气设备前，必须用低压验电笔检验确实不带电后，方可进行操作。

(17) 用汽油清洗机件时，应注意通风。严禁烟火，防止电气火花。剩油、废油严禁乱倒，油棉丝、油揩布严禁乱放，必须带回处理，不得留在工作现场。

(18) 检修用行灯应使用 36 V 安全电压。

(19) 维修时不得擅自改动线路，必要时应先报告有关部门，允许后方可改动。改动部分应有相应的技术资料存档并使全体维修人员详细了解改动情况。

(20) 检修未完，检修人员需暂时撤离现场时，应做到：

1）关闭所有厅门，一时关不上的必须设置明显障碍物，并在该厅门口悬挂“危险”“切勿靠近”警告牌，并派人看守。

2）切断总电源开关。

3）排除热源，如喷灯、烙铁、强光灯、电焊、气焊等。

4）通知有关人员，必要时应设专人值班。

（21）检修、保养工作结束后应做到：

1）将所有开关恢复到原来状态，检查工器具、材料有无遗落在设备上。

2）清点工具、材料，打扫工作现场，摘除悬挂的告示牌。

3）送电试运行，观察电梯运行情况，发现异常及时停梯检查。

（22）与司机或有关人员进行交接，认真填写维修记录，其内容为：

1）检修项目、日期及检修人员。

2）更换机件的名称、数量。

3）对设备进行调整时，写明调整原因和调整前后的参数。

（23）大修后应由有资格的单位进行检查验收，符合国家或当地安全技术标准的方可投入运行。

第十章

电梯常用检测仪器、仪表、量具、工具的使用技术

第一节 电气测量仪器、仪表

一、万用表的使用

(一) 指针式万用表

万用表是具有多种用途和多种量程的直读式仪表，用来测量交、直流电压和电流及电阻等电量。

正确、安全使用万用表，应注意以下事项：

1. 接线柱的选择

测量之前，首先应检查表笔位置是否正确。红表笔应接在标有“+”号的接线柱上，黑表笔应接在标有“-”号的接线柱上。测量直流时，红表笔接被测电路的正极，黑表笔接被测电路的负极。如果不知道被测电路的正、负极时，可以这样判断：将仪表的转换开关切换到直流电压最大量程挡，将一支表笔接至被测电路任意一极上，然后将另一支表笔在被测部分另一极上轻轻一碰并立即离开，观察仪表指针的转向，若表针正向偏转，则红表笔为正极，黑表笔为负极；反之，黑表笔为正极，红表笔为负极。有些万用表设有交直流 2 500 V 的高电压测量端钮，使用时黑表笔仍接在“-”接线柱上，而将红表笔接在 2 500 V 的接线

柱上。

2. 测量挡的选择

根据测量的对象，将切换开关转换到所需要的位置。例如，需要测量交流电压，将切换开关转换到标为 V 的位置。有些万用表有两个切换开关：一个是改变测量种类挡的切换开关；另一个是改变量程的切换开关。使用时，先选择测量种类挡，再选择量程挡。选择测量种类挡时，要小心谨慎，测量前核对无误，方可进行测量，否则会烧毁仪表。

3. 正确选择量程

用万用表进行测量之前，首先应对被测量的范围做个大概的估计，然后将量程转换开关旋至该种类区间的适当量程上。例如，测量 220 V 交流电压，就可选用 V 区间 250 V 量程挡。如果被测量的范围不好估计，可先由大量程挡往小量程挡处进行切换，应使被测量的范围在仪表指针指在满刻度的 1/2 满量程以上时即可。

4. 正确读数

万用表刻度盘上，有许多条标度尺，分别用于不同的测量种类，测量时要在相应的标度尺上读取数据。万用表的标度盘如图 10—1 所示。

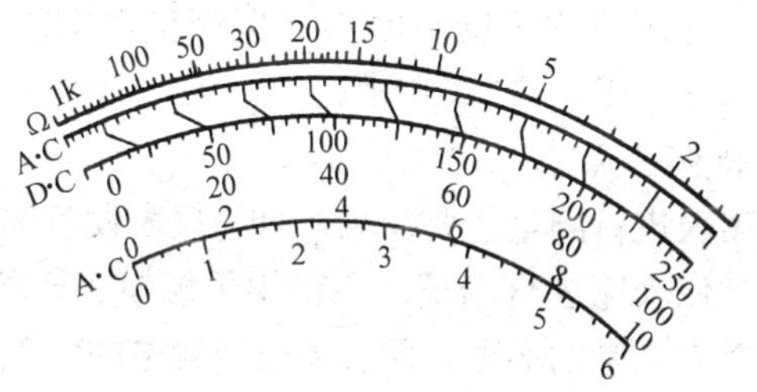

图 10—1　万用表的标度盘

标有“D·C”或“－”的标度尺为测量直流时用的。标有“A·C”或“～”的标度尺为测量交流时用的（有些万用表的交流标度尺用红色标出)。交流和直流的标度尺合用读数时，就得另用一些斜短线将交流标度尺与直流标度尺相对应的刻度连起来。读数时要注意，测量低压交流的标度尺一般位于刻度盘的下方，读数比较准确。

5. 正确使用欧姆挡

(1) 选择适当的倍率挡：测量电阻应使用不同的倍率挡。测量电阻时，仪表的指针越靠近标度尺的中心部分，读数越准确。一般可以比较清晰地读出中心阻值的 20 倍。例如，某万用表“$R\times1$”挡的中心值为 12 Ω，它的 20 倍约为 250 Ω，在这个数值以下可以清楚地读数，再大就不准确了，必须另选合适的量程。

(2) 调零：测量电阻之前，选择适当的倍率挡后，首先将两表笔相碰使指针指在零位。如果表针不在零位时，应调节“调零”旋钮，使指针指在零位，以保证测量结果的准确性。若调整“调零”旋钮，指针仍不能指在零位，则说明电池的电压过低，应更换新电池。

(3) 不允许带电测量：在测量某一电路的电阻时，必须切断被测电路的电源，不能带电进行测量。因为测量电阻的欧姆挡是由于电池供电的，带电测量相当于接入一个外加电压，不但会使测量结果不准确，而且可能烧坏表头，这一点必须特别注意。

(4) 不允许用万用表的电阻挡直接测量微安表表头、检流计、标准电池等仪表、仪器的内阻。

6. 安全操作要点

使用万用表进行测量，要注意人身和仪表设备的安全。一般测量都用手拿住表笔进行测量，不得用手触摸表笔的金属部分。否则不仅会影响测量的准确，而且还会有触电的危险。

(二) 数字式万用表

数字式万用表具有测量精度高、显示快、体积小、重量轻、耗电省、能在强磁场区使用等优点，因此得到广泛的应用。图 10—2 所示为 DM—100 型数字式万用表。

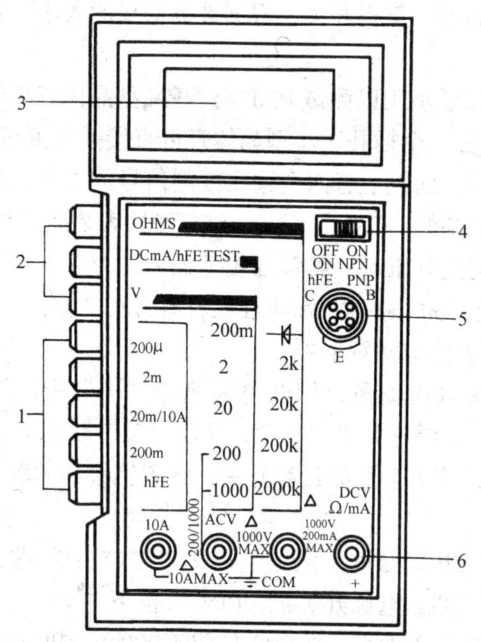

图 10—2　数字式万用表面板示意图

1—量程开关　2—测量状态开关　3—显示器　4—电源开关

5—hFE 测试插座　6—输入端子

1. 面板的布置

面板上有电源开关、量程开关、测量状态开关、显示器等。

电源开关能实现 PNP 和 NPN 型晶体管的选择功能，测量 hFE 时，对于 PNP 型管，开关置于中间位置，对于 NPN 型管，开关置于右端。其他测量状态下，该开关无影响。测量完毕后，此开关置于 OFF 位置。

显示器采用液晶显示，最大指示值为 1999。当被测信号的指示值超过 1999 或 − 1999 时，在靠左边的位置上显示“1”或“−1”，表示已超出测量范围。

测量状态开关，用以选择测量直流电压、交流电压、直流电流、电阻的功能。量程开关，根据被测信号的大小，选择合适的量程。

hFE 测试插座用以测试 PNP 与 NPN 型晶体三极管。插座边标有 B、C、E 三个插孔，小型晶体管可直接插入测试。

输入端子，面板上有四个输入被测信号的端子。黑色测试表笔总是插入公共的“COM”端子，红色测试表笔通常是插入“+”端，当测量交流电压时，需将红表笔插入“ACV”端子。当被测直流电流大于 200 mA 时，需将红色表笔插入“10 A”端子。

2. 测量方法与注意事项

(1) 直流电压测量：把红色表笔接“+”端，黑色表笔接“COM”端，电源开关置“ON”，按下“V”状态开关。按照被测电压大小，按下合适的量程开关，将表笔接到被测电路两端即可。

(2) 交流电压测量：把黑色表笔接“COM”端，红色表笔接到“ACV”端，电源开关置“ON”，按下“V”状态开关，再根据被测交流电压大小，在 200 V 或 1 000 V 中间选按一个量程开关。将表笔接到被测电路上即可。

(3) 直流电流测量：把黑色表笔接到“COM”端，红色表笔接到“+”端，电源开关置“ON”，按下“DCMA”状态开关，按照被测电流大小，选按合适的量程开关，将表笔接入被测电路，显示器就有指示。被测电流超过 200 mA 时，红色表笔应插入 10 A 插座，量程开关选 20 mA/10 A 挡。

(4) 电阻测量：把红色表笔插入“+”端，黑色表笔插入“COM”端，电源开关置“ON”，按下“OHM”状态开关，按照被测电阻大小，选按量程开关，将表笔接于被测物两端，显示器显示电阻值。用电阻挡检查二极管或电路导通状况时，蜂鸣器发生声响表示通路。

(5) 测量二极管：把黑色表笔接到“COM”端，红色表笔接到“(+) V-mA-Ω”端，按下状态开关“OHM”挡，电源开关置“ON”，按下量程开关，将表笔接到二极管两端。当正向检查时，二极管应有正向电流流过，若二极管良好时应显示一定值，其正向压降的电流值等于显示数乘以 10。例如，好的硅二极管正向压降的电流值在 400～800 mA 之间，如果显示 70，则正向压降的电流值近似为 700 mA。如果被测二极管是坏的，则显示“000”（短路）或“1”（开路）。当反向检查时，若二极管是好的，则显示“1”，若二极管是坏的，则显示“000”或其他。

（6）hFE 测量：测 PNP 型晶体管，将电源开关置于中间的“ON”位置，按下 DCmA/hFE TEST 状态开关和 hFE 量程开关，将晶体管三个极对应地插入 E、B、C 孔中，显示器即显示出被测管的 hFE 值。

（7）注意事项：装入电池时电源开关应置于“OFF”位置。测量前应选好状态开关和量程开关所应处的位置，不要搞错。改变测量状态和量程之前，测试笔不要接触被测物。万用表不要在能产生强大电气噪声的场合中使用，否则会引起读数误差或不稳定现象。测量完毕后，电源开关应置于“OFF”位置。

二、钳形电流表的使用

钳形电流表是测量交流电流的携带式仪表，结构如图 10—3 所示。

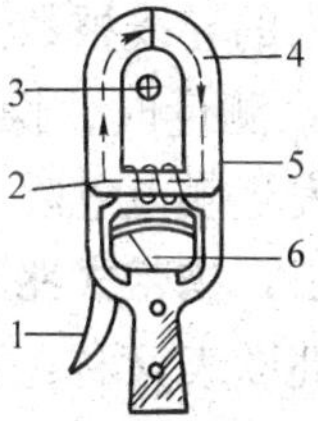

图 10—3　钳形电流表结构

1—手柄　2—二次线圈

3—被测导线　4—互感器

5—铁心　6—电流表

它可以在不切断电路的情况下测量电流，因此使用方便。但只限于在被测线路的电压不超过 500 V 的情况下使用。

正确使用钳形电流表，应注意以下几个方面：

1. 正确选用表计的种类

钳形表的种类和形式很多，有用来测量交流电流的 T—301 型钳形电流表，有测量交流电流、电压的 T—302 型钳形电流表和 MG24 型袖珍式钳形电流、电压表，还有 MG21、MG22 型的交直两用的钳形电流表等。在进行测量时，应根据被测对象的不同，选择不同形式的钳形电流表。如果仅测量交流电流，可以选择 T—301 型钳形电流表。若使用其他形式的钳形电流表时，应根据测量的对象，将转换挡位开关拨到需要的位置。

2. 正确选用表计的量程

钳形电流表一般通过转换开关改变量程。测量前，对被测电流进行粗略的估计，选择适当的量程。如果被测电流无法估计时，应将钳形电流表的量程放在最大挡位，然后根据被测电流指示值，由大变小，转换到合适的挡位。切换量程挡位时，应在不带电的情况下进行，以免损坏仪表。

3. 测量交流电流时，应使被测导线位于钳口中部，并使钳口紧密闭合。

4. 每次测量后，要把调节电流量程的切换开关放在最高挡位，以免下次使用时，因未经选择量程就进行测量而损坏仪表。

5. 测量 5 A 以下电流时，为得到较准确的读数，在条件许可时，可将导线多绕几圈放进钳口进行测量，所测电流数值除以钳口内的导线根数。

6. 测量时，操作人员应注意保持与带电部分的安全距离，以免发生触电危险。

三、携带式兆欧表的使用

兆欧表又称绝缘摇表，用于测量各种变压器、电动机、电器、电缆等设备的绝缘电阻。兆欧表一般由手摇发电机及磁电系双动圈比率计组成。晶体管兆欧表是由高压直流电源及磁电系双动圈比率计或磁电系电流表组成。

电梯电气设备是额定电压为 500 V 以下的电气设备，一般选用 250～500 V 的兆欧表。额定电压 500 V 以上的电气设备，选用 500～1 000 V 的兆欧表。额定电压 500 V 以下的线圈绝缘，选用 500 V 的兆欧表。有些兆欧表的标尺，不是从零开始，而是从 1 M 或 2 M 开始，这种兆欧表不适宜测量潮湿场所低压电气设备的绝缘电阻，电气设备的绝缘电阻低于 1 MΩ 时，将得不到正确的读数。

（1）测量前应正确选用表计的规范，使表计的额定电压与被测电气设备的额定电压相适应。

（2）绝缘电阻摇表应水平旋转，并应远离外界磁场。

（3）使用表针专用的测量线，或绝缘强度较高的两根单芯多股软线。不应使用绞形绝缘软线或其他导线。

（4）测量前，应对绝缘电阻摇表进行开路试验和短路试验。开路试验，即在绝缘电阻摇表的两根测量线不接触任何物体，转动手柄，仪表的指针应指在“∞”的位置。短路试验，即将两极测量线迅速接触的瞬间（立即离开），仪表的指针应指在“0”的位置。

（5）被测的电气设备必须与电源断开。在测量中禁止他人接近设备。

（6）电容性的电气设备，如电缆、大容量的电动机、变压器以及电容器等，测量前必须将被测的设备对地放电。

（7）测量前，应先了解周围环境的温度和湿度。当湿度过大时，应用屏蔽线，测量时应记录温度，以便于事后对绝缘电阻进行分析。

（8）使用绝缘电阻摇表，接线必须正确。绝缘电阻摇表的“线路”或标有“L”的端子，接被测设备的“相”；“接地”或标有“E”的端子，接被测设备的地线；“屏蔽”或标有“G”的端子，接屏蔽线，以减小因被测物表面泄漏电流引起的误差。

（9）测量时，顺时针摇动绝缘电阻摇表的摇把，使转速逐渐达到 120 r/min，待调速器发生滑动后，即可得到稳定的读数，一般读取 1 min 后的稳定值。

（10）测量电容性电气设备的绝缘电阻时，应在得到稳定读数后，先取下测量线，再停止摇动摇把，测完后立即对被测电气设备进行放电。

四、半导体点温计的使用

我们目前生产的点温计的品种、型号、式样较多，常用的有 0～100℃，0～400℃，数字显示，指针显示。TH—80 型互换半导体点温计是应用热敏电阻的一种小的圆珠形半导体，它与水银温度计比较，有高的灵敏度和短的时间常数，测定手法简单。

半导体温度计专用于测定固体物的表面温度，也可以浸入多种液体测定温度。

（1）使用前，开关应在“关”或“0”位置，调准表头指针于零位。

（2）将开关拨至“校”或“1”位置，转“满度调节”旋钮使电表指针恰至满刻度位置。

（3）将开关拨至“测”或“2”位置，即可测量温度。测量时将探头接触到目的物上。

（4）若发现“满刻度调节”不能使电表指针校到满刻度时，应更换电池。电池极性不得接反。

（5）测温探头元件是玻璃制造的，使用时应注意轻轻接触被测物体，以免损坏。

（6）使用完毕后须将开关拨至“关”或“0”位置，以免测温元件（热敏电阻）疲劳而影响使用寿命。

五、手持式转速表的使用

转速表是电梯安装和日常维修保养工作中必不可少的测量仪表。常用转速表的型号有 HT—331 型，ZS—8401 型和 HT—441 型。

HT—331 型转速表为数字式转速表，可以放在手上使用，按下开关即可测量转速，以数字显示。测量时，把测头压紧到旋转轴中心孔，即可测出正确转速，测速表测量周期为 1 s，可连续测定。

（一）各部名称及作用

电源开关：如图 10—4 所示，按下开关，即可进行测量。

传感器：是检测旋转信号的传感器轴，在轴端安装测头，将测头压在旋转轴端的中心孔内。

转速显示器：测量结果以转速（r/min）直接显示出读数来。

最低电压指示灯：该指示灯亮时说明电池应更新。

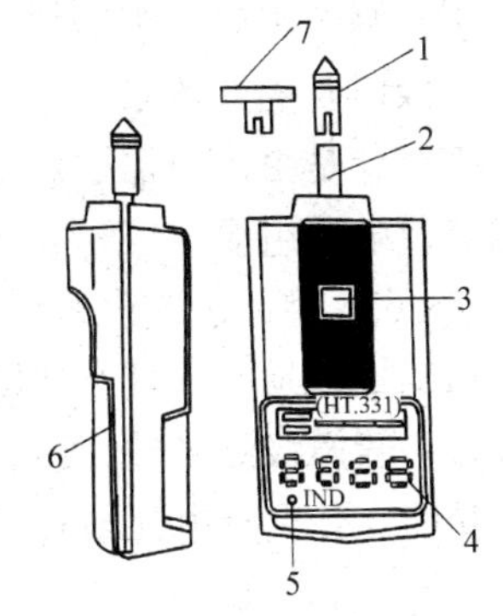

图 10—4　HT—331 型数字式转速表

1—测试头　2—传感轴　3—开关

4—显示器　5—低电压指示灯

6—电池盒　7—测试环

（二）测定方法

首先在传感器轴上装上测试头，然后按下电源开关，将测头压在被测旋转轴的中心孔内（注意安全千万不要打滑），并保持测头与轴同心，测试时间 1 s 后即可以显示出转速来。

将测试头换成圆周速度测试环即可直接读出圆周速度：

使用 ks-100 型是 0～9 999 mm/s。

ks-200 型是 0～9 999 m/min。

如果电池使用时间太久，电压下降，显示数据就会暗淡，这时需要换新电池（此时 BATLOW 指示灯亮）。

换电池时，打开电池盖，将新的 5 号干电池 4 节按规定的极性装好，关上电池盒盖即可，电池的极性不可接错。

测头磨损，将引起测量误差，需要换新测头。换新测头时，将测头的槽对准测定轴上的定位销进行插入。

转速表的保存温度为 20～60℃，用后应放在阴凉干燥，通风良好的地方。长期不用时，必须将电池取出。

六、声级计的使用

声级计是噪声测量中最常用的、最简便的声音测量仪器。它可以用来测轿厢内、机房中、电动机、曳引机等设备噪声的声压级、声级以及隔音效果。

声级计是由传声器、放大器、衰减器、计报网络、检波器、显示器及电源组成。

HS5633 型数字式声级计（如图 10—5 所示），是由液晶显示器指示测量结果的，具有现场声学测量的全部功能。其特点：除能进行一般声级测量外，还有能保持最大声级和设定声级测量范围的功能，并具有电池检查指示功能。

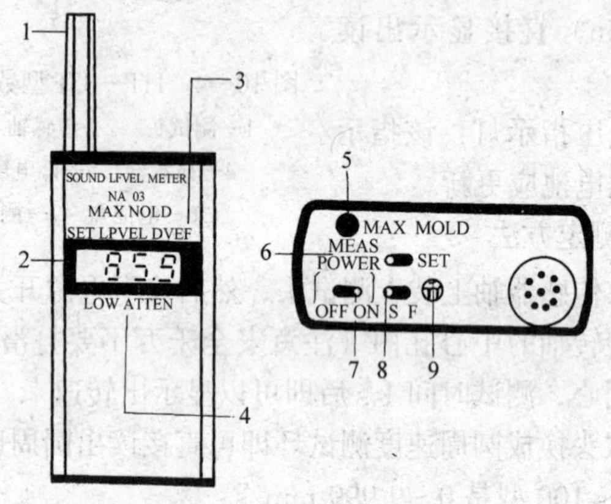

图 10—5　HS5633 型数字式声级计

1—传声器　2—显示器　3—声级过载指示　4—电池检查指示

5—最大值保持开关　6—功能选择开关　7—电源开关

8—动态特性（快、慢）选择开关　9—声级设定电位器

使用前的准备工作：

拧松底盖螺钉，拉开连接电池盒的拉扣，取出电池盒，按电池盒标记的极性，装好电池，不得装错，放入电池盒并连接拉扣，关上电池盖板，拧紧螺钉。

噪声的测量：

接通电源开关，把动态特性选择开关置于“F”（快）或“S”（慢）位置。将功能选择开关置于“MEAS”。显示器上读数则为测量结果。如果测量最大声级时，按一下最大值保持开关。显示器上出现箭头符号并保持在测量期间内的最大声级数。

测量时用压力型传感器，必须使传感器与噪声传播方向平行或采用90°角入射以保证测量准确。

测量中，应减小测试者对声场的干扰。对于小型机械设备（外形表面边长尺寸小于300 mm），测点距离设备表面300 mm；中型机械设备（外形表面边长尺寸300～1 000 mm），测点距离设备表面500 mm；大型设备、测点距离设备表面1 000～5 000 mm，并要求距地面高500 mm。如有风力或其他直射干扰，要带防风球。

七、接地电阻测量仪

接地电阻测量仪又称接地电阻摇表（如图10—6所示），主要用于直接测量各种接地装置的接地电阻和土壤电阻率。接地摇表形式较多，使用方法也不尽相同，但基本原理是一样的。常用的国产接地电阻摇表有ZC—8型、ZC—29型等。

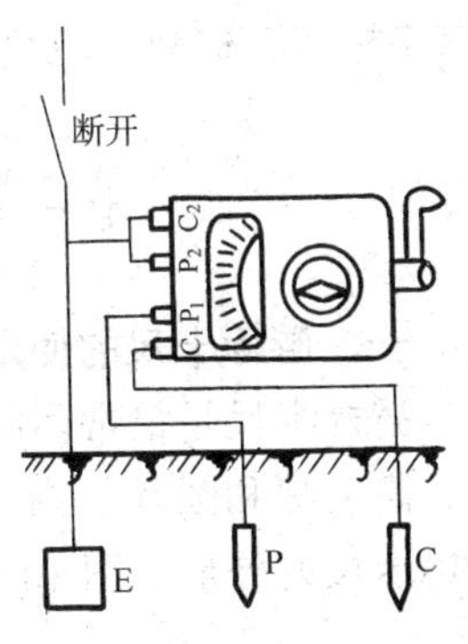

图10—6　接地电阻的测量

ZC—8型接地电阻摇表由高灵敏度检流计、手摇发电机、电流互感器和调节电位器等组成。当手摇发电摇把以120 r/min转动时，发电机便产生90～98 Hz交流电流。电流经电流互感器一次绕组、接地极、大地和探测针后回到发电机。电流互感器产生二次电流，使检流计指针偏转，调节电位调节器，使检流计达到平衡。该表量程有0～1～10～100 Ω和0～10～100～1 000 Ω两种。

ZC—29型等接地电阻摇表，主要用于测量电气接地装置和避雷接地装置的接地电阻。该表由手摇发电机、检流计、电流互感器和滑线电阻等组成。该表测量范围0～10 Ω，最小分度0.1 Ω；0～1 000 Ω，最小分度10 Ω。当测量范围为0～100 Ω时，辅助接地棒的接地电阻不大于 2 000 Ω；0～1 000 Ω 时，不大于 5 000 Ω，对测量均无影响。

测量时，先将电位探测针 P、电流探测针 C 插入地中，应使接地极 E 与 P、C 成一直线，并相距 20 m，P 位于 E 与 C 之间。再用专用测量导线将 E、P、C 与表上相应接线柱分别连接，见图 10—6。测量前应将被测接地引线与设备断开。

摇测时，先将表放于水平位置，检查检流计的指针是否在中心线上，否则应用零位调整器把针调到中心线。然后，将表“倍率标度”置于最大倍数，缓慢摇动发电机手把，同时旋动“测量标度盘”，使指针在中心线上。用“测量刻度盘”的读数乘以“倍率标度”倍数，得数为所测的电阻值。

第二节　常用量具的使用

一、游标卡尺的使用

游标卡尺是最常用的精密量具，它可以用来测量物体的长、宽、高、深和圆环的内、外直径，测量的准确度可达 0.1 mm。游标卡尺的外形如图 10—7 所示。

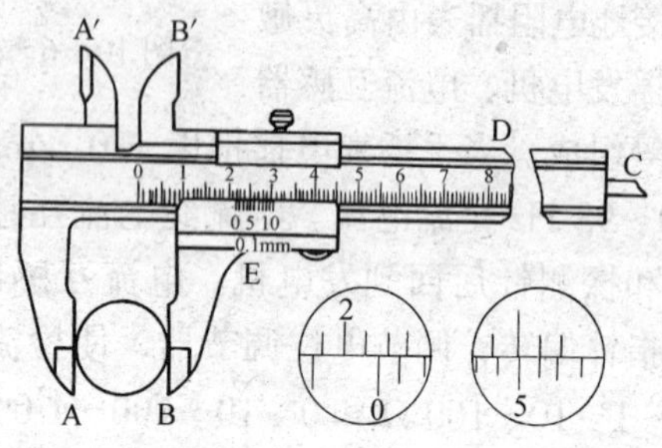

图 10—7　游标卡尺示意图

游标卡尺的尺身 D 是一根钢制的毫米分度尺，尺身头上有钳口 A 和刀口 A′。卡尺上套有一个滑框，其上装有钳口 B、刀口 B′

和尾尺C，滑框上刻有游标E。当钳口A与B靠拢时，游标的零线刚好与主尺上的零线对齐，这时的读数是0。测量物体的外部尺寸时，可将物体放在A、B之间，用A、B钳口（也叫外卡）轻轻夹住物体，这时游标零线在尺身上的指示数值，就是被测物体的长度。同理，测量物体的内直径时，可以用A′、B′刀口（也叫内卡）。测量物体内部尺寸和小孔的深度时，可以用尾尺C。

在游标卡尺上读数时，利用游标可以直接读出毫米以下一位小数。在10分度的游标中，10个游标分度的总度刚好与主尺上9个最小分度的总长相等，即等于9 mm，每个游标分度比尺身的最小分度短0.1 mm。当游标对在尺身上某一位置时（见图10—7），毫米以上的整数部分 y 可以从尺身上直接读出。例图10—8中，$y=21$ mm。读毫米以下的小数部分 Δx 时，应细心寻找游标上哪一根线与尺身上的刻度长线对得最准确最齐。例如图10—8中是第6根线对得最齐，从图上可以看出，要读的 Δx 就是6个主尺分度与6个游标分度之差。因为6个主尺分度之长是6 mm、6个游标分度之长是（6×0.9）mm，故 $\Delta x=6-(6\times0.9)=6(1-0.9)=6\times0.1=0.6$ mm。

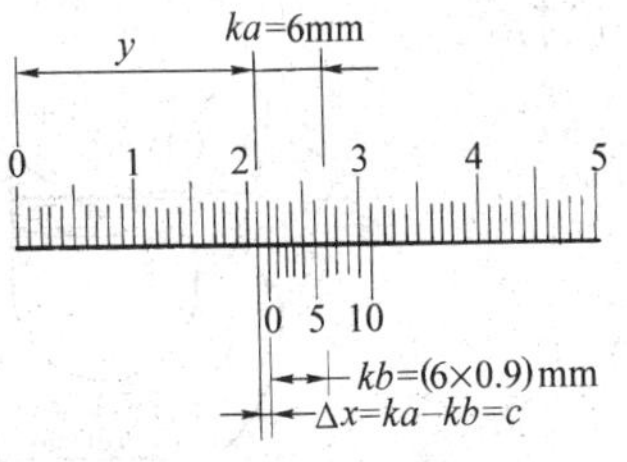

图10—8　游标卡尺的读数

同理，如果是第4根刻线对得最齐，那么 $\Delta x=4\times0.1=0.4$ mm。以此类推，当第 k 根线对得最齐时，Δx 就是（$k\times0.1$）mm。这就是10分度游标的读数方法，也是游标卡尺的使用方法。

根据上面的关系，对任何一种游标，只要弄清了它的分度数与尺身最小分度的长度，就可以直接利用它来读数。

游标卡尺是常用的精密量具，推动游标时不要用力过大，测量中不要弄伤刀口和钳口，用完后应立即放回盒内，不许随便放在桌上或潮湿的地方。

二、螺旋测微计的使用

螺旋测微计也叫外径千分尺，它是比游标卡尺更精密的仪器，通常用它来测量精度较高的工件，也可测量金属丝的直径和薄板的厚度等，其准确度可达到 0.01 mm。螺旋测微计规格有十多种。

螺旋测微计的主要部分是测微螺旋，如图 10—9 所示。它由一根精密的测微螺杆和螺母套管（其螺距是 0.5 mm）组成。测微螺杆的后端还带一个具有 50 个分度的微分筒。当微分筒相对于螺母套管转过一周时，测微螺杆就会在螺母套管内沿轴线方向前进或后退 0.5 mm。同理，当微分筒转过一个分度时，测微螺杆就会前进或后退(1/50)×0.5 mm (即 0.01 mm)。因此，从微分筒转过的刻度就可以准确地读出测微螺杆沿轴线移动的微小长度。为了读出测微螺杆移动的毫米数，在固定套管上刻有毫米分度标尺。

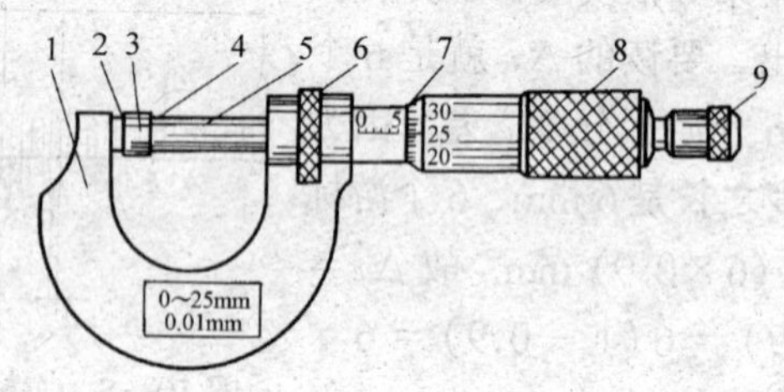

图 10—9　螺旋测微计

1—尺架　2—测砧测量面 A　3—待测物体　4—螺杆测量面 B
5—测微螺杆　6—锁紧装置　7—固定套管　8—微分筒　9—测力装置

在螺旋测微计上，有一弓形尺架，在它的两端安装了测砧和测微螺杆，它们正好相对。当转动螺杆使弓形尺和测微螺杆测量面 A、B 刚好接触时，微分筒锥面的端面就会与固定套管上的零线对齐。同时微分筒上的零线也应与固定套管的水平准线对齐，这时的读数是 0.000 mm，如图 10—10a 所示。螺旋测微计测量物体尺寸时，应先将测微螺杆退开，把待测物体放在测量面 A 与 B

之间，然后轻轻转动测力装置，使测杆和测砧的测量面刚好与物体接触，这时在固定套管的标尺上和微分锥面上的读数就是待测物体的长度。读数时，标尺上读出整数部分（读到0.5 mm），微分筒上读小数部分（估计到最小分度的1/10，即0.001 mm），然后两者相加，图 10—10b 所示的读数是5.383 mm，图 10—10c 所示的读数是 5.883 mm。二者的差别就在于微分筒端面的位置，前者没有超过 5.5 mm，而后者超过了 5.5 mm。

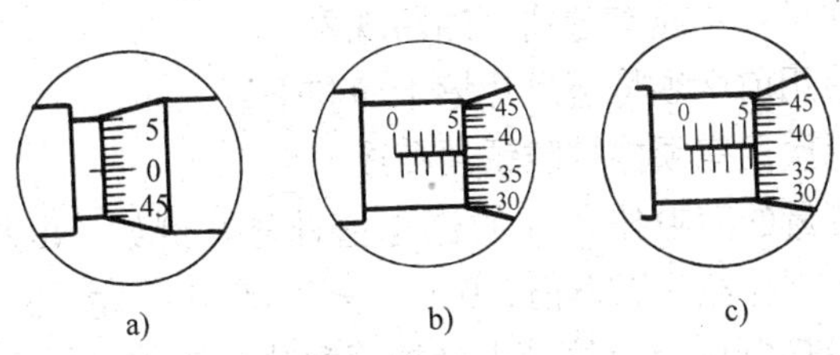

图 10—10　螺旋测微计的读数

螺旋测微计的规格通常有 0.5 mm 和 1 mm 的，也有 0.25 mm 的，微分筒上的分度也不同，上面三种螺旋的微分筒分度，一般是 50 分度、100 分度和 25 分度。使用测微螺旋以前，应先考查螺杆、螺距和微分筒分度，确定读数关系。

螺旋测微计是精密仪器，使用时注意下列各项：

测量前应检查零点读数。零点读数就是当测量面 A、B 刚好接触时，标尺上和微分筒上的读数。如果零点读数不是零，就应将数值记下来，测出的读数减去这零点的读数。如果零点读数是负值，在测量时同样要减去（实际上就是加上这个绝对值）。

测量面 A、B 和被测物体间的接触压力应当微小，旋转微分筒时，必须利用测力装置，它是靠摩擦带动微分筒的，当测杆接触物体时，它会自动滑动。

测完后，应使测量面 A、B 间留出一个间隙，以避免因热膨胀而损坏螺纹。

用完擦拭干净放入盒内，以免锈蚀。

三、塞尺的使用

塞尺的用途是测量或检验两平行面的间隙。它的规格有100 mm、150 mm、200 mm、300 mm、500 mm和1 000 mm 6种。

塞尺片厚度由0.02～1.0 mm、11～16种薄厚不同的塞尺组成，最薄为0.02 mm、最厚为1.0 mm。塞尺的使用有以下要求：

（1）塞尺片不应有弯曲、油污现象。

（2）使用前必须将塞尺片擦干净和平直。

（3）每次用完须擦拭防锈油存放。

（4）测量的间隙按各片的标志值计算。例如，电梯抱闸间隙，根据使用片数有以下值，0.03一片、0.4一片、0.02一片，三片加在一起为0.45，这部电梯抱闸间隙为0.45 mm。

四、铁水平尺的使用

铁水平尺又叫铁准尺，它是检验设备安装的水平位置和垂直位置的一般量具。它的规格长度有150～600 mm数种。铁水平尺的主水准刻度值（mm/m），如150 mm长度的汞（水）平尺、主水准刻度值为0.5 mm。200～600 mm长度的水平尺，主水准刻度值为2 mm。使用时一定要注意刻度线上的标准值。

在使用水平尺时，要擦干净被测位置的表面，不得有毛刺、灰砂、油染皮等，以免影响测量的准确。铁水平尺平面同样要擦拭干净。

水平度的确定，要求按尺身的刻度值读数，也可采用塞尺空间的测量，直接从塞尺片的数值计算，达到工件水平要求。

铁水平尺的使用和保管，应避免将水平尺底面碰伤。水平尺有的是铁材加工精制的，有的是采用铝合金制的，应放置干燥、通风的地方，防止锈蚀。

五、电梯导轨卡尺的使用

电梯导轨安装后，要进行校正。校正导轨使用导轨初校卡板和精校卡尺。

导轨卡尺是电梯导轨安装调整的一种专用检测工具，是用来调整轿厢、对重轨道偏差的专用测量工具。

在导轨校正调整之前，需悬挂中心线（以安装电梯样板定位线为准）、轿厢中心线、对重中心线，要对准。铅垂线由样板垂到底坑样板架定位。先用初校卡板，分别自下而上地调整两列导轨的三个工作区与导轨中心铅垂线之间的偏差值。经粗调整和粗校后，再用精校卡尺进行精校，检查和测量两列导轨间的距离、垂直度和偏扭。

导轨卡尺一般都在现场由安装技术工人组装（根据两导轨距离而定）。卡尺两端用的卡极指示器（见图 10—11）、指针与侧面、顶面卡口，精度要求高，两指针应在一条中心线上。在测量两根导轨侧面时，可以直接读出两根导轨偏扭情况。图中 1，两指针与导轨侧工作面应贴实，指针尖应指向零位，这说明两根导轨都没有偏扭和误差，符合要求。

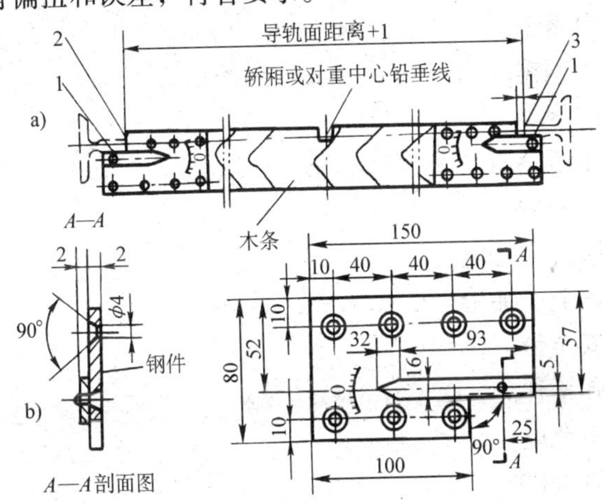

图 10—11 导轨精校卡尺

观察两根导轨的距离和垂直精度，图中 2 指卡尺与导轨顶面靠严。另一端 3 距离导轨保持有 1 mm 的间距。按照这个值调整导轨，精校卡尺的横纵中心线要与轿厢中心线、对重中心线相对应。也就是轿厢和对重两副导轨的中心线要对应。

第三节　电梯安装维修常用工具

1. 钻削工具：如小台钻、手电钻、手枪钻、冲击钻等。
2. 螺纹工具：如丝锥、板牙等。
3. 台虎钳。
4. 起重工具：如手拉葫芦等。
5. 各种锉刀。
6. 各种扳手。
7. 平头、十字旋具。
8. 各种长度测量工具。
9. 水平尺。
10. 克丝钳、尖嘴钳、扁口钳、剥线钳等。
11. 电烙铁。
12. 手钢锯。
13. 划规。
14. 吊线坠。
15. 中心冲。
16. 手灯、手电筒。
17. 油壶、油枪。
18. 安全带。
19. 弹簧秤。
20. 皮老虎。
21. 对讲机。
22. 铁锤、木锤。
23. 小型电焊机、砂轮机。
24. 试电笔、电工刀。

第十一章

电梯作业人员职业道德

电梯经常处于良好的运行状态，更好地为乘客服务，除了产品质量外，还与电梯的安装质量、正常的维修保养和操作有关，与操作人员、安装人员、维保人员的技术素质、文化素质以及他们的职业道德有关。

第一节 电梯操作人员的职业道德

1. 热爱祖国，为国争光

每个电梯操作人员，除了为我们的普通老百姓服务外，还要为来自世界各地的外宾服务，因此，电梯操作人员的工作态度和个人素质也关系到祖国的尊严和荣誉，所以必须树立热爱本职工作，为祖国争光的思想。

2. 要文明礼貌

文明是社会进步的标志。礼貌是对他人的关怀和尊敬，是保持人们正常关系的重要准则。不讲文明礼貌就会伤害人与人之间的正常关系。

文明礼貌是一个人思想品质好坏的表现。因此，我们在工作中首先要做到文明用语，热情服务，礼貌待人。

3. 要行为美

所谓行为美，是指一个人的作风、作派、举止要美。要做到行为美，首先要尊重自己的人格，同时也要尊重别人的人格。工作中应该做到既热情又稳重，不虚伪，使人感到自然大方，可亲可近，这是搞好服务工作的前提。搞好本职工作，不做与本职工作无关的、有损本人和企业形象的事。

4. 遵守劳动纪律和规章制度，认真执行服务标准。

5. 努力学习科学文化知识，提高自身素质。

6. 熟练掌握电梯专业技能，提高专业知识水平。

第二节　电梯操作人员的岗位职责

1. 树立“安全第一”的思想，忠实执行安全职责，做到安全工作自我检查，自我监督，自觉地贯彻执行各项安全规章制度，把自己置于安全生产责任者的位置。

2. 严格执行电梯操作规程。要根据不同的电梯，熟练操作程序，保证自身和乘客的安全。不超载运行，不违章运载危险品、易燃易爆物品。

3. 爱护电梯设备，正确合理地使用、操纵电梯，保证电梯的安全运行，延长使用寿命。因此，操纵电梯的按钮、开关要用力恰当，要轻、要稳，严禁拍、打、撞击。在电梯启动运行过程中，要做到“看”“听”“闻”“感觉”。即“看”电梯的各种信号标志是否正确，如方向、楼层指示；“听”电梯运行中有无蹭刮现象；“闻”有无异常的气味，如糊、焦味等；“感觉”电梯运行的速度有无特别快或特别慢的现象。如有以上现象应立即停止运行，及时进行维修。

要定期、不定期地保养电梯，搞好清洁，使电梯外观整洁。

4. 认真做好运行记录，特别是要详细记录故障现象，估计原因，现场情况、时间等。

第三节　电梯安装维修人员的职业道德

1. 主动热情按期按质完成任务。不无故拖延工期，按电梯的相关标准安装、维修电梯。

2. 认真遵守施工现场或用户单位的规章制度，说话和气，礼貌待人。施工不扰民，衣着整齐，做到仪表仪容美。

3. 不无故损坏施工现场或单位的设备器材。借用器具要征得产权单位同意，损坏给予赔偿。

4. 作业现场要整洁。零部件、材料、工具码放整齐，并保持现场清洁卫生。

5. 爱护公物。施工用器材、工具，不无故损坏、丢失。

6. 急用户所急，想用户所想，不刁难用户，不向用户提出不正当的要求，更不能索取钱物。

7. 保证施工安全。作业人员之间要相互关心爱护、相互关照。施工中要精神集中，不说笑打闹，严禁饮酒。现场不准吸烟，更不准乱扔烟头。

8. 服从领导，听从指挥，遵守劳动纪律。要听从现场领导的统一指挥，不得自作主张自行作业，更不得擅离工作岗位或做与电梯作业无关的事。

第四节　电梯安装维修人员的岗位职责

1. 树立“安全第一”的思想

（1）电梯作业中要保证乘客和自身的安全，保证设备的安全。

（2）必须经过安全技术培训，经考核合格才能上岗，否则不得从事电梯的安装维保作业。

（3）熟悉掌握电梯的安全操作规程。详细了解作业现场的安全技术交底及作业要求。

2. 做好施工作业记录

（1）开箱验件记录。

（2）井道测量及放线记录。

（3）施工过程中的质量自检、互检记录，包括：导轨安装；曳引机安装；轿厢、厅门组装；供电、电气设备安装；安全保护装置安装等记录。

（4）试运行记录，其内容包括：空载、半载、满载、超载等运行记录以及平衡系数测定的记录。

3. 平日维修保养及急修记录。电梯出现故障，修复后要有详细记载。电梯维修保养要有记录。

4. 认真学习电梯相关法规，严格执行标准，特别是新标准。

5. 熟知安装维保电梯的性能、规格，掌握其安装维修工艺标准和操作要领，保证电梯正常运行。

6. 认真做好电梯保养工作，做到以下几点：

（1）设备完好、干净。

（2）安全保护装置动作灵敏可靠。

（3）润滑部有油，不泄漏。

（4）电梯整机性能运行良好，不带病运行。

（5）维修及时，一般故障不过夜。做到定时定项保养电梯。

（6）遵纪守法，坚守岗位，不无故离岗，不迟到不早退。

第二部分　电梯作业人员安全技术考核复习题及试卷实例

Ⅰ.安全技术考核复习题

一、填空题

1. 电梯按用途分类有乘客电梯、______电梯、客货两用电梯、______电梯、杂物电梯、船用电梯、汽车用电梯、______电梯。

2. 电梯按拖动方式分有______电梯、______电梯、液压电梯、齿轮齿条电梯。

3. 电梯按速度分类，2 m/s 以上电梯称为____速电梯，又称____类电梯。

4. 电梯按速度分类，速度大于 1 m/s 而小于 2 m/s 的电梯，称为____速电梯，又称____类电梯。

5. 微型计算机控制的电梯，采用微处理器记忆指令、召唤等信号，从而取代了许多________，减少了故障。

6. 电梯型号中“T”代号，代表汉字____。

7. 电梯品种代号中，乘客电梯用汉语拼音字母____代表。

8. 层站是指各楼层用于出入______的地点。

9. 基站是指轿厢无投入指令运行时______的层站。

10. 电梯的建筑结构主要由______、______、______组成。

11. 带传动是依靠带与带轮之间的______来传动的。

12. V 带传动具有传动平稳，不可振动，摩擦力较大，不易______，它的包角一般不小于____。

13. 曳引传动是靠______实现的，容易造成打滑现象。

14. 曳引绳的______是曳引绳挂在曳引轮和导向轮上，曳引绳对曳引轮的最大包角。

15. 曳引绳的线速度与轿厢升降速度的比值称______比。

16. 钢丝绳表面磨损或锈蚀严重，使外层钢丝的直径减小____%时，则应报废。

17. 圆柱齿轮有直齿、____齿和____齿三种。

18. 在主动轮和从动轮的轴成90°，而彼此既不平行，又不相交的情况下，可采用__________传动。

19. 蜗杆头数即蜗杆上螺旋线的条数，其蜗杆头数一般为____头。

20. 轴承有______轴承和______轴承两种。

21. 有齿轮曳引机由电动机、制动器________、________等部件组成。

22. 常用的曳引轮绳槽有______槽、______槽和凹形槽三种。

23. 导体里的自由电子在电场力的作用下有______地向一个方向移动就形成______。

24. 在金属导体中，______的方向和__________的移动方向相反。

25. 大小和方向随时间变化按一定规律作________变化的电流叫做交流电。

26. 电路中某点的电位是指________将单位正电荷从该点移动到参考点（零电位点）所做的功，而此两点间的________就是电压。

27. 磁体中磁性最强的两端称为______，磁极分南极、______，磁极间有相互的作用力，称为磁力，其规律是同性相斥，__________。

28. 凡是有电流的地方都存在着______，人们通常把这种现象称为电流的________。

29. 磁极间尽管没有接触，但却具有相互的作用力，这种力称为________。这说明磁体周围存在着一种特殊的物质，这种物质就叫________。

30. 闭合电路的一部分导体在磁场里作____________运动时，电路里就会产生______。

31. 当通过线圈自身的电流发生变化时，在线圈内产生的____________不仅阻碍电流的建立和增大，还阻碍电流的____________。

32. 对于交流异步电动机极对数越多，电动机转速______，频率越高，转速______。

33. 为了保持调速时电动机转矩不变，在变化频率的同时，也要对__________做相应调节，这种方法常称______调速法。

34. 常用双速电动机有____________________和__________两种感应电动机。

35. 涡流制动器通常由______和定子两部分组成，当需要减速时，给__________加以直流电源，产生涡流制动转矩。

36. 异步电动机的能耗制动，是把电动机__________接到__________上而进行的。

37. 反接制动是在电动机减速时，把__________________，使______________________。

38. 永磁同步电动机的转子是由______体构成。

39. 晶闸管元件是一种用半导体材料制成的可控______元件。它的单向导电与否是______的。

40. 晶闸管有____极、____极和______极。

41. 晶闸管整流电路有单相可控、单相桥式可控和____相桥式可控整流电路。

42. 单结晶体管只有____个 PN 结，有____个基极。

43. 电路就是电流通过的______。

44. 电路某处断开，电流消失，负载停止工作，这种状态叫

______。

45. 任意两点电位的差别称为电位差，习惯上称为______。

46. 电子在物体内流动所遇到的______就叫电阻。

47. 电路的连接，有____联、____联及____联三种。

48. 欧姆定律是表示______、______和______三者关系的基本定律。

49. 电流在单位时间内所做的功叫做________。

50. 磁体中磁性最强的两端称为______。

51. 磁感线是一种互不相交的______曲线。

52. 通电导线在磁场中会受到力的作用，这种作用力称为______力。

53. 电流、电压、电动势的大小和方向随时间作周期性变化的称为________。

54. 三相四线制供电输送两种电压：一种是____电压；一种是____电压。

55. 二极管的 PN 结具有__________的性质。

56. 单相桥式整流电路由变压器和______支整流管组成。

57. 晶体三极管有____个结、____个极。

58. 交流异步电动机的转速是与其极数成____比的。

59. 异步电动机的能耗制动，经常是把电动机的定子绕组接至______电源上进行的。

60. 接触器额定电压是指________上所能受承的最大电压。

61. 微型计算机用于对电梯的召唤信号处理时，主要是完成各种逻辑判断和运算，取代________控制和机械________。

62. 微型计算机用于控制系统的调速装置时，主要是利用______控制取代模拟控制。

63. 微型计算机用于电梯的群梯控制管理时，可实现最优化______电梯，提高运行效率，减少候梯时间，节约______。

64. 电梯微型计算机控制系统是由______、存储器、

________接口等组成的。

65. 电梯控制系统中使用的都是______电器。

66. 接触器触点的接触形式有三种：____接触、____接触和线接触。

67. 继电器按输入量的性质分有电压继电器、______继电器、______和速度继电器。

68. 继电器按动作原理分有感应式、______式、______式和热继电器等。

69. 电子时间继电器有阻容式和计数器式。阻容式是利用____电路的充放电原理延时构成的。

70. 微型计算机由运放器、______器、______器和输入/输出接口等组成。

71. 程序设计语言分为______语言、______语言和机器语言。

72. 微型计算机是采用____线为中心的计算机结构。

73. 中央处理器（CPU）包括______器和______器两个部件。

74. 计算机的总线是传送______的公共通道。

75. 内存储器可分为________存储器（RAM）和______存储器（ROM）。

76. 外存储器可分为______盘、______盘和光盘。

77. 微型计算机的软件系统包括______软件和______软件两部分。

78. 语言处理程序包括汇编程序、______程序和______程序。

79. 计算机网络按覆盖范围分为两类：一类是______网，又叫远程网（WAN)；另一类是______网（LAN)。

80. 液压电梯是以液体的______为动力源的。

81. 油箱可以冷却电动机和______，并起隔音作用。

82. 液压电梯做顶升方式，一般分为直接顶升和______顶升两种。

83. 溢流阀的作用是当油的______超过一定值时，使油回流到油箱内。

84. 为防止液压电梯超速或自由坠落，应设置______阀。

85. 将流量控制阀、______阀、______下降阀组成一体的阀称为复合阀组。

86. 液压缸和______是液压缸体的主要组成部分。

87. 液压管路是液压油的通道，应能承受满负荷压力的____倍，其安全系数不小于____。

88. 液压系统的流量控制方式有容积、______和______控制。

89. 液压电梯的安全装置，除了国标规定的之外，还应增设______保护和______装置。

90. 自动扶梯是由____输送机和______输送机组合而成的运输机械。

91. 自动扶梯驱动装置的安装位置一般在______或______。

92. 自动扶梯的传动方式有______传动和______传动。

93. 扶手装置由______系统、扶手胶带和栏杆组成。

94. 自动扶梯主控制回路应设______保护。

95. 参加电梯安装的技术工必须经过特种作业________培训考核，并持有“特种作业操作证”。

96. 电梯安装施工进度安排常分为______和______两部分。

97. 电梯安装脚手架要有足够的______性和______性。保证不变形、不摇晃、不倾斜。

98. 承重梁安装时，三根工字钢要求水平，每根承重梁上平面水平度应为________mm。

99. 导向轮的垂直度允差不应大于____mm。

100. 导向轮和曳引轮的不平行度允差不大于____mm。

101. 曳引机底座水平误差均应在______以下。

102. 制动器闸瓦松闸时间隙应均匀，且不大于____ mm。

103. 限速轮的垂直误差不得大于____ mm。

104. 每根导轨至少有___个支架，其间隙不应大于___ mm。

105. 最下一排导轨支架安装在底坑地面上方______ mm 处，最上一排支架安装在井道顶板下面不大于____ mm 的位置。

106. 单根导轨全长偏差不大于____ mm。

107. 两导轨的侧工作面和端面接头处的台阶应不大于______ mm。

108. 双楔块安全钳楔块面与导轨的侧面间隙应为____ mm。

109. 电梯开门刀与厅门地坎、厅门锁滚轮与轿门地坎的距离均应为______ mm。

110. 井道电缆架应装在提升高度一半再加____ m 高度的井道上。

111. 限位开关应在轿厢超越最高层或最低层____ mm 时起作用。

112. 当轿厢超过上下端站____ mm 时极限开关动作。

113. 采用三相四线制供电接零保护系统时，保护零线与______线要始终分开。

114. 当轿厢内载有____________的额定载荷时，满载开关应动作。

115. 平衡系数测试在轿厢以空载和额定载荷的 25%、50%、______、______、110%六个工况下进行。

116. 电动机与减速器为弹性连接时，不同心度不大于____ mm。刚性连接时，不同心度不大于____ mm。

117. 制动器制动带磨损超出制动带厚度的____或露出铆钉时应更换。

118. 电动机拆开后绕组绝缘检查项目包括有无______、______、擦伤，绝缘漆有无脱落，接头有无脱焊、断裂等。

119. 电梯试运行时应用看、____、____和感觉的方法检验电梯的运行状态是否正常。

120. 电梯运行操作的顺序是选层、______、______后电梯启动运行。

121. 检修电梯时必须切断______回路。

122. 电梯在轿顶维修时严禁一脚踏在______上，另一脚踏在井道的固定结构上操作。

123. 严禁在井道内上下同时作业，否则应________。

124. 万用表用来测量交、直流电压、______和电阻等电量。

125. 钳形电流表是测量______电流的携带式仪表。

126. 兆欧表是用来测量电器设备的______电阻的仪表。

127. 游标卡尺是精密量具，测量的精度可达____ mm。

128. 螺旋测微计，也叫______千分尺。其测量准确度可达到____ mm。

129. 塞尺又叫______规、间隙规，是用来测量________面间隙的一种量具。

130. 铁水平尺又叫铁准尺，是检测设备的______和垂直位置的量具。

131. 电梯导轨安装后，要用导轨______卡板和______卡尺进行校正。

132. 乘客电梯是为运送______而设计的电梯。

133. 交流电梯的______电动机是______电动机。

134. 直流电梯的______电动机是______电动机。

135. 液压电梯是靠液压传动的电梯。分为________式和______式两种。

136. 电梯速度为2～3 m/s的电梯，称为______电梯。

137. 电梯速度大于1 m/s而小于或等于2 m/s的电梯，称为______电梯。

138. 电梯速度为1 m/s及以下的电梯，称为______电梯。

139. ______控制电梯是一种自动控制程度较高的有司机操作的电梯。

140. 集选控制电梯与信号控制电梯的主要区别在于实现了________操作。

141. 下集选控制电梯有____个厅外召唤按钮，电梯____行时停车。

142. 梯群控制是多台电梯集中排列，共用__________按钮。

143. 有齿轮电梯适用于____速和____速电梯。

144. 电梯驱动方式分为钢丝绳曳引式、______式、螺旋式、__________式等。

二、判断题（对的画√，错的画×）

1. 运送乘客又运载货物的电梯称为乘客电梯。（　）

2. 交流调压调频调速电梯，其梯速不能超过 1.5 m/s。（　）

3. 直流电梯均为无齿轮电梯。（　）

4. 电梯按操作方式分为有司机、无司机和有/无司机三种。（　）

5. 顶层端站是指最高的轿厢停靠站。（　）

6. 地坎就是各楼层出入轿厢的地点。（　）

7. 电梯机房是放置电梯曳引机及辅助设备的房间。（　）

8. 当电梯井道高度≤30 m时，其垂直偏差值可以大于 50 mm。（　）

9. 电梯制动器的电磁线圈在曳引电动机停止时吸合动作。（　）

10. 制动器的制动带与制动轮外圆表面间隙应小于 0.7 mm。（　）

11. 电梯开门门刀都是双刀式。（　）

12. 电梯轿门是靠厅门带动打开的。（　）

13. 自重力向下锁紧式（下钩式）门锁，是国标中规定使用

的门锁。（　　）

14. 电梯轿厢门的安全装置如光电保护等，当门关闭过程中碰触到人或物时，门应重新开启。（　　）

15. 导轨是为电梯轿厢和对重提供导向的部件。（　　）

16. 电梯额定速度大于 2 m/s 时，必须用滑动导靴。（　　）

17. 对重与轿厢对应，悬挂在曳引绳的另一端，起平衡轿厢重量的作用。（　　）

18. 曳引绳的强度用静载安全系数来衡量，我国规定用三根或以上的曳引驱动电梯为 8。（　　）

19. 单结晶体管有一个 PN 结，两个基极，因此称为单结三极管。（　　）

20. 用普通整流二极管可以组成晶闸管的触发电路。（　　）

21. 晶闸管导通后，门极的触发电压就不再起作用了。（　　）

22. 在放大信号时，三极管应工作在输入特性的线性部分及输出特性的放大区。（　　）

23. 在放大电路未加信号时的各处电压、电流值称为静态工作点，是为了尽快使三极管饱和而设立的。（　　）

24. 放大电路的放大倍数是输出变化量的幅值与输入变化量的幅值之比。（　　）

25. 三相四线制供电可以同时输送两种电压。（　　）

26. 三相负载的连接方式有三种。（　　）

27. 磁力线是互不相交的闭合曲线，磁力线越密，磁场越弱。（　　）

28. 电路的连接有串联、并联和混联三种形式。（　　）

29. 变频调速一般采用交－直－交或者交－交变频电源。（　　）

30. 三相异步电动机的制动方法有回馈制动和能耗制动两种。（　　）

31. 电气元件在电梯中应用于拖动和信号控制设备中。 ( )

32. 工作在交流 1 200 V 以下电路中的电气设备称为低压电器。 ( )

33. 接触器工作制有四种，电梯运行是反复短时工作制。 ( )

34. 继电器主要用于反映控制信号接通与分断（交、直流）控制电路。 ( )

35. 中间继电器是用来增加控制电路信号数量或将信号放大的电气部件。 ( )

36. 计算机使用的高级语言程序可以应用于各种类型的计算机。 ( )

37. 微型计算机简称微机，由硬件子系统和软件子系统两大部分组成。 ( )

38. 存储器分为主存（内存）和辅存（外存）两类。 ( )

39. 计算机的软件都是用程序设计语言编写的程序。 ( )

40. 程序，就是为解决某一问题而设计的一系列指令或语句，它们具有计算机可接受的形式。 ( )

41. 计算机执行程序、处理信息过程的统一指挥者就是操作系统。此系统是计算机系统资源的管理者。 ( )

42. 语言处理程序是将汇编语言和各种高级语言编写的程序翻译成计算机能识别和执行的机器代码。 ( )

43. 微型计算机控制电梯使电梯性能更好、舒适感好、平层精度高。 ( )

44. 液压电梯只有单缸直顶和双缸侧顶两种方式。 ( )

45. 液压电梯升降是靠油压作用，因此运行方式不节能。 ( )

46. 液压电梯的失速、冲顶、蹲底情况较少。 ( )

47. 当液压系统出现较大泄漏，电梯速度达到额定速度再加

上 0.3 m/s 时，安全阀必须能将电梯制停。（　）

48. 在电梯电源发生故障时，不能用手动阀门操纵电梯下降。（　）

49. 当液压电梯装有安全钳装置时，应设置一个手动油泵，可使轿厢上升。（　）

50. 液压电梯油箱的油温应控制在 30～50℃。（　）

51. 直顶式液压电梯可以不设安全钳。（　）

52. 间接顶升式液压电梯可不设安全钳。（　）

53. 自动扶梯有牵引装置而没有驱动装置。（　）

54. 自动扶梯的梯级固定在链条上运行，并保持上平面水平。（　）

55. 自动扶梯都必须利用链条传动。（　）

56. 自动扶梯盘式制动器结构不紧凑，制动轮转动惯量大，但制动平稳、灵敏、散热性好。（　）

57. 自动扶梯由于速度较低，可不设电气超速保护装置。（　）

58. 自动扶梯必须装设梯级下陷保护装置。（　）

59. 自动扶梯启动后是顺方向运行，不需要防逆转保护。（　）

60. 自动扶梯运行速度低，因此不需装设停止开关。（　）

61. 电梯额定速度大于 0.63 m/s，轿厢应采用渐进式安全钳。（　）

62. 当轿厢安全钳装置作用时，装载它上面的一个电气安全装置应在安全钳装置动作以前或同时动作，使电动机停转。（　）

63. 当轿厢在开锁区域内时，门锁方能打开，使开门机动作，驱动轿门、层门开启。（　）

64. 电梯在平层区域内利用平层装置来使轿厢运行达到平层要求。（　）

65. 曳引机是指包括电动机、制动器和曳引轮在内的，靠曳引绳和曳引轮槽的摩擦力驱动或制停电梯的装置。（ ）

66. 安装曳引钢丝绳补偿装置，若补偿装置为平衡链时，应先安装，电梯试运行后再进行松劲处理。（ ）

67. 在电梯机房线槽的外拐角处要垫橡胶板等软物。（ ）

68. 摇测电气设备的绝缘电阻值不应小于 0.5 MΩ，并做记录。（ ）

69. 上下限位开关动作时切断总电源。（ ）

70. 限速器有弹簧、液压式两种。（ ）

71. 断绳或断带开关设在轿顶上。（ ）

72. 制动器的制动带与制动轮间隙应大于 0.7 mm。（ ）

73. 汽油在浓度达 5%时的环境下遇火即可燃爆。（ ）

74. 在特别潮湿的地方或金属容器内工作时，手灯工作电压应用 36 V。（ ）

75. 参加电梯安装的技工禁止穿短衣、短裤和硬底鞋。（ ）

76. 电梯井道内脚手架上的脚手板应使用厚度为 50 mm 宽度为 200 mm 以上的木板。（ ）

77. 井道内脚手架横杆间距一般取 1.4～1.7 m 为宜。（ ）

78. 电梯安装样板就位前，首先应确定出电梯井道、轿厢、对重三条中心线。（ ）

79. 电梯轿厢顶部检修操作时，控制柜内的检修操作应不起作用。（ ）

80. 电梯轿厢在开门区以外可以开着厅、轿门慢速运行。（ ）

81. 电梯在直驶状态下，可以应答厅外顺向召唤信号。（ ）

82. 电梯在独立运行状态下，预先登记的内选、外召唤信号

均必须保留。 （ ）

83. 电梯在消防开关接通后，无论电梯处于何种状态，都应立即返回基站（或疏散层）。 （ ）

三、选择题

1. 特种作业中发生事故，将导致重大的（ ）伤害或设备损失。

A. 人身 B. 经济 C. 物质 D. 工具

2. 职业道德是指从事一定职业的人们在劳动中所应遵循的（ ）规范。

A. 标准 B. 准则 C. 行为 D. 约束

3. 在轿厢运行速度超过允许值时，限速器发出电信号并产生（ ）动作，使电梯轿厢停止运行。

A. 运行 B. 电脉冲 C. 机械 D. 摩擦

4. 当电梯井道高度在 30～60 m 时，其垂直偏差应在（ ）mm。

A. 0～45 B. 0～50

C. 0～35 D. 0～60

5. 电梯机房必须通风，其环境温度应保持在（ ）℃之间。

A. 3～55 B. 5～40

C. 20～30 D. 40～60

6. 二极管的结是 P 型和（ ）型半导体用特殊工艺紧贴在一起的。

A. N B. Z C. B D. I

7. 利用半导体二极管的（ ）导电特性，可组成整流电路。

A. 双向 B. 单向 C. 脉动 D. 全

8. 三相桥式整流电路，是由（ ）支二极管组成的。

A. 9　　　　B. 3　　　　C. 6　　　　D. 8

9. 要用晶体三极管实现电流放大，必须使（　　）处于正向偏置。

A. 发射结　　B. 集电结　　C. 控制极　　D. 阳极

10.（　　）式安全钳，由于制动后容易解脱，所以使用广泛。

A. 双楔　　B. 滚子　　C. 偏心块　　D. 齿轮

11. 滑移动作安全钳适用于额定速度大于（　　）m/s 的电梯。

A. 2　　B. 3　　C. 1　　D. 4

12. 瞬时动作安全钳适用于额定速度≤（　　）m/s 的电梯。

A. 0.8　　B. 1　　C. 1.5　　D. 0.63

13. 当轿厢速度达到电梯额定速度的（　　）% 以上时，限速器动作。

A. 100　　B. 115　　C. 120　　D. 125

14.（　　）限速器一般用在快速和高速电梯上。

A. 抛块式　　B. 凸轮式　　C. 甩球式　　D. 甩块式

15. 热继电器主要技术数据是整定（　　）。

A. 电流　　B. 电压　　C. 功率　　D. 过载

16. 熔断器是利用熔体（　　）作用切断电路的。

A. 熔化　　B. 阻断　　C. 电阻　　D. 超压

17. 熔断器主要用于（　　）和短路保护。

A. 通路　　B. 过载　　C. 超压　　D. 超速

18. 干簧管通过（　　）来驱动，构成干簧感应器，用以反映非电信号。

A. 铁块　　　　B. 永磁体

C. 非金属体　　D. 光器件

19. 在下列晶闸管电路中，当开关 S 合上时，（　　）灯泡亮。

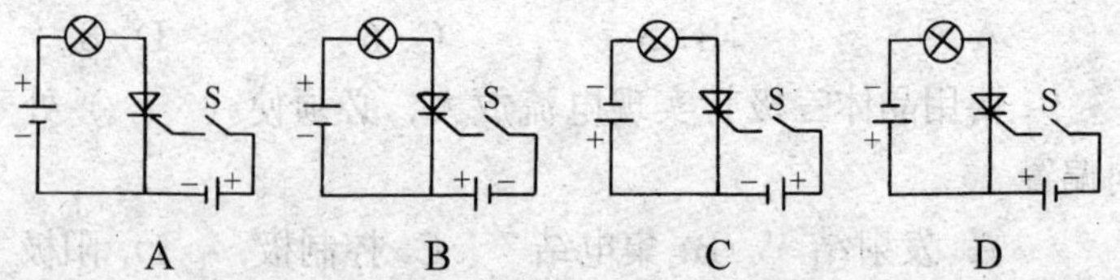

20. 看下列电路图，（　　）是全波整流电路。

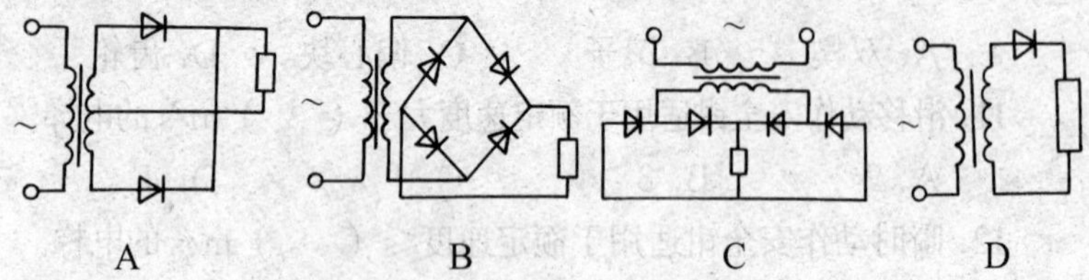

21. 在数字电路中，必须把（　　）信号转换成相应的数字信号。

A. 模拟　　B. 电流　　C. 电压　　D. 脉冲

22. 实现非逻辑关系的电路又称（　　）门。

A. 或　　B. 与非　　C. 非　　D. 与

23. 符号 A B —Z 是（　　）门符号。

A. 或非　　B. 非反相　　C. 与非　　D. 或反

24. 微型计算机的输出设备是指计算机的信息执行送出的设备，如打印机、（　　）、绘图仪等。

A. 键盘　　B. 光笔　　C. 显示器　　D. 鼠标

25. 微型计算机可控制电梯按（　　）从启动、加速、稳速、减速到制动的全过程。

A. 电阻值　　B. 载重量

C. 控制方式　　D. 运行曲线

26. 微型计算机控制电梯的方式有单板机、单片机、（　　）微型计算机，多微型计算机等方式。

A. 双　　B. PLC　　C. 三　　D. PC 型

27. 液压电梯的顶升是靠（　　）将液压油压入柱塞内实

现的。

A. 电动机　B. 自重　C. 轿厢重　D. 液压泵

28. 液压电梯油泵站由电动机、油泵、（　　）及其他部件构成。

A. 油箱　B. 柱塞　C. 蜗杆泵　D. 油缸

29. 在短行程，重载荷（　　）kg 以上的场合最适合使用液压电梯。

A. 1 000　B. 2 000　C. 3 000　D. 4 000

30. 液压阀的作用是对液流的（　　）、压力及流量进行控制。

A. 方向　B. 速度　C. 功率　D. 能量

31. 溢流阀的动作压力一般调节在满负荷压力的（　　）%，但不得超过 170%。

A. 110　B. 120　C. 160　D. 140

32. 柔性液压管应采用高压橡胶管，满负荷压力相对于爆裂压力的安全系数应不小于（　　）。

A. 10　B. 20　C. 15　D. 8

33. 节流调速控制，主要是利用（　　）作动力元件。

A. 定量泵　B. 电动机　C. 调节阀　D. 变量泵

34. 液压电梯的运行速度应不大于（　　）m/s。

A. 0.63　B. 1.5　C. 1　D. 2

35. 齿轮传动方式的自动扶梯有（　　）个电动机与蜗杆连接。

A. 一　B. 两　C. 三　D. 四

36. 自动扶梯制动器包括工作制动器、（　　）制动器和辅助制动器。

A. 紧急　B. 位置　C. 缓速　D. 液压

37. 自动扶梯的牵引部件是指牵引（　　）与牵引齿条两种。

A. 电动机　B. 齿轮　C. 轴　D. 链条

38. 自动扶梯的梯级由（　）、踢板、主轮、辅轮、轴、支架等组成。

A. 链轮　B. 轴承　C. 踏板　D. 滑轮

39. 电梯轿厢斜拉杆一定要上（　）螺母拧紧。

A. 双　B. 单　C. 三个　D. 四个

40. 甩球式限速器一般用在快速和（　）速电梯上。

A. 双　B. 低　C. 三　D. 高

41. 平衡补偿装置悬挂在对重和轿厢的（　）。

A. 下面　B. 上面　C. 左面　D. 右面

42. 对重与轿厢对应悬挂在曳引绳的另一端，对重起到平衡（　）重量的作用。

A. 钢丝绳　B. 轿厢　C. 电梯　D. 电缆

43. 电梯运行中无法用正常控制方式使电梯停止运行称为电梯运行（　）。

A. 失控　B. 正常　C. 慢速　D. 超速

44. 电梯对重蹾在缓冲器上称为（　）。

A. 撞底　B. 冲顶　C. 越程　D. 超程

45. 超速开关（只有一个）的动作速度一般超前夹绳动作速度（　）。

A. 5%～10%　B. 1%～5%

C. 10%～30%　D. 50%～100%

46. 快速电梯的平层准确度不应超过（　）mm。

A. ±5　B. ±30　C. ±3　D. ±15

47. 电动机、控制柜、选层器等接地电阻不应大于（　）Ω。

A. 10　B. 4　C. 30　D. 15

48. 电气设备的金属外壳采用接零或接地保护时，其连接导线截面不小于相线的 1/2，最小截面绝缘铜线不小于（　）mm^2。

A. 1.5　B. 1　C. 2　D. 4

49. 电源采用三相四线制供电时，由电梯机房配电装置开始，工作零线和保护零线必须（　　）。

A. 分开　　B. 合一　　C. 相连　　D. 合并

50. 甲类电梯轿厢两导轨间距，相对内表面在整个高度上允许偏差不大于（　　）mm。

A. ±1　　B. ±2　　C. ±1.5　　D. ±0.5

51. 两导轨的侧工作面与端面接头的台阶应不大于（　　）mm。

A. 0.05　　B. 0.1　　C. 0.15　　D. 1

52. 甲类电梯导轨接头处修光长度值为（　　）mm。

A. 300　　B. 200　　C. 100　　D. 50

53. 线槽内导线总面积不大于槽净面积的（　　）%。

A. 40　　B. 50　　C. 60　　D. 65

54. 线管内导线总面积不大于管内净面积的（　　）%。

A. 40　　B. 45　　C. 50　　D. 60

55. 封闭式井道内应设置照明灯，井道最高与最低____ m 以内各装设一盏灯外，中间灯距不超过____ m。（　　）

A. 0.5，5　B. 0.5，7　C. 0.8，5　D. 0.8，7

56. 控制柜、屏的安装位置应符合：控制柜、屏正面距门、窗不小于____ mm；控制柜、屏的维修侧距离不小于____ mm；控制柜、屏距机械设备不小于____ mm。（　　）

A. 600，600，500　　B. 600，500，600

C. 800，600，500　　D. 800，600，600

57. 层门门扇与门扇，门扇与门套，门扇下端与底坎的间隙，乘客电梯应为____ mm，载货电梯应为____ mm。（　　）

A. 0~6，0~8　　B. 1~6，1~8

C. 1~6，1~10　　D. 1~8，1~10

58. 在关门行程____之后，阻止关门的力不超过____ N。（　　）

A. 1/3，100　　B. 1/3，150
C. 1/2，100　　D. 1/2，150

59. 用万用表测量某一电路电阻时，（　　）带电进行测量。
A. 可以　B. 不能　C. 必须　D. 串电阻后

60. 用万用表测量电压或电流时，（　）测量。
A. 不要带电　　B. 可以带电
C. 必须串电容　　D. 不能

61. 钳形电流表切换量程时，应在（　　）的情况下进行。
A. 带电　B. 不带电　C. 打开钳口　D. 大电流

62. 使用兆欧表前应作开路和（　　）路试验进行校表。
A. 断　B. 并　C. 短　D. 串

63. 使用兆欧表测量容性设备时，其设备必须对地（　　）。
A. 充电　B. 串电阻　C. 断路　D. 放电

64. 测量电动机转速时应在旋转轴（　　）将转速表测头压在被测旋转轴的中心孔内。
A. 转动后　　B. 转动前
C. 高速转动中　　D. 低速转动时

65. 游标卡尺是最常用的精密量具，测量的准确度可达（　）mm。
A. 1　B. 2　C. 0.5　D. 0.1

66. 外径千分尺用来测量精度较高的配件，其测量准确度可达（　　）mm。
A. 1　B. 0.5　C. 0.3　D. 0.01

67. 塞尺是用来测量（　）的一种量具。
A. 长度　B. 平面　C. 间隙　D. 直径

四、问答题

1. 电梯按用途分有哪几种?

2. 电梯速度分类为甲、乙、丙三类，它们的速度分别是多少?

3. TKJ1000/1.5—JX 代表什么电梯?
4. 简述晶体三极管放大电路的静态工作状态及作用。
5. 多级放大电路常用的级间耦合方式有哪几种?
6. 功率放大器的特点及要求有哪些?
7. 运算放大器的特点有哪些?
8. 安全钳楔块安装时有什么要求?
9. 对电梯限速器的动作有什么规定?
10. 微型计算机控制电梯有哪些优点?
11. 微型计算机控制电梯时，抗干扰问题如何解决?
12. 电梯控制电路中调节器的作用是什么?
13. 液压阀有哪几种?
14. 简述液压电梯的速度控制原理。
15. 什么叫文明礼貌?
16. 什么叫行为美?
17. 电梯安装人员的岗位职责和内容有哪些?
18. 什么叫职业道德?它的核心是什么?

Ⅱ. 安全技术考核复习题答案

一、填空题

1. 载货、住宅、观光　2. 交流、直流　3. 高、甲　4. 快、乙　5. 继电器　6. 梯　7. K　8. 轿厢　9. 停靠　10. 机房、井道、底坑　11. 摩擦　12. 打滑、70°　13. 摩擦　14. 包角　15. 曳引　16. 40　17. 斜、内　18. 蜗轮蜗杆　19. 1～4　20. 滑动、滚动　21. 减速器、曳引轮　22. 半圆、V形　23. 规律、电流　24. 电流、自由电子　25. 周期性　26. 电场力、电位差　27. 磁极、北极、异性相吸　28. 磁场、磁效应　29. 磁力、磁场　30. 切割磁力线、电流　31. 电感电动势、消失和减小　32. 越慢、越快　33. 定子电压、VVVF　34. 双速单绕组变换极对数、双速双绕组　35. 电枢、定子绕组　36. 定子绕组、直流电压　37. 定子绕组两相交叉反接　定子磁场旋转方向改变　38. 永磁　39. 整流、可控　40. 阳、阴、门　41. 三　42. 一、二　43. 路径　44. 断路（开路）　45. 电压　46. 阻力　47. 串、并、混　48. 电压、电流、电阻　49. 电功率　50. 磁极　51. 闭合　52. 电磁　53. 交流电　54. 相、线　55. 单向导电　56. 四　57. 两　三　58. 反　59. 直流　60. 主触点　61. 继电器、选层器　62. 数字　63. 调配、能源　64. CPU、输入输出　65. 低压　66. 点、面　67. 电流、时间　68. 电磁、电子　69. RC　70. 控制、存储　71. 高级、汇编　72. 总　73. 控制、运算　74. 信息　75. 随机存取、只读　76. 软磁、硬磁　77. 系统、应用　78. 编译、解释　79. 广域、局域　80. 压力　81. 油泵　82. 间接
83. 压力　84. 安全　85. 安全、手动　86. 柱塞
87. 2.3、1.7　88. 节流、复合　89. 油温、报警
90. 链式、胶带　91. 端部、中间　92. 链条、齿轮
93. 驱动　94. 过载　95. 安全技术　96. 机械、电气
97. 牢固性、稳定性　98. 1/1 000　99. 0.5　100. 1
101. 1/1 000　102. 0.7　103. 0.5　104. 两、2 500
105. 1 000、500　106. 0.6　107. 0.05　108. 2～3
109. 5～10　110. 1.5　111. 100　112. 150　113. 工作零　114. 80%～90%　115. 75%、100%　116. 0.1、0.02　117. 1/4　118. 变色、焦化　119. 听、闻
120. 定向、关门　121. 安全　122. 轿顶　123. 戴安全帽
124. 电流　125. 交流　126. 绝缘　127. 0.1　128. 外径 0.01　129. 薄厚、两平行　130. 水平　131. 初校、精校　132. 乘客　133. 曳引、交流　134. 曳引、直流
135. 柱塞、直顶、侧置　136. 高速　137. 快速　138. 低速　139. 信号　140. 无司机　141. 一、下　142. 厅外召唤　143. 低、快　144. 液压、齿轮齿条

二、判断题

1. ×　2. ×　3. ×　4. √　5. √　6. ×
7. √　8. ×　9. ×　10. √　11. ×　12. ×
13. √　14. √　15. √　16. ×　17. √　18. ×
19. ×　20. ×　21. √　22. √　23. ×　24. √
25. √　26. ×　27. ×　28. √　29. √　30. ×
31. √　32. √　33. √　34. √　35. √　36. √
37. √　38. √　39. √　40. √　41. √　42. √
43. √　44. ×　45. ×　46. √　47. √　48. ×
49. √　50. ×　51. √　52. ×　53. ×　54. √

55. × 56. × 57. × 58. √ 59. × 60. ×
61. √ 62. √ 63. √ 64. √ 65. √ 66. ×
67. √ 68. √ 69. × 70. × 71. × 72. ×
73. √ 74. × 75. √ 76. √ 77. √ 78. √
79. √ 80. × 81. × 82. × 83. √

三、选择题

1. A 2. C 3. C 4. C 5. B 6. A 7. B
8. C 9. A 10. A 11. C 12. D 13. B 14. C
15. A 16. A 17. B 18. B 19. A 20. A
21. A 22. C 23. C 24. C 25. D 26. A
27. D 28. A 29. D 30. A 31. D 32. D
33. A 34. C 35. B 36. A 37. D 38. C
39. A 40. D 41. A 42. B 43. A 44. B
45. A 46. D 47. B 48. A 49. A 50. D
51. A 52. A 53. C 54. A 55. B 56. A
57. B 58. B 59. B 60. B 61. B 62. C
63. D 64. B 65. D 66. D 67. C

四、问答题

1. 答：乘客电梯、载货电梯、客货两用电梯、住宅电梯、杂物电梯，船用电梯、汽车用电梯、观光电梯、病床电梯等。

2. 答：甲类 2 m/s 以上，乙类 1～2 m/s，丙类 1 m/s 以下。

3. 答：T—电梯，K—客梯，J—交流，JX 为集选控制，载重量为 1 000 kg，速度为 1.5 m/s。即为载重量为 1 000 kg，运行速度为 1.5 m/s 的集选控制方式的交流客梯。

4. 答：晶体管放大电路在没有信号输入时，晶体管各级都有固定的直流电压和电流值，这种工作状态称为静态工作状态。其作用就是在有信号输入时，输入信号的正负半周，使晶体管始终处于导通状态，而不失真。

5. 答：有阻容耦合、直接耦合和变压器耦合三种。

6. 答：要有足够大的输出功率；有较高的效率；非线性失真较小。

7. 答：集成运算放大器是多级直接耦合放大器，是深度负反馈电路。是一种线性集成电路。它把整个放大电路的晶体管、电阻和导线集中在一起制作在一块半导体晶片上，把整个电路做成一个“器件”。由于运算放大器级数较多，电压放大倍数很大，所以输入电压很小，两个输入端的电压接近等于零。由于输入电压接近等于零，且输入电阻又很大，所以输入端电流也接近等于零。

8. 答：（1）安全钳楔块工作面与导轨侧工作面之间的间隙应保持在 3 mm 以内。（2）如果采用双楔块式安全钳，导轨两侧工作面与两侧的楔块工作面的间隙应该一致。

9. 答：（1）动作速度不低于轿厢额定速的 115%；但对重限速器动作速度应大于轿厢限速器的动作速度，但不应超过 10%。（2）限速器一般都应装设超速开关，它的动作（第一动作）速度一般比限速器夹绳动作（第二动作）速度超前 5%～10%。当超速开关动作后，电梯已被制停，或者没有安全被制停，但速度应减速（慢速），则第二动作不应出现。只有当电梯继续加速时，第二动作才会出现。

10. 答：电梯控制系统应用微型计算机，使得控制系统体积减小、成本降低、节省能源、可靠性提高、通用性强、灵活性大，可实现复杂功能的控制。

11. 答：首先要采取措施阻挡干扰脉冲窜入微型计算机系统；二是提高微型计算机使用模块、器件固有的可靠性。具体方法有：（1）光电隔离，其信息通过光电信号来传送。（2）屏蔽与接地、机体的金属外壳。（3）使用抗干扰开关电源，电源变压器一次侧与二次侧隔离屏蔽。（4）使用的模块及器件严格筛选。

12. 答：它是将微型计算机产生的给定电压与测速系统中的反馈电压进行比较后，输出电压信号，以控制驱动系统使电梯上升或下降。

13. 答：压力控制阀、流量控制阀、方向控制阀、开关控制阀、比例控制阀、伺服控制阀等。按连接方式的不同还有管式、板式和集成式液压阀。

14. 答：对液压电梯速度的控制，从工作原理及特征可以知道，要改变电梯的运行速度，必须调节油泵向液压油缸输出的流量。因此，液压电梯的速度控制就是液压系统的液压油流量的控制。

15. 答：文明是社会进步的标志。礼貌是对他人的关怀和尊敬，是保持人们正常关系的重要准则。不讲文明礼貌就会伤害人与人之间的正常关系。文明礼貌是一个人思想品质好坏的表现，同时包含一个人的文化素养在内。

16. 答：所谓行为美，是指一个人的作风、作派、举止要美。行为美就是尊重自己的人格，同时也要尊重别人的人格。工作中既热情又稳重，没有虚假的成分，使人感到亲切、自然，是我们每个人都应具备的良好作风。

17. 答：（1）树立"安全第一"的思想，遵守各项安全规定。保证乘客和自身的安全，保证电梯设备的安全。（2）做好各种设备安装记录。（3）学习有关法规、标准，保证质量。（4）熟悉所安装电梯的性能、规格，掌握其操作要领。（5）严格执行各项安装工艺标准和规程。

18. 答：职业道德是指从事一定职业的人们在劳动中所应遵循的行为规范，是社会对各种从业人员规定的起约束作用的行为准则。职业道德的核心：全心全意为人民服务的精神。

Ⅲ. 电梯作业人员安全技术考核试卷实例

试　卷　一

单位________　姓名________　成绩________

一、填空题（每空 1.5 分，20 空 30 分）

1. 电梯按拖动方式分有_____电梯、_____电梯、液压电梯等。

2. 电梯运行速度 2 m/s 以上称为____速电梯，又称____类电梯。

3. 电梯型号中“T”代号，代表汉字____。

4. 乘客电梯用汉语拼音字母____代表。

5. 电梯的基站是指轿厢无投入指令运行时_____的层站。

6. 层站是指各楼层用于出入_____的地点。

7. 电梯的建筑结构主要由_____、_____、_____组成。

8. 常用的曳引轮绳槽有_____槽、_____槽和凹形槽三种。

9. 有齿轮曳引机由电动机、制动器、________、________等部件组成。

10. 电路就是电流通过的_____。

11. 电路某处断开，电流消失，负载停止工作，此状态叫____路。

12. 任意两点电位的差别称为电位差，又称_____。

13. 电子在物体内流动所遇到的_____就叫电阻。

14. 电路的连接有____联、____联和____联三种。

15. 电梯试运行时，应用看、____、____和感觉的方法检验电梯的运行状态是否正常。

16. 电梯启动运行操作的顺序是选层、______、______后，电梯启动运行。

17. 乘客电梯是为运送______而设计的电梯。

18. 交流电梯的____________是交流电动机。

19. ______控制电梯是有司机操作的电梯。

20. 集选控制电梯可实现________操作。这是与信号控制电梯的主要区别。

二、判断题（**对的画**√，**错的画**×）（**每题 1 分，共 25 题 25 分**）

1. 电梯可以开着厅、轿门慢速运行。（ ）

2. 电梯在直驶状态下，可以应答厅外顺向召唤信号。（ ）

3. 电梯在独立运行状态下，预先登记的内选，外召唤信号均必须保留。（ ）

4. 电梯在消防开关接通后，无论电梯处于何种状态，应立即返回基站（或疏散层）。（ ）

5. 当轿厢在开锁区内时门锁方能打开，门机动作，驱动轿门、层门开启。（ ）

6. 电梯在平层区内利用平层装置使电梯轿厢平层。（ ）

7. 曳引机是指包括电动机、制动器和曳引轮在内，驱动和停止电梯的装置。（ ）

8. 限速器有弹簧、液压式两种。（ ）

9. 自动扶梯运行速度低，因此不需要装设急停开关。（ ）

10. 自动扶梯必须装设梯级防下陷保护装置。（ ）

11. 液压电梯升降是靠油压作用，因此，运行方式不节能。（ ）

12. 液压电梯的失速、冲顶、蹾底情况少。（　　）

13. 直顶式液压电梯可以不设安全钳。（　　）

14. 微型计算机控制的电梯性能更好，舒适感好，平层精度高。（　　）

15. 电梯开门门刀都是双刀式。（　　）

16. 电梯轿厢门是靠厅门带动开启的。（　　）

17. 电梯轿厢门的安全装置，如光电保护等，当门关闭过程中碰触到人或物时，门应重新开启。（　　）

18. 导轨是为电梯轿厢和对重提供导向的部件。（　　）

19. 对重是起平衡轿厢重量的作用。（　　）

20. 电路的电源两端或正、负极不经过负载直接相连的状态叫短路。（　　）

21. 既运送乘客又运载货物的电梯称为乘客电梯。（　　）

22. 电梯按操纵方式分为有司机、无司机和有/无司机三种。（　　）

23. 顶层端站是指最高的轿厢停靠站。（　　）

24. 地坎就是各楼层出入轿厢的地点。（　　）

25. 电梯机房是放置曳引机及辅助设备的房间。（　　）

三、选择题（每题 1 分，共 20 题 20 分）（每题 4 个选项，将其中 1 个正确项字母填在题号括号内）

1. 特种作业中发生事故，将导致重大的（　　）伤害或设备损失。

A. 人身　　B. 经济　　C. 物质　　D. 工具

2. 职业道德是指从事一定职业的人们在劳动中所应遵循的（　　）规范。

A. 标准　　B. 准则　　C. 行为　　D. 约束

3. 限速器是在轿厢运行速度超过允许值时，发出电信号并产生（　　）动作，使电梯轿厢停止运行。

A. 运行　　B. 电脉冲　　C. 机械　　D. 摩擦

4. 电梯机房必须通风，其环境温度应保持在（　　）℃之间。

A. 3～55　　B. 5～40

C. 20～30　　D. 40～60

5. 自动扶梯的梯级由（　　）、踢板、主轮、辅轮、轴、支架等组成。

A. 链轮　B. 轴承　C. 踏板　D. 滑轮

6.（　　）式安全钳，由于制动后容易解脱，使用广泛。

A. 双楔　B. 滚子　C. 偏心块　D. 齿轮

7. 瞬时动作安全钳适用于额定速度≤（　　）m/s 的电梯。

A. 0.8　B. 1　C. 1.5　D. 0.63

8. 当轿厢速度达到电梯额定速度的（　　）%以上时，限速器动作。

A. 100　B. 115　C. 120　D. 125

9. 熔断器是利用熔体（　　）作用切断电路的。

A. 熔化　B. 阻断　C. 电阻　D. 超压

10. 液压电梯的顶升是靠（　　）将液压油压入柱塞内实现的。

A. 电动机　B. 自重　C. 轿厢重　D. 液压泵

11. 液压电梯油泵站由电动机、油泵、（　　）及其他部件构成。

A. 油箱　B. 柱塞　C. 蜗杆泵　D. 油缸

12. 液压电梯的运行速度应不大于（　　）m/s。

A. 0.63　B. 1.5　C. 1　D. 2

13. 自动扶梯的齿轮传动方式有（　　）个电动机与蜗杆连接。

A. 1　B. 2　C. 3　D. 4

14. 限速器是在轿厢运行速度超过允许值时，发出电信号并产生（　　）动作，使电梯轿厢停止运行。

A. 运行　　B. 电脉冲　　C. 机械　　D. 摩擦

15. 电梯运行中无法用正常控制方式使电梯停止运行称为电梯运行（　　）。

A. 失控　　B. 正常　　C. 慢速　　D. 超速

16. 电梯对重蹾在缓冲器上称为（　　）。

A. 撞底　　B. 冲顶　　C. 越程　　D. 超程

17. 行为美，是指一个人的作风、作派、（　　）要美。

A. 衣着　　B. 举止　　C. 言语　　D. 外表

18. 文明礼貌是一个人思想（　　）好坏的表现。

A. 作风　　B. 感情　　C. 内涵　　D. 品质

19. 在电梯运行中，要利用感觉检验电梯的（　　）有无异常。

A. 速度　　B. 方向

C. 启动　　D. 减速制动

20. 电梯驾驶人员每天要做好运行记录，特别要做好（　　）记录。

A. 交接班　　B. 停梯　　C. 卫生　　D. 故障

三、问答题（每题 5 分，共 5 题，25 分）

1. 什么叫文明礼貌？

2. 什么叫行为美？

3. 什么叫职业道德？它的核心是什么？

4. 电梯按用途分类有哪几种？

5. TKJ1000/1.5—JX 代表什么电梯？

试　卷　二

单位________　姓名________　成绩________

一、填空题（每空 1 分，25 空 25 分）

1. 电梯按用途分有乘客电梯、______电梯、客货两用电梯、______电梯、杂物电梯、船用电梯、汽车用电梯、______电梯等。

2. 电梯的层站是指各楼层用于出入______的地点。

3. 钢丝绳表面磨损或锈蚀严重，使外层钢丝的直径减小____%时，则应报废。

4. 圆柱齿轮有直齿、____齿和____齿三种。

5. 蜗杆头数一般为______头。

6. 轴承有______轴承和______轴承两种。

7. 在数字电路中，所谓“门”就是实现一些基本______关系的电路。

8. 只读存储器存储的内容是固定不变的，只能______，不能随时______。

9. 从模拟信号到数字信号的转换称为______转换，或称为______转换。

10. 微型计算机由运算器、______器、______器和输入输出接口等组成。

11. 程序设计语言分为______、______语言和机器语言。

12. 微型计算机是采用____线为中心的计算机结构。

13. 中央处理器（CPU）包括______器和______器两个部件。

14. 液压电梯是以液体的______为动力源的。

15. 液压电梯的顶升方式，一般有直接顶升和______顶升两种。

16. 为防止液压电梯超速或自由坠落，应设置______阀。

17. 自动扶梯是由______输送机和______输送机组合而成的运输机械。

18. 自动扶梯驱动装置的安装位置一般在______和______。

19. 曳引机底座水平误差均应在______以下。

20. 电梯限速器与限速轮的垂直误差不得大于____ mm。

21. 制动器制动带磨损超出制动带厚度的____或露出铆钉时应更换。

22. 电动机与减速器为弹性连接时，不同心度不超过______ mm。刚性连接时，不同心度不大于______ mm。

23. 电梯试运行时，应用看、____、____和感觉的方法检验电梯运行状态是否正常。

24. 电梯运行操作的顺序是选层、______、______后电梯起动运行。

25. 钳形电流表是测量______电流的携带式仪表。

二、判断题（对的画√，错的画×）（每题 1 分，共 30 题 30 分）

1. 电梯在轿厢顶操作检修操作时，控制柜内检修操作无效。（　）

2. 电梯可以开着厅、轿门慢速运行。（　）

3. 电梯在消防开关接通后，无论电梯处于何种状态，应立即返回基站。（　）

4. 电梯额定速度大于 0.63 m/s，轿厢应采用渐进式安全钳。（　）

5. 当轿厢在开锁区内时，门锁方能打开。（　）

6. 在电动机机房线槽的外拐角处要垫橡胶板等软物。（　）

7. 摇测电气设备的绝缘电阻值不应小于 0.5 MΩ。（　）

8. 自动扶梯有牵引装置，而没有驱动装置。 ( )

9. 自动扶梯的梯级固定在链条上运行，并保持上平面水平。 ( )

10. 自动扶梯都必须利用链条传动。 ( )

11. 液压电梯只有单缸直顶和双缸侧顶两种方式。 ( )

12. 液压电梯升降是靠油压作用，因此运行方式不节能。 ( )

13. 液压电梯的失速、冲顶、蹾底情况较少。 ( )

14. 当液压电梯电源发生故障时，不能用手动阀门操纵电梯下降。 ( )

15. 计算机使用的高级语言程序可以应用于各种类型的计算机。 ( )

16. 微型计算机是由硬件子系统和软件子系统两大部分组成。 ( )

17. 存储器分为主存和辅存两类。 ( )

18. 计算机的软件都是用程序设计语言编写的程序。 ( )

19. 程序，就是为解决某一问题而设计的一系列指令或语句。 ( )

20. 实现与逻辑关系的电路称为或门。 ( )

21. 实现非逻辑关系的电路称为非或门。 ( )

22. 二极管门电路存在电平偏移、带负载能力差、但抗干扰能力强。 ( )

23. 电梯开门门刀都是双刀式。 ( )

24. 电梯轿厢门是靠厅门带动打开的。 ( )

25. 自重力向下锁紧式（下钩式）门锁，是国标中规定使用的门锁。 ( )

26. 电梯额定速度大于 2 m/s 时，必须用滑动导靴。 ( )

27. 三相负载的连接方式有三种。 ( )

28. 当电梯井道高度≤30 m 时，其垂直偏差值可以大于

50 mm。 (　　)

29. 顶层端站是指最高的轿厢停靠站。 (　　)

30. 地坎就是各楼层出入轿厢的地点。 (　　)

三、选择题（每题1分，共15题15分）（每题4个选项，将其中1个正确选项字母填在题号括号内）

1. 职业道德是指从事一定职业的人们在劳动中所应遵循的(　　)规范。

A. 标准　B. 准则　C. 行为　D. 约束

2. 在轿厢运行速度超过允许值时，限速器发出电信号，并产生(　　)动作，使电梯轿厢停止运动。

A. 运行　B. 电脉冲　C. 机械　D. 摩擦

3. 二极管的结是P型和(　　)型半导体用特殊工艺紧贴在一起的。

A. N　B. Z　C. B　D. I

4. 利用二极管的(　　)导电特性，做成整流电路。

A. 双向　B. 单向　C. 脉动　D. 全

5. 利用晶体三极管实现电流放大，必须使(　　)处于正向偏置。

A. 发射结　B. 集电结　C. 控制极　D. 阳极

6. 在数字电路中，必须把(　　)信号转换成相应的数字信号。

A. 模拟　B. 电流　C. 电压　D. 脉冲

7. 微型计算机的输出设备是指计算机的信息送出执行的设备，如打印机、(　　)、绘图仪等。

A. 键盘　B. 光笔　C. 显示器　D. 鼠标

8. 液压电梯的顶升是靠(　　)将液压油压入柱塞内实现的。

A. 电动机　B. 对重　C. 轿厢重　D. 液压泵

9. 液压阀的作用是对液流的(　　)、压力及流量进行控制。

A. 方向　　B. 速度　　C. 功率　　D. 能量

10. 节流调速控制，主要是利用（　　）作动力元件。

A. 定量泵　B. 电动机　C. 调节阀　D. 变量泵

11. 自动扶梯制动器，包括工作制动器、（　　）制动器和辅助制动器。

A. 紧急　　B. 位置　　C. 缓速　　D. 液压

12. 对重与轿厢对应悬挂在曳引绳的另一端，对重起到平衡（　　）重量的作用。

A. 钢丝绳　B. 轿厢　　C. 电梯　　D. 电缆

13. 线槽内导线总面积应不大于槽净面积的（　　）%。

A. 40　　B. 50　　C. 60　　D. 65

14. 钳形电流表切换量程时，应在（　　）的情况下进行。

A. 带电　　　　　　B. 不带电

C. 打开钳口　　　　D. 大电流

15. 使用兆欧表前应做开路和（　　）路试验进行校表。

A. 断　　B. 并　　C. 短　　D. 串

四、问答题（每题 5 分，共 6 题，30 分）

1. 什么叫职业道德，它的核心是什么？

2. 什么叫行为美？

3. 简述液压电梯的速度控制原理。

4. 微型计算机控制电梯有哪些优点？

5. 简述晶体三极管放大电路的静态工作状态及作用。

6. 对电梯限速器的动作有什么规定？

附录一

电梯驾驶员安全技术培训大纲

本大纲规定了电梯驾驶人员安全技术理论培训和实际操作培训的目的、要求和内容。

1. 培训对象

拟取得电梯驾驶员的《特种作业操作证》，并具备电梯驾驶员上岗基本条件的劳动者。

2. 培训目的

通过培训，使培训对象掌握电梯驾驶的安全技术理论知识和安全操作技能，达到独立上岗的工作能力。

3. 培训要求

3.1 理论与实际相结合，突出安全操作技能的培训。

3.2 实际操作训练中，应采取相应的安全防范措施。

3.3 注重职业道德、安全意识、基本理论和实际操作能力的综合培养。

3.4 应由具备资格的教师任教，并应有足够的教学场地、设备和器材等条件。

3.5 应采用国家统一编写的培训教材。复审的培训教材由各培训单位根据培训对象和当时的具体情况自行制定。

4. 培训内容

4.1 安全技术理论

4.1.1 电梯基本知识：电梯的分类、基本参数、型号、常用标准术语。

4.1.2 电梯的构造、性能及工作原理：电梯曳引原理、轿厢与门系统、导向及重量平衡系统、电气控制原理。

4.1.3 电梯正常运行程序：电梯关门、起动加速、正常运行、减速平层开关、外呼内选的登记与应答。

4.1.4 电梯的安全保护装置：电梯防井道坠落保护、关门防夹装置、终端保护装置、超载保护、防超速断绳保护装置及电器安全保护系统。

4.1.5 电梯的工作条件：机房空气温度、湿度范围、供电电压范围及使用环境条件。

4.1.6 电梯的安全操作规程及操作方法：垂直升降梯、扶梯、自动人行道的操作规程及电梯的正常操作、检修操作，货梯的对接操作、消防操作等方法。

4.1.7 电梯的保养及钢丝绳的报废标准：电梯驾驶员每日运行前、运行中、交班前对电梯应做的保养内容，钢丝绳的保养与报废标准。

4.1.8 液压传动基础知识：液压传动原理，各类油泵、电磁阀及限速闸的功能与作用。

4.1.9 电梯常见故障的原因分析与判断：关门不运行、到站不停车、到站不平层、开门运行、运行速度忽快忽慢、异响和噪声等。

4.1.10 事故的紧急处理与救护及防止事故、故障的安全措施：火灾、跑水、轿厢停于两层间、蹾底、撞顶的处理与乘客的救护及安全措施。

4.1.11 电气安全知识：安全电压、保护接地与保护接零及触电急救。

4.1.12 安全防火知识：电气防火知识及正确选择灭火器材。

4.1.13 电梯安全管理制度：运行、交接班记录的填写，机械开门、开梯钥匙的管理要求等。

4.2 实际操作

4.2.1 按照安全操作规程及操作方法，正确、安全地操作各类电梯。

4.2.2 正确读出各显示标志和仪表指示内容，主要有电梯的压力表、温度表、液位计、电流表、电压表读数及单位，控制柜急停故障指示等。

4.2.3 一般常见故障的判断与处理操作，主要有厅、轿门未能关闭到位，轿厢不平层或越层，轿厢突然停于两层间，轿厢忽快忽慢、振动、异响，电压过压，曳引机超温等。

4.2.4 事故紧急处理操作及人员的救护与疏散：

4.2.4.1 电梯发生开门运行、超速不停车的紧急处理操作。

4.2.4.2 电梯运行中发生火灾时，能够及时将乘客安全疏散。能正确选择、使用灭火器材。

4.2.5 电梯的保养与管理：运行前、运行中、交班前对电梯的保养，协助维修人员完成对电梯的维护，填写运行记录、交接班记录及停止电梯运行的交接事宜。

5. 复审培训内容

5.1 典型事故案例分析

5.2 有关电梯驾驶的法律、法规、标准、规范。

5.3 有关电梯驾驶的新技术、新工艺、新材料。

5.4 对上次取证后个人安全生产情况和经验教训进行回顾总结。

6. 学时安排

6.1 电梯驾驶员培训时间不少于 80 学时，其中实际操作培训时间不少于 20 学时。具体章节课时安排参考见附表。

6.2 复审培训时间不少于 24 学时。

附表：

电梯驾驶员安全技术培训学时安排

项目	培训内容		学时
安全技术理论知识培训（共60学时）	1	电梯基本知识	4
	2	电梯的构造、性能及工作原理	4
	3	电梯正常运行程序	2
	4	电梯的安全装置	8
	5	电梯的工作条件	2
	6	电梯的安全操作规程及操作方法	12
	7	电梯的保养及钢丝绳的报废标准	2
	8	液压传动基础知识	2
	9	电梯常见故障的原因分析与判断	8
	10	事故紧急处理与救护及事故故障的预防安全措施	10
	11	电气安全知识	2
	12	安全防火知识	2
	13	电梯安全管理制度	2
实际操作培训（共20学时）	1	各类电梯的安全操作	6
	2	正确读出各显示标志及仪表指示内容	2
	3	一般常见故障的判断与处理操作	6
	4	事故紧急处理操作及人员的救护与疏散	4
	5	电梯的保养	2

附录二

电梯驾驶员安全技术考核标准

1. 适用范围

本标准规定了电梯驾驶员的基本条件、安全技术理论考核和实际操作考核的条件和方法。

本标准适用于中华人民共和国境内从事垂直升降梯（包括乘客电梯、载货电梯、液压电梯、防爆电梯、建筑用电梯等）、扶梯、自动人行道运行的操作人员。

2. 引用标准

下列标准所包含的条款，通过在本标准中引用而构成本标准的条文。本标准出版时，所示版本均为有效。所有标准都会被修订，使用本标准的各方应探讨使用下列标准最新版本的可能性。

GB 7588—95　电梯制造与安装安全规范

GB/T 10058—1997　电梯技术条件

GB 10060—1993　电梯安装验收规范

3. 定义

电梯驾驶员是指从事各垂直升降梯（包括乘客电梯、载货电梯、液压电梯、防爆电梯、建筑用电梯等）、扶梯、自动人行道运行的操作人员。

4. 基本条件

4.1　年满 18 周岁。

4.2　身体健康，无妨碍从事本项工作的疾病和生理缺陷。

4.3　具有初中以上文化程度。

5. 考核方法

5.1　考核分安全技术理论和实际操作两部分，经安全技术理论考核合格后，方可进行实际操作考核。

5.2 安全技术理论考核方式为笔试，时间为 2 小时。

5.3 实际操作考核方式包括模拟操作、口试等方式，考核题目不少于 4 题。

5.4 安全技术理论考核和实际操作考核均采用百分制，各 60 分为及格。考试不及格者，允许补考 2 次，补考仍不及格者需重新培训。

6. 考核内容

6.1 安全技术理论

6.1.1 了解电梯基本知识。

6.1.2 了解电梯的构造、性能及工作原理。

6.1.3 掌握电梯正常运行程序。

6.1.4 掌握电梯的安全装置。

6.1.5 掌握电梯的工作条件。

6.1.6 熟练掌握电梯的安全操作规程及操作方法。

6.1.7 了解电梯的保养知识。

6.1.8 了解钢丝绳的报废标准。

6.1.9 了解液压传动基础知识。

6.1.10 了解电梯常见故障的原因分析与判断。

6.1.11 掌握事故紧急处理与救护及防止事故、故障的安全措施。

6.1.12 了解电梯电气安全知识。

6.1.13 掌握安全防火知识，正确选择灭火器。

6.2 实际操作

6.2.1 电梯的开机与停机操作

熟练掌握电梯的开机与停机操作，正确读出各显示标志及指示的内容。

6.2.2 电梯故障与事故的排除

掌握电梯曳引机（电机、电磁抱闸及减速机）的正常温升，掌握一般故障与事故的处理方法和应急操作，包括厅、轿门未能关闭到位、轿厢不平层或越层、轿厢突然停于两层间、轿厢忽快忽慢、振动、异响、电压过压、电梯开门运行、超速不停车等。

6.2.3 火灾等事故的应急处理

遇火灾等灾害时，能正确利用和发挥电梯的功能，及时将乘客安全疏散，保护国家财产的安全。会正确选择和使用灭火器材。

7. 复审考核内容

7.1 检索违章情况，没有严重违章记录。

7.2 体检合格。

7.3 安全技术理论及实际操作考核合格。

除了考核有关电梯驾驶员的基本安全技术理论知识和实际操作技能外，还应考核以下内容：

7.3.1 了解典型电梯事故发生的原因，掌握避免同类事故发生的安全措施和方法。

7.3.2 了解有关电梯驾驶方面的新法律、法规、标准和规范。

7.3.3 了解有关电梯方面的新产品、新技术、新工艺。

附录三

电梯安装维修人员安全技术培训大纲（供参考）

本大纲规定了电梯安装维修人员安全技术理论培训和实际操作培训的目的、要求和内容。

1. 培训对象

拟取得电梯安装维修作业员的《特种作业操作证》，并具备电梯安装维修上岗基本条件的劳动者。

2. 培训目的

通过培训，使培训对象掌握电梯安装维修的安全技术理论知识和安全操作技能，达到独立上岗的工作能力。

3. 培训要求

3.1 理论与实际相结合，突出安全操作技能的培训。

3.2 实际操作训练中，应采取相应的安全防范措施。

3.3 注重职业道德、安全意识、基本理论和实际操作能力的综合培养。

3.4 应由具备资格的教师任教，并应有足够的教学场地、设备和器材等条件。

3.5 应采用国家统一编写的培训教材。复审的培训教材由各培训单位根据培训对象和当时的具体情况自行制定。

4. 培训内容

4.1 电梯的基础知识

4.1.1 电梯的分类、基本参数、型号、常用标准术语。

4.1.2 电梯的结构、性能及工作原理。

4.1.3 电梯的土建结构。

4.2 电梯的相关知识

4.2.1 电梯的机械基础知识。

4.2.2 电梯的电工学基础知识。

4.2.3 电梯的电子学基础知识。

4.3 电梯的电气和控制系统基础知识

4.3.1 电梯的电气系统。

4.3.2 电梯的控制系统工作原理。

4.3.3 电梯常用的电器元件及工作原理。

4.4 微机基础知识

4.4.1 微机的系统组成。

4.4.2 微机的硬件系统结构。

4.4.3 微机的软件系统结构。

4.4.4 计算机的网络系统。

4.4.5 微机控制电梯基础知识。

4.4.6 可编程序控制器控制电梯。

4.5 液压电梯

4.5.1 液压电梯的结构。

4.5.2 液压阀。

4.5.3 液压缸（油缸）及管路。

4.5.4 液压电梯的速度控制。

4.5.5 液压电梯的电气及安全保护系统。

4.5.6 液压电梯的技术要求。

4.6 自动扶梯

4.6.1 自动扶梯的结构。

4.6.2 自动扶梯的驱动装置。

4.6.3 自动扶梯的制动装置。

4.6.4 梯路导轨及桁架结构。

4.6.5 自动扶梯的梯级。

4.6.6 自动扶梯的扶手装置。

4.6.7 自动扶梯的电气控制系统。

4.7 电梯的安装调试与检验

4.7.1 安装前的准备、起重的安全技术。

4.7.2 脚手架搭设安全技术。

4.7.3 电梯安装样板的稳装及放线。

4.7.4 机房内设备安装安全技术。

4.7.5 井道内设备安装安全技术。

4.7.6 电梯轿厢及部件安装安全技术。

4.7.7 厅门及地坎安装安全技术。

4.7.8 电梯电气设备安装及安全技术。

4.7.9 电梯调试与检验。

4.8 电梯维护保养

4.8.1 电梯机械设备维修。

4.8.2 电梯电气设备维修。

4.8.3 电梯常见故障的判断和维修。

4.9 电梯安全操作技术

4.9.1 电梯安全操作的必要条件、方法及顺序。

4.9.2 电梯检修的安全操作。

4.9.3 电梯一般附加功能的使用及安全操作。

4.9.4 电梯运行中紧急情况处理。

4.9.5 电梯安全操作规程。

4.10 电梯常用仪器、仪表、量具、工具使用

4.10.1 电气测量仪器、仪表的工作原理及使用。

4.10.2 常用量具的使用。

4.10.3 电梯安装维修常用工具。

4.11 电梯作业人员职业道德

4.11.1 电梯驾驶员的职业道德。

4.11.2 电梯驾驶员的岗位职责。

4.11.3 电梯安装维修作业人员的职业道德。

4.11.4 电梯安装维修作业人员的岗位职责。

5. 复审培训内容

5.1　安全用电

5.1.1　电流对人体的危害。

5.1.2　触电事故的规律特点分析。

5.1.3　触电事故的原因分析。

5.1.4　触电事故的现场急救。

5.1.5　安全用电措施。

5.2　电梯运行安全操作技术

5.2.1　电梯安全操作的必要条件。

5.2.2　电梯安全操作的方法及顺序。

5.2.3　电梯检修运行安全操作。

5.2.4　一般电梯附加功能的使用及操作。

5.2.5　火灾、地震、湿水、困人时的应急处理。

5.3　电梯安装维修作业常用工具安全技术

5.3.1　通用手动工具及安全使用。

5.3.2　电工、电动工具及安全使用。

5.3.3　起重工具及安全使用。

5.3.4　电动工具和起重工具的安全技术管理。

5.3.5　登高工具的安全使用。

5.3.6　明火作业的安全技术要求。

5.4　电梯事故案例分析

5.4.1　电梯事故种类与预防措施。

5.4.2　电梯事故案例及分析。

6. 学时安排

6.1　电梯安装维修作业人员培训时间不少于 120 学时，其中实际操作培训时间不少于 30 学时。具体章节课时安排见下表。

电梯安装维修作业人员安全技术培训学时安排

项目	培训内容		学时
安全技术理论知识培训(共90学时)	1	电梯基础知识	8
	2	电梯的相关知识	16
	3	电梯的电气控制系统基础知识	16
	4	微机基础知识	8
	5	液压电梯	4
	6	自动扶梯	4
	7	电梯的安装调试与检验	12
	8	电梯维修保养	8
	9	电梯安全操作技术	6
	10	电梯常用仪器、仪表、量具、工具的使用	4
	11	电梯作业人员职业道德	4
实际操作培训(共30学时)	1	电梯故障的判断处理	6
	2	电梯部件的拆装	8
	3	电梯电气控制系统主回路的组成、试验	8
	4	电梯安装常用仪器、仪表的使用测量	4
	5	电梯的安全操作及事故应急处理	4

附录四

电梯安装维修人员安全技术考核标准（供参考）

1. 适用范围

本标准规定了电梯安装维修作业人员的基本条件、安全技术理论考核和实际操作考核的条件和方法。

本标准适用于中华人民共和国境内从事垂直升降梯（包括乘客电梯、载货电梯、液压电梯、防爆电梯、建筑用电梯）、扶梯、自动人行道安装维修的作业人员。

2. 引用标准

下列标准所包含的条款，通过在本标准中引用而构成本标准的条文。本标准出版时，所示版本均为有效。所有标准都会被修订，使用本标准的各方应探讨使用下列标准最新版本的可能性。

GB 7588—2003　电梯制造与安装安全规范

GB/T 10058—1997　电梯技术条件

GB 10060—1993　电梯安装验收规范

3. 定义

电梯安装维修作业人员是指从事各垂直升降梯（包括乘客电梯、载货电梯、液压电梯、防爆电梯、建筑用电梯等）、扶梯、自动人行道安装维修的作业人员。

4. 基本条件

4.1　年满 18 岁。

4.2　身体健康，无妨碍从事本项工作的疾病和生理缺陷。

4.3　具有初中以上文化程度。

5. 考核方法

5.1　考核分安全技术理论和实际操作两部分，经安全技术理论考核合格后，方可进行实际操作考核。

5.2 安全技术理论考核方式为笔试，时间为2小时。

5.3 实际操作考核方式包括模拟操作，现场故障排除、器件拆装、电气装置的组装、口试等方式，考核题目可采用抽签等方式，题目不得少于4题。

5.4 安全技术理论考核和实际操作考核均采用百分制，各60分为及格。考试不及格者，允许补考2次，补考仍不及格者需重新培训。

6 考核内容

6.1 安全技术理论

6.1.1 了解电梯的基础知识。

6.1.2 了解电梯的分类、参数、型号、术语。

6.1.3 熟悉电梯的结构、性能和工作原理。

6.1.4 熟知电梯的相关知识（包含机械、电工、电子知识）。

6.1.5 掌握电梯电气控制知识及原理。

6.1.6 了解电梯电器元器件工作原理及构造。

6.1.7 了解微机软、硬件基础知识。

6.1.8 了解微机控制电梯的基本构成。

6.1.9 了解液压电梯的结构及器件基本工作原理。

6.1.10 了解自动扶梯的结构。

6.1.11 熟知自动扶梯的工作原理及传动系统的构成。

6.1.12 掌握电梯安装样板的稳放及放线技术。

6.1.13 掌握电梯机械、电气设备的安装方法及技术要求。

6.1.14 了解电梯安装后的检验调试要求。

6.1.15 掌握电梯机械、电气设备的维修技术。

6.1.16 熟知电梯安装维修安全操作规程。

6.1.17 掌握电梯安装维修常用仪器、仪表、工具、量具的使用方法。

6.1.18 清楚电梯故障的基本部位及排除方法。

6.1.19 熟知电梯安装维修人员的职业道德和岗位职责。

6.2 实际操作

6.2.1 电梯部件的拆装

熟练掌握电梯减速器、电动机、制动器、油压缓冲器等拆装程序及技术要求。

6.2.2 电梯故障与事故的处理

掌握电梯减速器、电动机、电磁制动器开门机构故障处理方法。包括减速器抱轴，电动机轴承磨损、噪声、制动器动作调整等。

处理电梯振动、运行噪声、开关门运行撞击等故障。

6.2.3 电梯电气故障的处理

掌握接触器、继电器（包括时间继电器）、开关故障的处理。

掌握电梯不能启动、不能关门、开门、不平层等故障处理。

6.2.4 电梯控制主回路的组成及技术要求。

掌握电梯控制主回路的构成及技术要求。可在教学现场组装、试验。

6.2.5 电梯安装维修常用仪器、仪表、量具、工具的使用及安全技术要求。

掌握常用的万用表、钳形电流表、兆欧表、转速表、噪声仪、水平尺、线坠、游标卡尺、电梯导轨卡尺等使用方法及安全技术要求。

6.3 电梯安全操作技术

6.3.1 电梯快、慢车操作。

掌握电梯快、慢车的操作方法及注意事项，包括电梯安装完毕后的快、慢车运行调试。

6.3.2 电梯井道内作业安全技术。

掌握在电梯井道内作业的安全操作要求，如一般情况下严禁上下同时作业等。

6.3.3 电梯轿厢顶作业的安全操作要求。

掌握在电梯轿厢顶作业时的安全要求和操作电梯运行时的程序。

6.4 电梯事故的应急处理

遇到电梯火灾、地震、井道、轿厢进水时，熟练处理其灭火、疏散乘客、断电等。

7. 复审考核内容

7.1 检索违章情况，没有严重违章记录

7.2 体检合格

7.3 安全技术理论及实际操作考核合格

还应考核以下内容：

7.3.1 了解用电安全、熟知电动工具的正确使用方法及安全技术。

7.3.2 熟知典型电梯事故、故障发生的原因，掌握其避免同类事故发生的安全措施和方法。

7.3.3 了解电梯有关安装、维修方面的新法律、法规、标准和规范。

7.3.4 了解有关电梯方面的新产品、新技术、新工艺。